건강기능식품

김기대 · 김현경 · 박원종 · 배인영 · 채희정 · 최병범 · 최정희

창지사

머리말

우리는 전통적으로 약식동원(藥食同源)이라 하여 약과 음식은 근원이 같아 음식으로 고치지 못하는 질병은 약으로도 고칠 수 없다고 말한다. 또한, 향토의 먹을거리나 토종 동·식물이 그 나라 사람의 건강과 환경에 좋다고 인식한다. 최근에는 건강한 삶을 위해 식생활이 중요해지면서 건강기능식품에 관한 관심이 점차 높아지고 있다. 건강기능식품을 통해 질병을 예방하고, 고령화에 따른 질병과 만성 질환을 예방함으로써 건강을 증진하고자 한다.

건강기능식품은 2004년 「건강기능식품에 관한 법률」이 시행된 이래로 2017년 12월 현재 식품의약품안전처 고시 원료 및 성분은 95종, 개별인정형 원료 및 성분은 263종으로 커다란 성장을 이루었다. 산업계에서는 건강기능식품의 과학화와 향후 건강기능식품의 괄목할 만한 시장 성장을 위해 지속적인 제도 정비와 투자가 이루어지고 있다. 특히, 향토의 농림축산식품에서 고부가가치를 창출할 수 있으므로 바이오산업 분야에서도 건강기능식품에 관심을 가지고 있다.

『건강기능식품』의 제1부에서는 건강기능식품 개발 관리 기준과 기능성 평가에 필요한 지식과 과학적 근거를 제공하였고, 제2부에서는 기능성이 인정된 생체 내 생리활성 식품 소재를 소개하고 각 기능성 식품의 효능 평가에 대한 항목을 분야별로 구성하여 수록하였다.

이 책은 건강기능식품에 관한 필요 지식 및 과학적 근거, 그에 따른 효능 평가에 대한 항목을 분야별로 구성하여 수록하였으므로 식품과 관련된 과목을 공부하는 학생뿐만 아니라 건강기능식품을 개발하고자 하는 사람에게도 유용한 교재가 될 것으로 생각된다.

마지막으로, 이 책이 출간되기까지 애써 주신 창지사 편집부와 함께 수고하신 모든 분들에게 감사의 말씀을 드린다.

2018년 1월

저자 일동

차 례

CHAPTER

3 건강기능식품 평가 | 81

Part 2 생체 내 기능성별 생리활성 식품 소재

CHAPTER 4

심혈관계 | 125

CHAPTER 5

소화기계 | 159

CHAPTER 6 신경계 | 195

CHAPTER 7

대사계와 면역계 | 233

CHAPTER

8 기타 건강기능식품 | 265

PART 1

건강기능식품의 개요

1 CHAPTER

건강기능식품

1 건강기능식품의 정의

'건강기능식품'이란 "인체에 유용한 기능성을 가진 원료나 성분을 사용하여 제조(가공을 포함)한 식품"으로 '기능성'은 "인체의 구조 및 기능에 대하여 영양소를 조절하거나 생리학적 작용 등과 같은 보건 용도에 유용한 효과를 얻는 것"이라고 「건강기능식품에 관한 법률(건강기능식품법)」에 정의되어 있다.

표 1-1 건강기능식품의 정의

구분	식품	건강기능식품	의약품
정의	의약으로 섭취하는 것을 제외한 모든 음식물	인체에 유용한 기능을 가진 원료나 성분을 사용하여 제조한 식품	사람이나 동물의 질병을 치료·예방할 목적으로 사용하는 물품 및 사람이나 동물의 구조와 기능에 약리학적 영향을 줄 목적으로 사용하는 물품
관련법	식품위생법 축산물위생관리법	건강기능식품에 관한 법률	약사법

출처: 국가법령정보센터. 「건강기능식품에 관한 법률」.

표 1-2 건강기능식품의 기능성 분류

기능성 구분	기능성 내용
질병발생 위험 감소 기능	질병의 발생 또는 건강상태의 위험 감소와 관련한 기능
생리활성 기능	인체의 정상기능이나 생물학적 활동에 특별한 효과가 있어 건강상의 기여나 기능 향상 또는 건강유지·개선을 나타내는 기능
영양소 기능	인체의 정상적인 기능이나 생물학적 활동에 대한 영양소의 생리학적 작용

출처: 국가법령정보센터. 「건강기능식품에 관한 법률 시행규칙」.

2 건강기능식품에 관한 법률

1) 제정 배경

우리나라에서는 '건강식품'을 「식품위생법」의 기준에 따라 건강보조식품, 특수영양식품, 인삼 제품류로 분류해 관리했다. 또한, 식품을 제조·가공하기 위해 사용할 수 있는 원료도 「식품공전」 및 「식품첨가물공전」에 등재된 것에 국한하였다. 신소재 기능성 식품을 개발한 이후에도 식품원료로 등재하기 위해 「식품공전」을 개정하는 데 시간이 오래 걸렸고, 건강식품의 안전성 및 기능성을 평가하는 기준 및 시스템이 정비되지 않아서 한계가 있었다. 제도적 한계로 인해 시장 진입이 비교적 용이한 유사 식품군으로 건강식품이 확대되었다. 그러나 기능성에 대한 과학적 근거가 뒷받침되지 않은 무분별한 허위·과대광고와 부작용 사례 보고로 소비자들이 건강식품을 불신하게 되고, 불건전한 건강식품으로부터 소비자를 보호하고 건강식품산업을 건전하게 육성하기 위한 제도적 정비가 시급한 과제로 대두되었다.

이러한 상황을 개선하고 건강식품의 특성에 부합하는 적절한 관리 및 건강식품산업의 경쟁력을 높이기 위해 미국의 '식이보충제 건강교육법(DSHEA: Dietary Supplement Health and Education Act)'을 모범으로 한 「건강기능식품에 관한 법률」이 2002년 8월 26일 제정·공포되어 2004년 1월부터 시행되고 있다.

2) 입법 목적

「건강기능식품에 관한 법률」은 "건강기능식품의 안전성 확보 및 품질 향상과 건전한 유통·판매를 도모함으로써 국민의 건강 증진과 소비자 보호에 이바지함"을 목적으로 한다. 이 법률과 유사한 「식품위생법」에서는 "식품의 안전으로 인한 위생상의 위해를 방지하고 식품영양의 질적 향상을 도모함으로써 국민보건의 증진에 이바지함"을 목적으로 한다. 두 법률을 비교해 보면, 「건강기능식품에 관한 법률」은 국민 건강 증진, 소비자 보호 및 식품 품질 향상에서 나아가 건강기능식품산업을 건전하게 육성하고자 하는 목적까지 그 개념이 확대되었다고 할 수 있다.

「건강기능식품에 관한 법률」의 입법을 통해 보건정책적 측면에서 국가가 더욱 엄격하게 감독하고 관리할 수 있게 하여 건강기능식품의 안전성을 제고하고, 건강기능식품 개발을 위한 연구·개발을 활성화하여 안전하면서 양질인 건강기능식품의 제조와 소비를 촉진함으로써 국민의 건강을 증진하고 의료비 부담을 절감할 수 있다. 건강기능식품 품목을 정비해 공전을 규격화하고, 중·장기적으로는 과학적으로 안전성과 기능성이 규명된 식품 및 성분을 점차 건강기능식품으로 확대할 수 있도록 함으로써 관련 업계의 천연자원물을 포함한 신소재 기능성 식품에 대한 연구·개발 촉진을 통해 경제정책적인 제도를 수립할 수 있다. 또한, 건강기능식품이 「식품위생법」에 의해 관리되는 일반 식품과 「약사법」에 의해 관리되는 의약품과 차별화될 수 있도록 별도의 법 체계를 마련하여 식품·의약품 관련법 체계를 더욱 합리적으로 정비하는 것이 목적이다.

건강기능식품의 기능성 표시·광고를 원칙적으로 허용해 소비자의 알 권리를 확보하고, 기능성 표시·광고 심의제를 채택해 허위·과대표시·광고를 금지함으로써 건전한 유통 질서를 확립하고자 한다.

3) 「건강기능식품에 관한 법률」의 개정

「건강기능식품에 관한 법률」을 제정할 당시에는 평소 식사할 때 부족하기 쉬운 영양소나 성분을 보충하는 식품을 중심으로 건강기능식품을 규정하였다. 그러므로 보충제 유형으로 유통되던 건강보조식품이나 영양보충용 식품, 인삼 및 홍삼 제품을 중심으로 건강기능식품이 시작되어 '정제, 캡슐, 분말, 과립, 액상, 환' 등으로 제형을 제한하였다.

영양보충용 식품과 건강보조식품 시장에 배타적으로 부여된 '식품과 건강'에 대한 표시의 권한을 식품산업 전반으로 확대하기 위해서 모든 형태의 기능성 식품을 일원화해 관리할 필요가 있었다. 또한, '식품과 건강'에 대한 표시는 일상적으로 섭취하는 식품의 건강적 이점을 국민에게 알리는 정책적 배려로 사용되어야 하고, 산업계에서는 제형의 제한으로 기능성 식품이 건강기능식품 진입에 어려움을 겪고 있었다. 이에 따라 2008년 「건강기능식품에 관한 법률」 제3조의 정의를 개정해 건강기능식품의 정의를 통상의 식품 형태를 포함한 모든 기능성 식품으로 확대하였다. 즉, 기존의 원료를 기능성을 가진 다른 원료로 대체한 식품 또는 기능성 원료를 첨가해 강화된 식품을 건강기능식품으로 개발할 수 있게 된 것이다.

최근 건강기능식품에 관한 연구가 급증하면서 기존에 인정된 기능성 원료의 안전성 및 기능성에 대한 재평가의 필요성이 대두되고 있다. 세계 각 선진국에서도 과학의 발전에 따라 새로운 연구결과를 반영한 재평가의 필요성을 인식하여 미국 식품의약국(FDA: food and drug administration) 및 국제식품규격위원회(Codex)에서 관련 가이드라인에 기 평가된 기능성 표시에 대한 재평가 필요성을 언급하였다. 이에 따라, 2015년 「건강기능식품에 관한 법률」 제15조에서 기 고시되거나 인정된 사항을 재평가해 그 결과에 따라 고시하거나 인정한 사항을 변경 또는 취소할 수 있음을 새로 명시하였다.

표 1-3 건강기능식품의 법률 · 시행령 · 시행규칙 · 고시

건강기능식품 법률	
제1장	[총칙] 목적, 책무, 정의
제2장	[영업] 종류, 시설 기준, 허가, 신고, 교육 등
제3장	기준 · 규격, 원료 인정, 재평가, 표시, 광고, 공전
제4장	[검사] 출입 · 검사 · 수거, 자가품질검사
제5장	[GMP]
제6장	[금지] 위해, 기준 · 규격, 위반, 표시 기준 위반, 유사 표시
제7장	[심의위원회] 심의위원회, 단체 설립
제8장	[행정제재] 시정명령, 폐기 처분, 시설개수명령, 영업허가 취소 등
제9장	[보칙] 타 법률 관계, 국고보조, 포상금, 권한 위임, 수수료
제10장	[벌칙] 벌칙, 양벌규정, 과태료, 특례

하위 법령	
시행령	품질관리인, 심의위원회 운영, 과징금 산정 기준, 과태료 등
시행 규칙	시설 기준, 품목제조신고, 수입신고, 영업자 준수사항, 교육, 허위 · 과대표시 · 광고 범위, 수거량, 자가품질검사 기준, GMP 기준, 행정처분 기준, 과징금 부과, 제외대상, 수수료 과태료 부과 기준
고시	• 건강기능식품공전 • 건강기능식품의 기능성 원료 및 기준 · 규격 인정에 관한 규정 • 건강기능식품 표시 및 광고 심의 기준 • 건강기능식품의 표시 기준 • GMP 제조 기준 • 수입건강기능식품검사에 관한 규정 • 건강기능식품 위해사실 보고기관 지정에 관한 규정 • 부정불량식품 및 건강기능식품 등의 신고 포상금 지급에 관한 규정 • 식품, 식품첨가물, 축산물 및 건강기능식품의 유통기한 설정 기준 • 식품 및 건강기능식품 이력 추적 관리 기준 • 의약품 제조시설의 건강기능식품 제조시설 이용 기준

3 건강기능식품의 분류

건강기능식품과 일반 식품의 가장 큰 차이는 인체에 유용한 기능성을 가진 원료나 성분, 즉 기능성 원료를 사용했는지 여부이다. 이를 위해 과학적 자료에 근거해 안전성과 기능성을 평가한 후 기능성 원료로 인정하고 있다. 식품의약품안전처에서는 기능성 원료의 기준과 규격을 정해 「건강기능식품공전」에 기준 및 규격을 고시하여 누구나 사용할 수 있는 고시된 '고시형 건강기능식품'과 기준·규격, 안전성, 기능성에 관한 근거 자료를 확보한 영업자에게 개별인정하는 '개별인정형 건강기능식품'으로 관리하고 있다.

1) 고시형 건강기능식품

「건강기능식품에 관한 법률」 제14조 제1항의 규정에 따라 식품의약품안전처장이 품목별로 제조·사용 및 보존 등에 관한 기준 및 규격을 고시하는 건강기능식품을 고시형 건강기능식품이라 부르며, 「건강기능식품공전」에 수록되어 있다. 「건강기능식품공전」은 「건강기능식품에 관한 법률」을 따르며, 이 공전에서 기준 및 규격을 정하고 있는 품목에 대해서는 별도의 인정 절차 없이 품목제조신고 또는 수입신고해 판매할 수 있다. 공전에 등재된 원료는 안전성 및 기능성 평가를 거쳐 기준 및 규격이 설정되므로, 소비자에게 안전하면서도 양질의 건강기능식품을 제공하는 기반이 된다. 또한, 기능성 원료가 각각 정해진 상세한 제조기준과 규격, 일일 섭취량을 만족할 경우 해당 원료는 다양한 제품에 적용될 수 있다. 이 공전에서 제공하는 기준 및 규격은 건강기능식품 관리를 위한 원칙이 된다.

고시형 원료의 경우 일단 고시된 후에는 별도의 인정 절차 없이 신고만으로 누구나 제품을 제조 또는 수입할 수 있게 된다. 해당 기능성 원료를 사용한 다양한 제품이 시장에 도입될 수 있으며, 제품 간 경쟁으로 품질 향상도 기대할 수 있다. 법적으로 고시된 원료는 소비자의 신뢰도 및 인지도 확보가 가능하여 특별한 마케팅 전략이 필요하지 않을 수도 있다.

「건강기능식품공전」에 수록되어 있는 원료는 크게 영양소와 기능성 원료로 구분되며, 현재 등재되어 있는 고시형 건강기능식품은 표 1-4와 같다.

표 1-4 식품의약품안전처장이 고시한 원료 및 성분

구분	기능성을 가진 원료 또는 성분
영양소 (28종)	• 비타민 및 무기질(또는 미네랄) 25종: 비타민 A, β-카로틴, 비타민 D, 비타민 E, 비타민 K, 비타민 B1, 비타민 B2, 나이아신, 판토텐산, 비타민 B6, 엽산, 비타민 B12, 비오틴, 비타민 C, 칼슘, 마그네슘, 철, 아연, 구리, 셀레늄(또는 셀렌), 요오드, 망간, 몰리브덴, 칼륨, 크롬 • 필수지방산 • 단백질 • 식이섬유
기능성 원료 (67종)	• 인삼, 홍삼, 엽록소 함유 식물, 클로렐라, 스피루리나, 녹차 추출물, 알로에전잎, 프로폴리스 추출물, 코엔자임 Q_{10}, 대두이소플라본, 구아바잎 추출물, 바나바잎 추출물, 은행잎 추출물, 밀크씨슬(카르두스 마리아누스) 추출물, 달맞이꽃종자 추출물, 오메가-3 지방산 함유 유지, γ-리놀렌산 함유 유지, 레시틴, 스쿠알렌, 식물스테롤/식물스테롤에스테르, 알콕시글리세롤 함유 상어간유, 옥타코사놀 함유 유지, 매실 추출물, 공액리놀레산, 가르시니아 캄보지아 추출물, 루테인, 헤마토코쿠스 추출물, 쏘팔메토열매 추출물, 포스파티딜세린, 글루코사민, N-아세틸글루코사민, 뮤코다당·단백, 알로에겔, 영지버섯자실체 추출물, 키토산/키토올리고당, 프락토올리고당, 프로바이오틱스, 홍국, 대두단백, 테아닌, 엠에스엠(MSM: Methyl sulfonylmethane), 폴리감마글루탐산, 마늘, 히알루론산, 홍경천 추출물, 빌베리 추출물, 라피노스, 크레아틴, 유단백 가수분해물, 상황버섯 추출물, 토마토 추출물, 곤약감자 추출물 • 식이섬유(15종): 구아검/구아검 가수분해물, 글루코만난(곤약, 곤약만난), 귀리식이섬유, 난소화성 말토덱스트린, 대두식이섬유, 목이버섯식이섬유, 밀식이섬유, 보리식이섬유, 아라비아검(아카시아검), 옥수수겨식이섬유, 이눌린/치커리 추출물, 차전자피식이섬유, 폴리덱스트로스, 호로파종자식이섬유, 분말한천

출처: 식품의약품안전처(2016. 12.). 건강기능식품 기능성 원료 인정 현황.

2) 개별인정형 건강기능식품

건강기능식품의 개별인정은 안전성·기능성에 대한 과학적 평가에 의해 개별 원료별로 인정하는 것으로 '건강기능식품 기능성 원료 및 기준·규격 인정에 관한 규정'에 따라 검토된 후 인정받을 수 있다. 해당 규정은 건강기능식품 기능성 원료 및 기준·규격의 인정에 필요한 인정 기준, 인정 절차, 제출 자료의 범위 및 요건, 평가 원칙 등에 관한 사항을 정함으로써 인정 업무에 적정을 기한다.

개별인정형 원료는 영업자가 안전성과 기능성 인정에 필요한 과학적 근거 자료를 확보해 인정을 요청하게 된다. 이 경우 식품의약품안전처장은 신청일로부터 120일 이내에 평가를 마쳐야 하며, 규정 개정의 절차를 거치지 않고 해당 영업자에게 즉시 인정서를 발급할 수 있다. 이 방법의 가장 큰 장점은 과학의 발전 속도에 맞추어 품목을 빠르게 확대할 수 있다는 것이다. 2004년 「건강기능식품에 관한 법률」 제정 이후 10여 년간 개별인정받은 원료나 성분이 260여 건으로 확대된 것이 이를 뒷받침한다. 과학적 근거를 확보해 개별인정을 받는 것은 쉽지 않으므로, 그 대가로 시장 선점 권한을 부여하는 것은 연구 개발을 독려하는 면에서 의미가 있다. 그러나 이 방법은 개별인정서를 발급받은 영업자에 한해 제조 또는 수입하도록 권한을 제한하고 있어 개별 기업의 역량에 따라 제품의 품질 향상과 시장 진입 및 확대가 가능하며, 이것이 잘 이루어지지 않으면 어렵게 인정된 기능성 원료가 제품화되지 못하고 머물러 있을 수도 있다. 개별인정된 원료의 품목 확대를 위해 기능성 원료로 인정받은 후 품목제조신고 또는 수입신고한 날로부터 3년이 경과했거나 3개 이상의 영업자가 인정받은 후 품목제조신고 또는 수입신고한 경우, 3년이 경과하지 않은 기능성 원료에 대해 동일한 기능성 내용으로 인정받은 영업자의 2/3가 등재를 요청한 경우에 그 원료가 「건강기능식품공전」에 등재될 수 있다. 다만, 당해 영업자가 요청할 경우에는 타당성을 검토하여 기능성 원료 인정 후 품목제조신고 또는 수입신고한 날로부터 5년까지 유예할 수 있다.

표 1-5 개별인정형 건강기능식품

번호	기능성		기능성 원료
1	간 건강	간 건강에 도움	도라지 추출물, 밀크씨슬 추출물, 발효울금, 복분자 추출물(분말), 브로콜리스프라우트 분말, 표고버섯균사체 추출물(분말), 표고버섯균사체, 유산균발효마늘 추출물
		알코올성 손상으로부터 간 보호에 도움	유산균발효다시마 추출물, 헛개나무과병 추출물
2	갱년기 남성 건강	갱년기 남성의 건강에 도움	MR-10 민들레 등 복합 추출물, 마카 젤라틴화 분말, 옻나무 추출분말
3	갱년기 여성 건강	갱년기 여성의 건강에 도움	프랑스해안송껍질 추출물, 백수오 등 복합추출물, 석류 추출물, 홍삼(홍삼농축액), 석류농축액, 회화나무열매 추출물, 오미자 추출물
4	과민피부 상태 개선	면역 과민 반응에 의한 피부 상태 개선에 도움	L. sakei Probio 65, γ-리놀렌산 함유 유지, 과채유래 유산균(L.plantarum CJLP133), 프로바이오틱스 ATP
5	관절/뼈 건강	관절 건강에 도움	CMO 함유 FAC(Fatty acid Complex), N-아세틸글루코사민, Dimethylsulfonylmethane(MSM), 가시오갈피 등 복합 추출물, 강황 추출물, 글루코사민, 까마귀쪽나무 열매 주정추출물, 닭가슴연골 분말, 로즈힙 분말, 보스웰리아 추출물, 비즈왁스알코올, 전칠삼 추출물 등 복합물, 지방산복합물, 차조기 등 복합추출물, 초록입홍합 추출오일, 호프 추출물, 황금 추출물 등 복합물, 참당귀 추출분말
		뼈 건강에 도움	가시오가피숙지황 복합추출물, 대두이소플라본, 흑효모 배양액 분말, 유단백 추출물
6	기억력 개선	기억력 개선에 도움	구기자 추출물, 녹차 추출물/테아닌 복합물, 당귀 등 추출복합물, 비파엽 추출물, EPA 및 DHA 함유 유지, 원지 추출분말, 은행잎 추출물, 인삼가시오갈피 등 혼합 추출물, 테아닌 등 복합추출물, 피브로인효소 가수분해물, 홍삼(홍삼농축액), 천마 등 복합추출물(HX106)
7	긴장완화	스트레스로 인한 긴장 완화에 도움	L-테아닌, 아쉬아간다 추출물, 유단백 가수분해물, 돌외잎 추출물

번호	기능성		기능성 원료
8	눈 건강	눈의 피로도 개선에 도움	빌베리 추출물, 헤마토코쿠스 추출물
		눈 건강에 도움	들쭉열매 추출물, 루테인/지아잔틴 복합추출물, 루테인 복합물, 루테인지아잔틴 복합추출물20%, 마리골드 추출물(루테인에스테르), 지아잔틴 추출물, EPA 및 DHA 함유 유지
9	면역 기능 개선	면역력 증진에 도움	Enterococcus faecalis 가열처리 건조분말, L-글루타민, 게르마늄효모, 금사상황버섯, 당귀 혼합추출물, 동충하초 주정추출물, 스피루리나, 클로렐라, 청국장균 배양정제물(폴리감마글루탐산칼륨), 표고버섯균사체, 효모 β-글루칸, 인삼다당체 추출
		과민 면역 반응 완화에 도움	Enterococcus faecalis 가열처리 건조분말, 구아바잎 추출물 등 복합물, 다래 추출물, 소엽 추출물, 피카오프레토 분말 등 복합물, 합성 PLAG
10	배뇨기능 개선	방광에 의한 배뇨 기능 개선에 도움	호박씨 추출물 등 복합물
11	수면질 개선	수면의 질 개선에 도움	감태 추출물
12	어린이 성장발육	어린이 키 성장에 도움	황기 추출물 등 복합물(HT042)
13	여성 질 건강	유산균 증식을 통한 여성 질 건강에 도움	UREX 프로바이오틱스
14	월경 전 상태 개선	월경 전 변화에 의한 불편한 상태 개선	γ-리놀렌산 함유 유지
15	위 건강/소화 기능	헬리코박터균 증식 억제 및 위 건강에 도움	감초 추출물
		위 불편감 개선에 도움	매스틱검
		위 점막을 보호하여 위 건강에 도움	비즈왁스알코올
		담즙 분비를 촉진하여 지방 소화에 도움	아티초크 추출물
16	요로 건강	요로 건강에 도움	크랜베리 추출물, 파크랜 크랜베리 추출분말

번호	기능성		기능성 원료
17	운동수행 능력	운동능력 향상에 도움	마카 젤라틴화 분말, 크레아틴, 헛개나무과병 추출분말
		지구력 증진에 도움	동충하초발효 추출물
18	인지능력 향상	인지능력 개선에 도움	Lactobacillus Helveticus 발효물, 도라지 추출물(DRJ-AD), 참당귀뿌리 추출물, 참당귀 추출분말, 포스파티딜세린
19	장 건강	장내 유익균 증식 및 유해균 억제에 도움	갈락토올리고당, 구아검 가수분해물, 대두올리고당, 라피노스, 락추로스파우더, 밀전분유래 난소화성 말토덱스트린, 이소말토올리고당, 자일로올리고당, 커피만노올리고당 분말, 프락토올리고당
		면역을 조절하여 장 건강에 도움	프로바이오틱스(VSL#3)
		배변활동 원활에 도움	대두올리고당, 라피노스, 목이버섯, 무화과 페이스트, 분말한천, 이소말토올리고당, 자일로올리고당, 커피만노올리고당, 프락토올리고당
20	전립선 건강	전립선 건강 유지에 도움	쏘팔메토열매 추출물, 쏘팔메토열매 추출물 등 복합물
21	정자 운동성	정자 운동성 개선에 도움	마카젤라틴화 분말
22	체지방 감소	체지방 감소에 도움	Lactobacillus gasseri BNR17, L-카르니틴타르트레이트, 가르시니아 캄보지아껍질 추출물, 공액리놀렌산(유리지방산), 공액리놀렌산(트리글리세라이드), 그린마떼 추출물, 그린커피빈 추출물, 깻잎 추출물, 녹차 추출물, 대두배아 추출물 등 복합물, 돌외잎 주정추출분말, 락토페린(우유정제단백질), 레몬밤 추출물 혼합분말, 마테열수 추출물, 미역 등 복합추출물(잔티젠), 발효식초 석류복합물, 보이차 추출물, 서목태(쥐눈이콩)펩타이드 복합물, 식물성 유지 디글리세라이드, 와일드망고종자 추출물, 중쇄지방산(MCFA) 함유 유지, 콜레우스포스콜리 추출물, 키토산, 키토올리고당, 풋사과 추출폴리페놀, 핑거루트 추출분말, 히비스커스 등 복합추출물
23	치아 건강	충치 발생위험 감소에 도움	자일리톨
24	칼슘 흡수 촉진	칼슘 흡수에 도움	폴리감마글루탐산, 프락토올리고당
25	피로 개선	피로 개선에 도움	발효생성아미노산 복합물, 헛개나무과병 추출물, 홍경천 추출물

번호	기능성		기능성 원료
26	피부 건강	자외선에 의한 피부 손상, 피부 건강을 유지하는 데 도움	소나무껍질 추출물 등 복합물, 멜론 추출물, 포스파티딜세린, 프로바이오틱스HY7714, 핑거루트 추출분말, 홍삼·사상자·산수유 복합추출물
		피부 보습에 도움	AP콜라겐효소분해펩타이드, Collactive 콜라겐펩타이드, N-아세틸글루코사민, 곤약감자 추출물, 민들레 등 복합추출물, 쌀겨 추출물, 옥수수배아 추출물, 저분자콜라겐펩타이드, 지초 추출분말, 포스파티딜세린, 히알루론산, 프로바이오틱스HY7714, 콩보리발효 복합물, 밀배유 추출물, 핑거루트 추출분말
27	항산화	항산화에 도움	녹차 추출물, 대나무 잎 추출물, 멜론 추출물, 복분자 추출물(분말), 비즈왁스알코올, 유비퀴놀, 코엔자임 Q_{10}, 토마토 추출물, 포도종자 추출물, 프랑스해안송껍질 추출물, 홍삼(홍삼농축액)
28	혈당 조절	식후 혈당 상승 억제에 도움	L-arabinose, nopal 추출물, 계피 추출분말, 구아바잎 추출물, 난소화성 말토덱스트린, 동결건조누에 분말, 마주정추출물, 바나바잎 추출물, 상엽 추출물, 서목태(쥐눈이콩)펩타이드 복합물, 솔잎 증류농축액, 실크단백질효소 가수분해물, 알부민, 인삼 가수분해 농축액, 잔나비걸상버섯균사체(인정 취소), 지각상엽 추출혼합물, 콩발효추출물, 타가토스, 탈지달맞이꽃종자 추출물, 피니톨, 홍경천 등 복합추출물, 히드록시프로필메틸셀룰로오스
29	혈압 조절	높은 혈압 감소에 도움	L-글루타민산 유래 GABA 함유분말, 가쓰오부시올리고펩타이드, 나토균배양분말, 서목태(쥐눈이콩)펩타이드 복합물, 연어펩타이드, 올리브잎 추출물, 정어리펩타이드, 카세인 가수분해물, 코엔자임 Q_{10}, 포도씨효소분해 추출분말, 해태올리고펩타이드
30	혈중 중성지방 개선	혈중 중성지방 개선에 도움	DHA 농축유지, 글로빈 가수분해물, 난소화성 말토덱스트린, 대나무 잎 추출물, 식물성 유지 디글리세라이드, 정어리정제어유, 정제오징어유
31	혈중 콜레스테롤 개선	혈중 콜레스테롤 개선에 도움	녹차 추출물, 대나무 잎 추출물, 보리 β-글루칸 추출물, 보이차 추출물, 사탕수수왁스알코올, 스피루리나, 식물스타놀에스테르, 씨폴리놀 감태 주정추출물, 아마인, 알로에 복합추출물, 알로에 추출물, 적포도발효농축액, 클로렐라, 홍국쌀, 창녕양파 추출액

번호	기능성		기능성 원료
32	혈행 개선	혈행 개선에 도움	DHA 농축유지, L-아르기닌, 나토균배양 분말, 나토배양물, 멜론 추출물, 은행잎 추출물, 정어리정제어유, 정제오징어유, 카카오분말, 프랑스해안송껍질 추출물, 홍삼(홍삼농축액)

1) ▭ : 고시된 원료로 전환된 원료

2) 인정된 기능성 원료는 총 263개이나, 동일한 원료에서 2개 이상 기능성이 인정된 경우가 포함되어 합산되었음

출처: 식품의약품안전처(2016. 12.). 건강기능식품 기능성 원료 인정 현황.

식품의약품안전처장은 제출된 자료를 아래 평가 원칙에 따라 평가해 기능성을 인정하고 있다. 따라서 건강기능식품의 개발 단계부터 이를 충분히 고려하여 진행해야 한다.

기능성 인정 평가 원칙

- 원료의 기원, 학명, 원산지, 사용 부위와 복합 원료인 경우 각 원재료 정보가 구체적으로 잘 기재되었는지 여부 평가
- 원료의 제조 과정에 사용된 용매, 효소 등이 해당 기준 및 규격에 적합하게 사용되었는지 여부 평가
- 기능성분(또는 지표성분)에 대한 함량, 규격 및 시험 방법 적절성, 식품의약품안전처장이 지정 또는 인정한 국내·외 검사기관 결과의 적합성, 제조 단계별 기능성분(또는 지표성분)의 함량 변화가 잘 분석되었는지 여부 평가
- 유해물질에 대한 규격이 안전성을 확보할 수 있는지 여부, 식품의약품안전처장이 지정 또는 인정한 국내·외 검사기관의 시험결과가 적합한지 여부 평가
- 기원, 개발 경위, 국내·외 인정 및 사용 현황, 제조 방법, 원료의 특성, 전통적 사용, 섭취량 평가 결과, 영양 평과 결과, 생물학적 유용성 결과, 인체적용시험 결과, 독성시험 결과 등 제출된 모든 자료를 종합적으로 검토한 결과 제안된 섭취량 및 섭취 방법에서 안전성이 확보되었는지 여부 평가
- 기능성 자료에 대해 연구의 유형과 수준에 따라 개별적으로 평가한 후, 총체적인 근거 자료의 양, 일관성, 관련성을 고려해 종합적으로 평가

2 CHAPTER

건강기능식품 원료 표준화 및 제조관리

1 기능성 원료의 개발 및 기능성분/지표성분의 선정

개별인정형 건강기능식품을 개발, 제조 및 유통하려면, 먼저 특정 원료를 기능성 원료로 인정을 받고 인정된 원료를 기준으로 하여 건강기능식품의 기준과 규격을 인정받아야 한다.

1) 기능성 원료, 기능성분, 지표성분의 정의

기능성 원료로서 기능성분(biologically active compound)이나 지표성분(biomarker compound)을 설정하여야 하는데, 기능성분은 농도 의존적으로 생리학적 작용을 보이는 성분을 말하며, 지표성분은 품질관리를 목적으로 원재료에 있는 성분으로 원재료가 제대로 가공되어 기능성 원료로 가공된 것인지를 확인하는 지표가 되는 성분을 말한다.

기능성분은 성분 자체가 기능성을 나타내고, 이러한 성분이 일정 수준 이상으로 함유되면 기능성분이라고 말할 수 있다. 천연물에는 다양한 화학물질이 존재하고 여러 성분의 상호작용 등을 통해서 기능성을 나타낼 수 있다. 이 경우 단일물질을 분리하는 것이 쉬운 일은 아니기 때문에 기능성분 대신 지표성분을 설정할 수 있다.

용어 정의

기능성 원료	건강기능식품의 제조에 사용되는 기능성을 가진 물질로서 ① 동물, 식물, 미생물, 물(水) 등 기원의 원재료를 그대로 가공한 것과 ② 이의 추출물, 정제물, ③ 정제물의 합성물 및 ①에서 ③까지의 복합물
기능성분	원료 중에 함유되어 있는 기능성을 나타내는 성분
지표성분	원료 중에 함유되어 있는 화학적으로 규명된 성분 중에서 품질관리 목적으로 정한 성분
원재료	원료를 제조하기 위하여 사용되는 기원물질

출처: 건강기능식품의 기준 및 규격(식품의약품안전처 고시 제 2017-113호).

표 2-1과 같이 건강기능식품의 종류에 따라서 기능성분이 지표성분과 동일할 수도 있고 다를 수도 있다. 일반적으로 생리활성이 높은 물질을 기능성분으로 정하며, 측정이 용이한 안정된 구조의 물질을 지표물질로 정한다. 예를 들어, 식품의약품안전처 고시 제2017-113호 '건강기능식품의 기준 및 규격'(이하 「건강기능식품공전」)에 따르면 고시형 원료인 홍삼의 기능성분과 지표성분은 진세노사이드 Rg1, Rb1과 Rg3로 고시되어 있다. 「건강기능식품공전」의 제조 기준에 따르면 이 3가지 기능성분/지표성분을 합하여 2.5~34mg/g을 함유하고 있어야 한다고 정하고 있다.

반면, 프로폴리스나 알콕시글리세롤 함유 상어간유의 경우 기능성분과 지표성분이 다르게 규정되어 있다(표 2-1). 대두단백의 경우 기능성분 대신 지표성분에 대해서만 규정하고 있다.

표 2-1 기능성 원료, 기능성분, 지표성분의 차이

기능성 원료	기능성분	지표성분	비고
홍삼	진세노사이드 Rg1, Rb1 및 Rg3를 합하여 2.5~34mg/g	진세노사이드 Rg1, Rb1 및 Rg3를 합하여 2.5~34mg/g	기능성분과 지표성분이 일치함
프로폴리스	총 플라보노이드를 10mg/g 이상	파라쿠마르산(p-coumaric acid) 및 계피산이 확인되어야 함	기능성분과 지표성분이 일치하지 않음
알콕시글리세롤 함유 상어간유	알콕시글리세롤이 180mg/g 이상	바틸알코올이 확인되어야 함	기능성분과 지표성분이 일치하지 않음
대두단백	–	조단백질을 건고물 기준으로 400mg/g 이상 함유하고 있어야 하며, 다이드제인 및 제니스테인이 확인되어야 함	지표성분은 있으나 기능성분은 없음

홍삼에 대한 기준 및 규격(「건강기능식품공전」 식약처고시 제2017-113호)

1. 제조기준
   (1) 원재료: 수삼(*Panax ginseng* C.A. Meyer)을 증기 또는 기타 방법으로 쪄서 익혀 말린 홍삼
   (2) 제조 방법
      (가) 상기 (1)의 원재료를 분말화하여 제조하여야 함
      (나) 상기 (1)의 원재료를 물이나 주정(물 · 주정 혼합물 포함)으로 추출하여 여과하거나 여과한 후 농축 또는 식용미생물로 발효하여 제조하여야 함
   (3) 기능성분(또는 지표성분)의 함량: 진세노사이드 Rg1, Rb1 및 Rg3를 합하여 2.5~34mg/g 함유하고 있어야 함
   (4) 제조 시 유의사항: 원재료인 인삼근은 「인삼산업법」에 적합하여야 하며 4년근 이상의 것으로 춘미삼, 묘삼, 삼피, 인삼박은 사용할 수 없으며 병삼인 경우에는 병든 부분을 제거하고 사용할 수 있음

2. 규격
   (1) 성상: 고유의 색택과 향미를 가지며 이미 · 이취가 없어야 함
   (2) 진세노사이드 Rg1, Rb1 및 Rg3의 합
      (가) 원료성 제품: 표시량 이상
      (나) 최종 제품: 표시량의 80% 이상
   (3) 세균 수: 1mL당 3,000 이하(농축액에 한함)
   (4) 대장균군: 음성

3. 최종 제품의 요건
   (1) 기능성 내용: 면역력 증진, 피로 개선, 혈소판 응집 억제를 통한 혈액 흐름, 기억력 개선, 항산화, 갱년기 여성의 건강에 도움을 줄 수 있음
   (2) 일일 섭취량
      (가) 면역력 증진, 피로 개선에 도움을 줄 수 있음: 진세노사이드 Rg1, Rb1 및 Rg3의 합계로 3~80mg
      (나) 혈소판 응집 억제를 통한 혈액 흐름, 기억력 개선, 항산화에 도움을 줄 수 있음: 진세노사이드 Rg1, Rb1 및 Rg3의 합계로 2.4~80mg
      (다) 갱년기 여성의 건강에 도움을 줄 수 있음: 진세노사이드 Rg1, Rb1 및 Rg3의 합계로 25~80mg
   (3) 섭취 시 주의사항: 의약품(당뇨치료제, 혈액항응고제) 복용 시 섭취에 주의

기능성분과 지표성분을 결정할 때는 성분의 특이성, 대표성, 용이성, 안정성, 안전성 등에 대해 면밀하게 검토하여야 한다.

용어 정의

특이성 (specificity)	• 불순물, 분해물, 배합성분 등의 혼재 상태에서 분석대상 물질을 선택적으로 정확하게 측정할 수 있는 능력
대표성	• 문헌조사 및 동물실험(*in vivo*), 시험관실험(*in vitro*) 등의 실험을 통하여 추출. 물의 기능을 대표할 정도는 아니지만, 추출물의 기능에 관여하는 성분이 존재하는 것
용이성	• 기능/지표성분이 HPLC 등과 같은 범용 분석기기를 이용하여 분석이 가능한 것 • 상업적 표준물질의 사용이 가능하고 분석 비용 등이 높지 않은 것
안정성	• 열, 빛, 습도 등의 일반적인 보관 조건에서 변하지 않는 것
안전성	• 인체에 미치는 독성 등의 영향

출처: 식품의약품안전처(2008. 4.). 건강기능식품 개발자를 위한 기능성 원료 표준화 지침서.

2) 기능성 원료의 개발과정

기능성 원료의 개발과정은 그림 2-1과 같이 기초 자료 조사를 거쳐 대상 원재료(식물)를 선발하고, 활성분석에 기초하여 기능성분과 지표성분을 선정한 다음 원료의 표준화와 기준 및 규격을 설정하는 과정을 따른다.

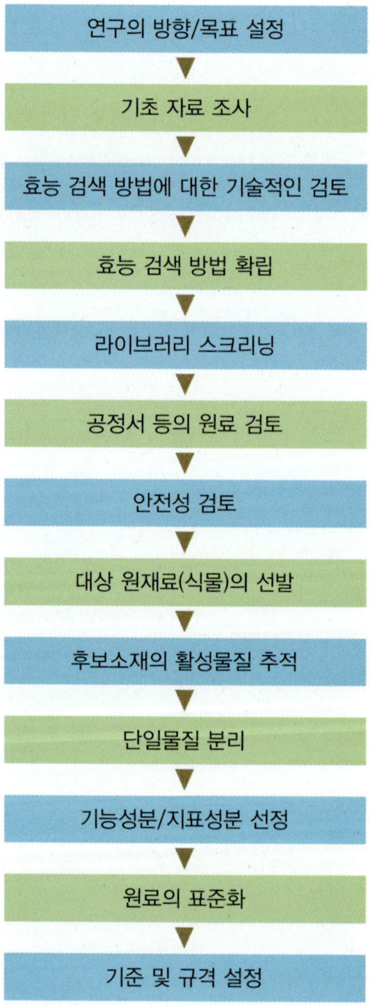

그림 2-1 기능성 원료의 개발과정

(1) 대상 원료재의 선정

식물(원재료)로부터 기능성 원료를 탐색하고자 할 경우 추출물 라이브러리의 스크리닝(screening)을 통해 대상 원재료를 선발하거나 문헌조사를 통하여 몇 종의 원재료를 선발한 후, 이들의 효능 검증을 통해 대상 원재료를 선발한다(그림 2-2).

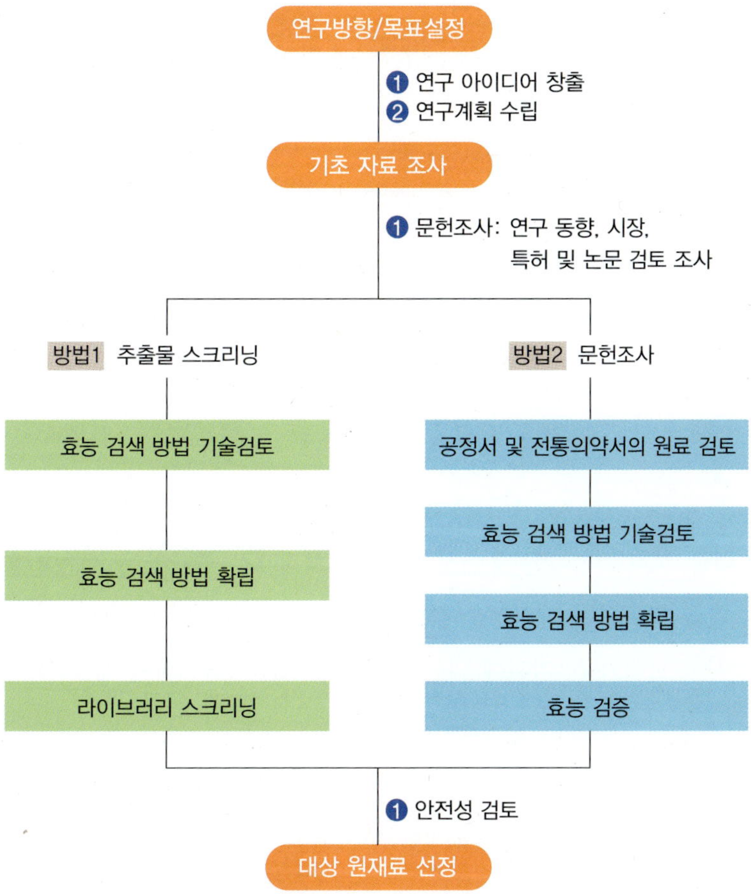

그림 2-2 대상 원재료의 선정과정

출처: 식품의약품안전청(2008. 4.).건강기능식품 개발자를 위한 기능성 원료 표준화 지침서.

① 연구의 방향/목표 설정: 시장 수요 분석에 근거하여 건강기능식품으로 개발하고자 하는 소재의 기능성을 선정한다.

② 기초 자료 조사: 상품성, 사업성, 시장성, 특허 및 논문 조사를 바탕으로 개발 소재의 적합성을 검토한다.

③ 효능 검색 방법에 대한 기술적인 검토: 선정된 기능성을 확인하기 위한 효능 검증 방법이 적합한지를 검토한다.

④ 효능 검색 방법 확립: 소재의 효능 검색법을 확립한다.

⑤ 라이브러리 스크리닝: 천연 추출물 라이브러리를 대상으로 선정된 효능 검색 방법을 이용하여 스크리닝한다.

⑥ 원료 검토: 선정된 기능성과 관련된 기전을 갖고 있는 소재를 전통 자료 등의 원료를 검토하여 선발한다.

⑦ 안전성 검토: 추출물 라이브러리 스크리닝을 통해 도출된 원재료의 안전성에 대하여 검토한다.

⑧ 대상 원재료 선발: 최종 효능 검증 및 안전성을 검토하여 대상 원재료를 선정한다.

그림 2-3과 표 2-2는 건강기능식품 기능성 원료의 안전성 평가를 위한 의사결정도로서 선정된 대상 원재료의 개발 용이성에 대해 1차적으로 판단하는 기준이 된다. 먼저, 국내·외 논문을 참고하여 안전성을 검토하고, 필요한 경우 GLP(good laboratory practice: 비임상시험 관리기준) 기관에 의한 안전성(safety) 시험결과를 제출하여야 한다.

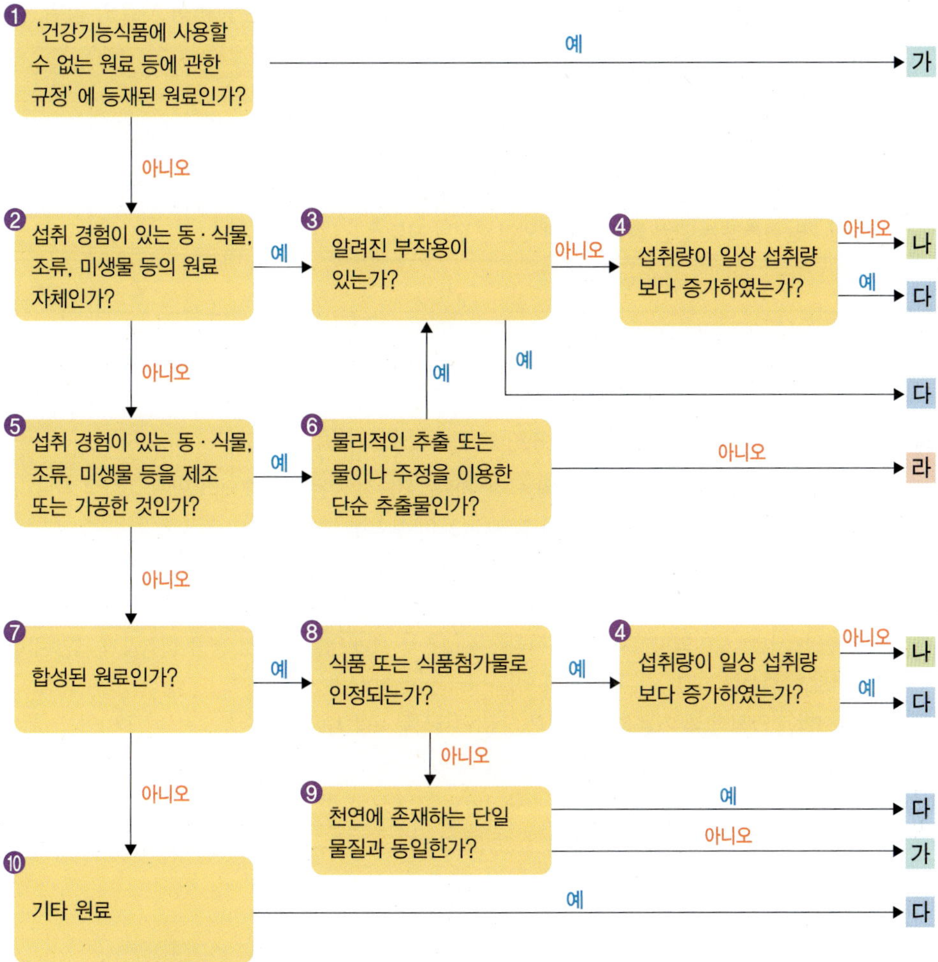

그림 2-3 건강기능식품 기능성 원료의 안전성 평가를 위한 의사결정도

출처: 식품의약품안전처(고시 제2016-141호). 건강기능식품 기능성 원료 및 기준·규격 인정에 관한 규정.

표 2-2 안전성 평가 의사결정도(그림 2-3)에 따라 제출되어야 하는 안전성 자료의 범위

제출되어야 하는 안전성 자료	가	나	다
건강기능식품으로 신청할 수 없음	✓		
섭취 근거 자료①		✓	✓
해당 기능성분 또는 관련 물질에 대한 안전성 정보 자료②		✓	✓
섭취량 평가 자료③		✓	✓
인체적용시험 자료④			✓
독성시험 자료⑤			✓

① 섭취 근거 자료: 섭취 경험이 있음을 증명하는 근거 자료로서 '건강기능식품의 기준 및 규격', '식품의 기준 및 규격', '식품첨가물의 기준 및 규격' 자료, 전통적 사용이 기록되어 있는 과학적 자료 또는 역사적 사용 기록, 국외 정부기관의 인정 자료 등이 포함됨

② 안전성 정보 자료: 각종 문헌 또는 데이터베이스에서 원료 또는 성분에 대한 독성, 안전성 또는 다른 성분(영양성분, 의약품 성분 등)과의 상호작용에 관한 자료를 검색한 자료

③ 섭취량 평가 자료: 국민영양조사 결과, 섭취량 실태조사 결과 등을 근거로 평균 섭취량과 제안된 섭취량을 비교·분석한 자료. 단, 식경험이 없는 원료는 제출대상에서 제외

④ 원료로 실험된 안전성 및 기능성을 확인한 자료(인체적용시험 자료)

⑤ 독성시험 자료: 단회투여독성시험(설치류, 비설치류), 90일 반복투여독성 자료(설치류), 유전독성시험(복귀돌연변이시험, 염색체이상시험, 소핵시험)을 기본으로 하며, 원료의 특성에 따라 생식독성, 항원성, 면역독성, 발암성시험을 추가로 시험하여야 함. 단, 기타 안전성 자료로 안전성이 확보되었음을 입증할 수 있는 경우에는 예외 적용이 가능함

예를 들면, 표 2-3은 마늘 추출분말에 대한 안전성을 평가할 때 자료 제출 항목을 결정하기 위한 질문과 응답표이다. 마늘 추출물의 경우, 1번 질문에서 마늘은 사용할 수 없는 원료 등에 관한 규정에 등재된 원료가 아니므로 2번 질문으로 이어진다. 마늘 추출분말은 원료 자체라기보다는 식물 원료를 제조 또는 가공하였으므로 2번 질문의 답 = '아니오', 5번 질문의 답 = '예'가 되어 6번 질문으로 이어진다. 6번 질문에서 마늘 추출분말은 물이나 주정을 이용한 단순한 추출물이므로 3번 질문으로 이어지며, '알려진 부작용이 있는가?'에 대하여 알려진 부작용이 없으므로 4번 질문에 이른다. 4번 질문에서 섭취량이 일상 섭취량보다 증가하여 복용한다고 볼 수 없으므로 최종적으로

'나'에 해당된다. 따라서 표 2-2에서 '나'에 해당되는 안전성 자료 3종(섭취 근거 자료, 해당 기능성분 또는 관련 물질에 대한 안전성 정보 자료, 섭취량 평가 자료)를 제시하여야 한다.

표 2-3 마늘 추출물의 안전성 평가를 위한 의사결정

점검 순서	1번 질문	2번 질문	3번 질문	4번 질문	5번 질문	6번 질문	…
1	아니오 ··· 2번 질문						
2		아니오 ··· 5번 질문					
3					예 ··· 6번 질문		
4						예 ··· 3번 질문	
5			아니오 ··· 4번 질문				
6				아니오 ··· '나'			

(2) 조추출물 제조

일반적인 조추출물을 제조하기 위하여 주로 용매추출(solvent extraction)을 사용한다. 추출용매로는 '식품첨가물공전'에서 정한 기준 및 규격에 적합한 용매를 선정하는 것이 바람직하다. 물, 메탄올, 주정, 이소프로판올, 이산화탄소, 에틸아세테이트를 가장 많이 사용한다.

단일용매를 사용하기도 하지만, 때로는 물과 에탄올을 혼합한 용매를 사용하듯이 2가지 용매를 혼합하여 사용하기도 한다. 예를 들어, 물/주정의 비율을 달리하여 추출물을 제조한 후 활성이 가장 높은 조추출물을 제조하는 방법을 선정한다.

(3) 분획물의 제조

조추출물에는 매우 다양한 수백~수천 종의 화합물이 존재한다. 따라서 물리·화학적 성질이 유사한 화합물끼리 분리하기 위하여 칼럼크로마토그래피, 용매분획법 등을 이용하여 분획물을 제조한다.

(4) 활성물질의 분리 및 동정

선정된 대상 식물(원재료)의 기능(지표)성분을 규명하기 위하여 그림 2-4와 같이 단계별 과정을 거쳐서 물질을 분리·동정한다. 식물의 경우 식물 추출물에는 수백에서 수천 종의 물질이 함유되어 있기 때문에 대표성이 있는 성분을 찾기 위해 분획물을 제조한다.

이어서 시험관실험(*in vitro*)/동물실험(*in vivo*) 활성 측정 방법을 이용하여 효능이 우수한 분획을 선정하고, 크로마토그래피 또는 용매분획 등을 통해 활성성분을 분리한다. 분리된 활성성분은 핵자기공명분광법(NMR: nuclear magnetic resonanc), 질량스펙트럼분석(MS: mass spectrum) 및 적외선스펙트럼(IR: infra red spectrum) 등의 자료를 통해 구조를 분석한다. 이와 같이 '분획물 제조 ⋯▸ 활성 측정 ⋯▸ 활성성분 분리' 과정을 반복적으로 수행하여 추출물 중 효능을 발휘하는 단일성분을 분리한다.

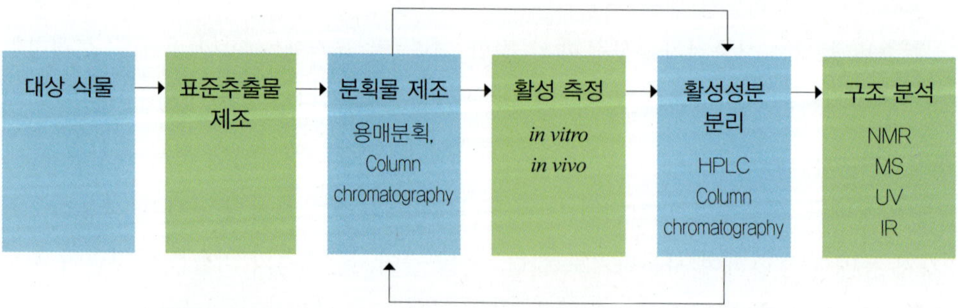

그림 2-4 대상 원재료(식물)로부터 활성물질 분리 및 구조 분석

3) 기능성분/지표성분의 설정

추출물로부터 분리한 기능성분의 생리활성이 매우 높다면, 이들의 함량을 기준으로 하여 표준화된 추출물을 제조할 수 있으나 다수 성분의 복합적인 작용에 의해 효능이 나타나는 경우에는 추출물을 대표하는 지표성분의 선정이 필요하다.

(1) 기능성분/지표성분의 설정

1 기능성분

분리된 단일물질이 추출물과 유사한 활성도를 나타내는 경우 분리된 단일물질은 기능성분이 될 가능성이 높다. 즉, 분리된 단일물질이 기능성을 발휘하고 그 물질을 일정 수준 이상으로 함유한 추출물에서 기능성이 나타날 때, 이 성분을 기능성분이라 할 수 있다.

그림 2-5와 같이 추출물 중 분리된 단일성분의 함량이 10%라고 가정할 때 추출물(30 μg/mL)과 단일성분(3μg/mL)의 활성도를 측정한 결과 유사한 활성을 보인다면 분리된 단일성분을 기능성분이라고 할 수 있다. 기능성분은 그 성분 자체로 효능을 발휘하기 때문에 추출물 중에 다른 성분이 존재하더라도 비슷한 효능을 발휘한다.

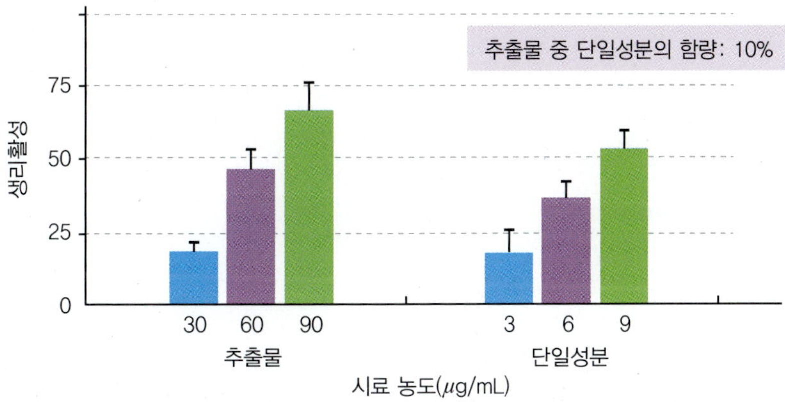

그림 2-5 추출물과 단일성분의 활성 비교-기능성분인 경우

출처: 식품의약품안전청(2008. 4.).건강기능식품 개발자를 위한 기능성 원료 표준화 지침서.

2 지표성분

그림 2-6과 같이 추출물의 농도에 비례하여 효능이 증가하지만, 분리된 단일성분 농도에 따라 효능의 증가가 비례하지 않을 경우 기능성분이라 할 수 없다. 분리된 단일성분이 추출물의 기능성에 기여하는 성분이라 할 수는 있으나 기능성을 대표하는 성분이라고 할 수는 없다.

이 경우 분리된 단일성분이 추출물의 효능에 영향을 주는 성분인지, 단순히 추출물에 특이적으로 함유된 성분인지를 확인해야 한다.

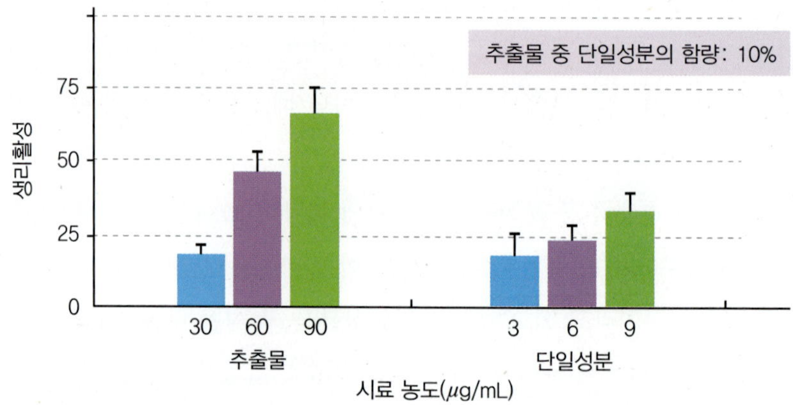

그림 2-6 추출물과 단일성분의 활성 비교-기능성분이 아닌 경우

출처: 식품의약품안전청(2008. 4.).건강기능식품 개발자를 위한 기능성 원료 표준화 지침서.

분리된 단일성분이 기능성, 특이성, 대표성, 용이성, 안정성 등의 기본 요건을 만족하는지 검토해야 한다. 그림 2-7에서 제시한 의사결정도를 이용하여 성분을 기능성분 또는 지표성분으로 구분한다.

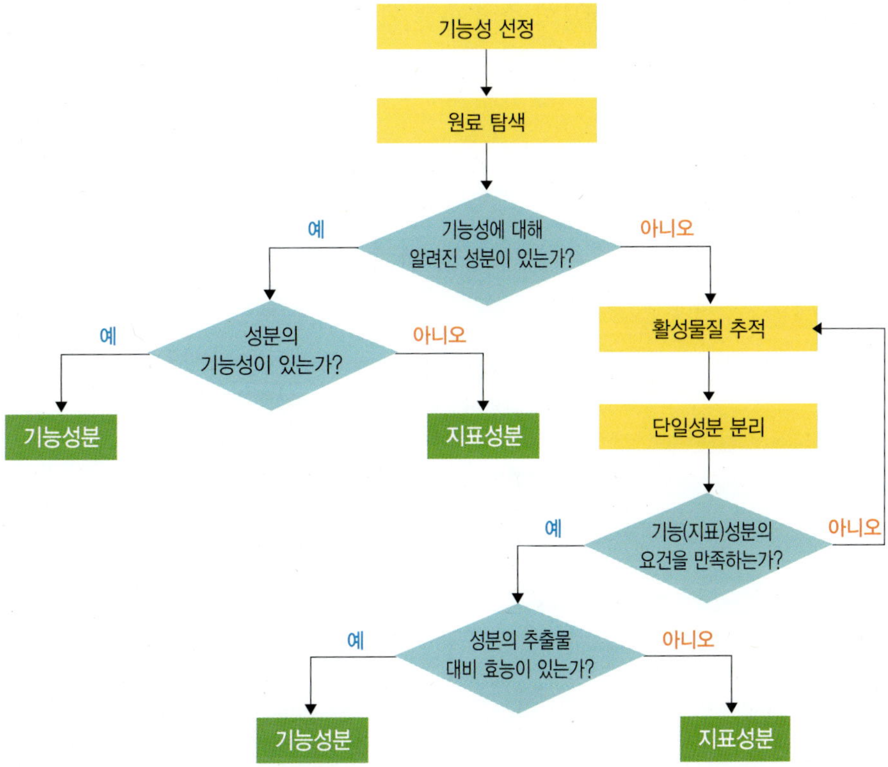

그림 2-7 기능(지표)성분의 의사결정도

출처: 식품의약품안전청(2008. 4.). 건강기능식품 개발자를 위한 기능성 원료 표준화 지침서.

추출물로부터 분리된 단일성분의 활성도를 분석한 결과 추출물 대비 50% 이상인 경우 기능성분이라고 할 수 있다. 그리고 기능성분이 1종이면 1종에 대해 기준 및 규격을 설정하고, 2종 이상이면서 구조적으로 유사한 경우 그 합으로 기준 및 규격을 설정할 수 있으며, 구조적 유사성이 없을 경우 개별적으로 기준 및 규격을 설정하면 된다.

반대로 분리된 단일성분의 활성도가 추출물 대비 50% 이하인 경우 지표성분이라고 할 수 있다.

그림 2-8은 기능성분/지표성분의 수에 따른 기준 및 규격의 설정 방법을 설명한 것이다.

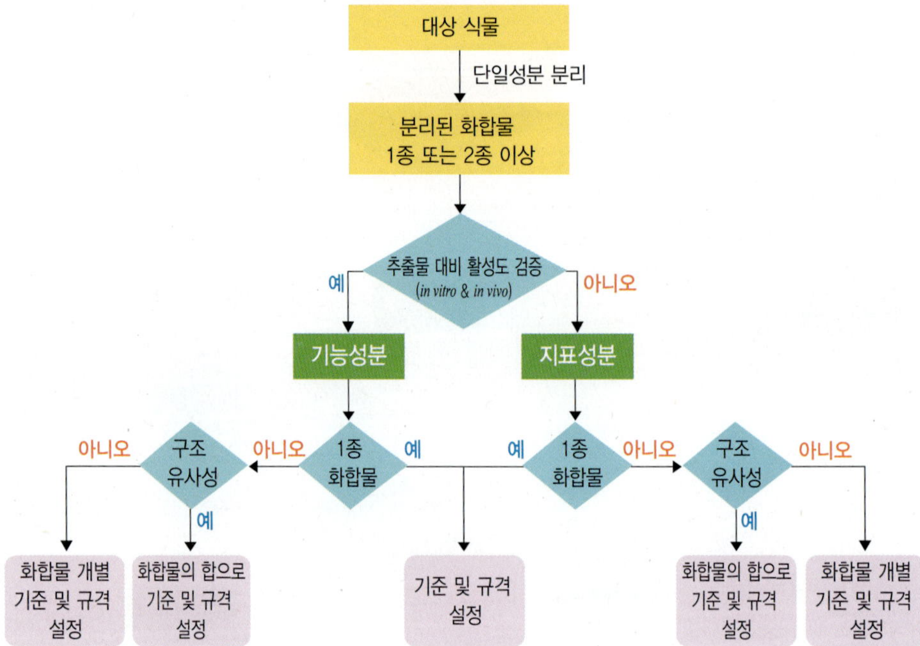

그림 2-8 기능성분과 지표성분의 수에 따른 기준 및 규격 설정

출처: 식품의약품안전청(2008. 4.).건강기능식품 개발자를 위한 기능성 원료 표준화 지침서.

2 건강기능식품의 표준화

1) 표준화와 기능성분(또는 지표성분)

건강기능식품에서 '표준화'란 천연 원재료에 함유되어 있는 기능(지표)성분의 변동을 최소화하여 일정한 품질을 유지하기 위한 관리를 말한다. 이러한 표준화 대상으로는 크게 원재료와 제조공정이 있다.

표준화 대상

원재료	제조공정
• 원재료 품종 • 원재료의 부위 • 원산지 • 채취시기(계절) • 채취시기(연생)	• 추출용매 • 추출온도 • 용매비율 • 추출시간 • 추출횟수 • 건조 방법

2) 원재료의 표준화

(1) 품종

사용하고자 하는 식물(원재료)의 품종을 파악하고 기능성분 또는 지표성분의 함량을 분석하여 함량이 높은 것을 선정하는 것이 바람직하다.

(2) 원재료 사용 부위

식물은 각 부위에 따라 사용에 제한을 받을 수 있으며 함유 성분이 각각 다르다. 따라서 효능을 발휘하는 부위의 사용이 가능한지(식용 가능 유무)를 우선적으로 검토해야 한다.

식용으로 사용할 근거가 부족하면, 원재료의 안전성을 입증하는 자료를 제출해야 한다. 원료의 식용 가능 유무는 현재 식품으로 판매되는 원료인지, 과거에 사용된 근거가 있는지를 확인하여 판단한다.

(3) 원산지

식물은 같은 종이라도 재배환경(기후, 토질 등)에 따라 함유 성분이 달라질 수 있으므로 사용하고자 하는 원료의 수급이 장기적으로 가능한 지역을 선정하여 효능을 표준화하는 것이 바람직하다.

(4) 채취시기

식물의 경우 시기별(계절, 월별)로 기능(지표)성분의 함량에 차이가 발생할 수 있다. 따라서 채취시기별로 기능(지표)성분의 함량변이 및 생리활성을 확인해야 한다.

3) 제조공정의 표준화

(1) 추출용매의 종류

기능성 원료의 추출에 사용되는 용매는 「식품공전」 제3장 개별 기준 및 규격, '건강기능식품 기능성 원료 인정에 관한 규정', '식품첨가물의 기준 및 규격'에 적합한 것을 사용하여야 한다. 기능(지표)성분이 2가지 이상인 경우 모든 기능성분을 효율적으로 추출하는 용매를 선정해야 한다.

식품 용도로 사용이 제한된 용매를 사용할 경우 제조공정 중에 이를 제거해야 하며, 그 잔류 기준을 설정하여야 한다.

(2) 추출온도

추출온도에 따라 차이가 크다. 또한, 용매의 끓는점을 고려하여 적정 추출온도를 선정해야 한다.

(3) 추출시간

추출시간에 따라 추출수율 및 기능(지표)성분 함량에 차이를 나타내므로 적정 추출시간을 설정하는 것이 경제적으로 유리하다.

(4) 추출횟수와 용매량

추출횟수는 기능(지표)성분의 함량과 추출수율을 고려하여 설정해야 한다. 그리고 용매량, 추출압력 등의 여러 조건을 같이 고려하여 추출하는 것이 바람직하다.

(5) 건조 방법

추출분말 제조 시 열에 불안정하여 건조 방법에 따라 성분의 함량과 생리활성의 변화가 발생할 수 있으므로 열풍건조 또는 동결건조 등의 적절한 건조 방법을 선정하여야 한다.

(6) 로트별 함량 모니터링

로트(lot)별로 기능(지표)성분의 함량을 조사하여 함량변이의 평균치를 구한다. 평균치를 기준으로 최댓값과 최솟값을 정한다. 이상의 표준화 과정을 거쳐 표 2-4와 같이 표준화 결과를 정리할 수 있다.

표 2-4 후보소재의 표준화 예시

구분	고려해야 할 항목	표준화 결과
원재료	원재료 유사종	○○○
	원재료의 부위	잎
	원산지	한국, 중국, 일본
	채취시기(계절)	9, 10, 11, 12월
공정	추출용매의 종류	70% 주정
	추출온도	60℃
	추출시간	6시간
	추출횟수	1회
	건조 방법	동결건조

4) 기준 및 규격 설정 방법

(1) 성상

분말의 성상은 색상에 대한 기술을 포함하여 구체적으로 명시한다. 예를 들어, 추출분말의 성상을 '황색을 가지는 분말'로 설정한다.

(2) 기능성분(또는 지표성분)의 함량

기능(지표)성분의 함량 범위는 로트별 함량 모니터링 결과를 토대로 그 범위를 정한다.

기능(지표)성분의 함량은 원료 및 제조공정의 차이에 따른 오차 범위를 고려하여 설정하며, 기능(지표)성분별 상대표준편차(RSD: relative standard deviation) 값을 이용하여 시험법의 타당성(밸리데이션)을 검토해야 한다..

'건강기능식품 기능성 원료 인정에 관한 규정'에서 정하는 시험법 밸리데이션의 항목은 표 2-5와 같다.

표 2-5 시험 방법 타당성(밸리데이션) 검토 항목의 정의 및 적용

항목	정의	적용		
		기능성분(또는 지표성분)		유해물질(정량시험)
		정량시험	확인시험	
특이성(specificity)	불순물, 분해물, 배합성분 등이 혼재한 상태에서 분석대상 물질을 선택적으로 정확하게 측정할 수 있는 능력	예	예	예
정확도(accuracy)	측정값이 이미 알고 있는 참값이나 표준값에 근접한 정도	예	아니오	예
정밀도(precision)	균일한 검체로부터 여러 번 채취하여 얻은 시료를 정해진 조건에 따라 측정하였을 때 각각의 측정값들 사이의 근접성(분산 정도)	예	아니오	예
정량한계(quantitation limit)	적절한 정밀성과 정확성을 가진 정량 값으로 표현할 수 있는 검체 중 분석대상 물질의 최소량	아니오	아니오	예
직선성(linearity)	적절한 정밀도, 정확도를 충분히 제시할 수 있는 일정 범위에 있는 검체 중 분석대상 물질의 양(또는 농도)에 대하여 직선적인 측정값을 얻어낼 수 있는 능력	예	아니오	예

(3) 유해물질

'유해물질'이란 원재료 또는 제조과정 중 오염 또는 잔류의 가능성이 있어 인체에 유해한 물질로서 미생물, 중금속, 잔류농약, 잔류용매 등을 말한다. 따라서 유해물질의 규격을 설정하고 관리해야 한다. 표 2-6은 식품의약품안전처 고시에 의해 정해진 유해물질에 대한 규격 설정 항목이다.

표 2-6 유해물질 규격 설정 항목

원료	항목		규격	비고
모든 원료	중금속	납	< 10.8μg/일	
		총 비소	< 150μg/일	
		카드뮴	< 3.0μg/일	
		총 수은	< 2.1μg/일	
	미생물	대장균군	음성	
		세균 수	≤ 100/g	액상제품에 한함
용매를 사용한 원료	잔류 용매	헥산	< 0.005g/kg	
		이소프로필알코올	≤ 0.05g/kg	
		초산에틸	≤ 0.05g/kg	
		메틸알코올	≤ 0.05g/kg	
		아세톤	≤ 0.03g/kg	
		염화메틸렌, 삼염화에틸렌 (단독 또는 병용 시 합계)	≤ 0.03g/kg	
해당 기준이 '식품의 기준 및 규격'에 설정되어 있는 원료	동물용 의약품		'식품의 기준 및 규격'에 따름	
	곰팡이 독소	총 아플라톡신 (B_1, B_2, G_1 및 G_2의 합)		
		파툴린		
		오크라톡신		
		기타 곰팡이독소		
	방사능 오염	^{131}I		
		$^{134}Cs+^{137}Cs$		

* 그 밖에 원료의 특성, 제조 방법 등에 따라 필요한 경우에는 유해물질 규격이 추가로 설정될 수 있다.

3 기능성 원료 인정[1)]

개별인정형 건강기능식품을 개발, 제조 및 유통하려면 먼저, 특정 원료를 기능성 원료로 인정을 받고 그 인정된 원료를 기준으로 한 건강기능식품의 기준과 규격을 인정받아야 한다.

1) 기능성 원료 인정 심사

식품의약품안전처 고시 제2016-141호 '건강기능식품 기능성 원료 및 기준·규격 인정에 관한 규정'과 「건강기능식품에 관한 법률」 제15조 제2항에 따르면 기능성 원료 인정 심사대상으로 '건강기능식품의 기준 및 규격'에 고시되지 아니한 원료, '건강기능식품의 기준 및 규격'에 고시된 기능성 원료에 대한 기능성 내용이 추가되었거나 섭취량 또는 제조 기준이 변경된 원료에 대하여 기능성 원료 인정 심사를 받아야 한다.

또한, 기 인정된 기능성 원료에 대한 기능성 내용의 추가와 섭취량, 제조 방법 및 규격의 변경 등 안전성 및 기능성에 영향을 미치는 사항을 변경하거나 추가할 경우에도 기능성 원료 인정 심사를 받아야 한다.

용어 정의

유해물질	원재료 또는 제조과정 중 오염 또는 잔류의 가능성이 있어 인체에 유해한 물질로서 미생물, 중금속, 잔류농약, 잔류용매 등
인체적용시험	기능성 원료의 안전성과 기능성을 증명하기 위하여 사람을 대상으로 시험하는 것

1) 식품의약품안전처 고시 제2016-141호 '건강기능식품 기능성 원료 및 기준·규격 인정에 관한 규정'을 참고하였다.

기능성 원료 인정을 위한 세부 제출 자료

1. 제출 자료 전체의 총괄 요약본

2. 기원, 개발 경위, 국내·외 인정 및 사용 현황 등에 관한 자료
   가. 기원 및 개발 경위
   나. 국내·외 인정·허가 현황
   다. 국내·외 사용 현황

3. 제조 방법에 관한 자료
   가. 제조 온도, 시간, 압력 등 단위공정별 구체적인 제조 방법
   나. 제조공정에 사용된 용매, 효소, 미생물 등 안전성·기능성 평가와 관련된 제조 방법 및 제조 국가 등
   다. 제조단계별 기능(또는 지표)성분의 함량 및 수율 변화에 대한 상세한 자료
   라. 2가지 이상의 원재료를 혼합한 경우 각 원재료의 명칭, 배합비 및 안정성 관련 자료
   마. 수입건강기능식품인 경우 제조회사가 발행한 가목부터 라목까지의 자료
   바. 제조 방법 중 일부 공정 위탁인 경우 수탁업체(해외 업체 포함)가 발행한 가목부터 라목까지의 자료

4. 원료의 특성에 관한 자료
   가. 해당 원료를 특징지을 수 있는 성상, 물성 등에 관한 자료
   나. 해당 원료의 표준화를 확인하기 위한 기능성분(또는 지표성분)에 관한 자료

5. 기능성분(또는 지표성분)에 대한 규격 및 시험 방법에 관한 자료 및 시험성적서
   가. 기능성분(또는 지표성분)의 규격
   나. 기능성분(또는 지표성분)의 시험 방법
   다. 국내·외 시험·검사기관에서 시험분석한 시험성적서

6. 유해물질에 대한 규격 및 시험 방법에 관한 자료
   가. 유해물질의 규격
   나. 유해물질의 시험 방법
   다. 국내·외 시험·검사기관에서 시험분석한 시험성적서

7. 안전성에 관한 자료
   가. 원료를 제안된 방법에 따라 섭취하였을 때 해당 원료가 인체에 위해가 없음을 확인할 수 있는 과학적 근거 자료를 제출하여야 한다.

나. 섭취 근거 자료, 해당 원료 또는 성분에 대한 안전성 정보 자료, 섭취량 평가 자료, 인체적용시험 자료(중재시험, 역학조사 등), 독성시험 자료 등을 사용할 수 있다.

8. 기능성 내용에 관한 자료
   가. 기능성 내용
   나. 기능성에 관한 자료로 인체적용시험, 동물실험, 시험관실험 자료 등을 제출하여야 한다.
   다. 기능성 자료는 국제 임상시험관리기준(ICH GCP: guideline for good clinical practice by international conference on harmonization)에 따라 인체적용시험 윤리위원회(IRB) 승인을 받은 인체적용시험 계획서 및 최종 보고서 또는 과학기술논문인용색인(SCI: science citation index, SCIE 포함)이나 한국학술지인용색인(KCI: Korea citation index)과 동등 이상의 학술지에 게재된 것(게재증명서 포함)이어야 한다.

9. 섭취량, 섭취 방법, 섭취 시 주의사항 및 그 설정에 관한 자료
   가. 안전성 및 기능성 자료를 근거로 원료의 안전성이 보장되고 기능성이 나타나는 일일 섭취량 또는 그 범위를 설정한다.
   나. 기능성 자료를 근거로 하여 해당 원료의 기능성이 가장 효과적으로 나타나는 섭취 방법을 기재한다.
   다. 해당 원료의 과다 섭취에 따른 부작용, 신청 기능성과 관련된 식품 또는 복용 중인 의약품 성분과의 상호작용, 취약집단(임산부, 수유부, 어린이, 노약자 등) 등을 고려하여 섭취 시 주의사항을 기재한다.

10. 의약품과 같거나 유사하지 않음을 확인하는 자료
    '건강기능식품의 기준 및 규격'에 따라 의약품과 같거나 유사하지 않음을 확인하여야 한다.

2) 기능성 원료 평가

건강기능식품에 사용할 수 있는 원료 또는 성분으로 인정하고자 하는 경우 그 원료 또는 성분의 안전성 및 기능성 등에 대하여 다음과 같이 평가한다.

① 원료와 관련된 사항

가. 원재료의 기원, 학명, 원산지, 사용 부위 등이 구체적으로 기재되었는지 여부

나. 복합원료인 경우에는 원재료 각각에 대하여 가목의 내용이 적합하게 기재되어 있는지 여부

다. 식품 또는 식품첨가물로서 국내·외 인정·허가 현황 및 국내·외 사용 현황의 적절성 여부

② 제조 방법과 관련된 사항

가. 제조 시 온도, 시간, 압력 등이 기능성 원료 생산에 적합한지 여부(필요시 제조공정의 적절성이 확인될 수 있어야 함)

나. 원료의 제조과정에 사용된 용매, 효소 등이 식품의약품안전처에서 고시한 '건강기능식품의 기준 및 규격', '식품의 기준 및 규격', '축산물의 가공 기준 및 성분 규격', '식품첨가물의 기준 및 규격'에 적합하게 사용되었는지 여부

다. 원재료로부터 신청한 원료에 이르기까지 제조단계별 기능성분(또는 지표성분)의 함량 및 수율 변화가 적합하게 분석되었는지 여부

라. 2가지 이상의 원재료를 혼합한 경우에 안정성이 확보될 수 있는지 여부

마. 수입인 경우 제조회사가 발행한 가목부터 라목까지의 자료가 적절한지 여부

바. 일부 공정 위탁인 경우 수탁업체가 발행한 가목부터 라목까지의 자료가 적절한지 여부

③ 기능성분(또는 지표성분)과 관련된 사항

가. 기능성 원료의 특성에 대한 검토를 바탕으로 기능성분(또는 지표성분)의 대표성이 확보되었는지 여부

나. 기능성분(또는 지표성분)에 대한 함량, 규격 및 시험 방법이 적합하게 설정되었는지 여부

다. 식품의약품안전처장이 지정 또는 인정한 국내·외 시험·검사기관 중 건강기능식품 검사 업무를 수행하는 시험·검사기관의 시험성적서가 적합한지 여부(필요시 확인시험을 할 수 있음)

④ 유해물질에 대한 규격 설정

가. 원재료 또는 제조과정으로 인한 유해물질의 오염 또는 잔류 가능성을 [별표2]에 따라 적절하게 설정하였는지 여부

나. 식품의약품안전처장이 지정 또는 인정한 국내·외 시험·검사기관 중 건강기능식품 검사 업무를 수행하는 시험·검사기관의 시험성적서가 적합한지 여부(필요시 확인시험을 할 수 있음)

⑤ 안전성과 관련된 사항

가. 국내·외 식용으로 인정된 원재료인지 여부 또는 식용으로 사용 적합한지 여부

나. 섭취량 평가가 적절한지 여부

다. 안전성 자료 검색 결과 부작용, 독성 정보 등이 있는지 여부

라. 독성시험 자료를 제출하는 경우 독성이 있는지 여부

마. 유해물질에 대한 규격이 안전성을 확보할 수 있도록 설정되어 있는지 여부

바. 식품의약품안전처장이 지정 또는 인정한 국내·외 시험·검사기관의 유해물질 관련 안전성 시험결과가 적합한지 여부

⑥ 기능성과 관련된 사항

가. 기능성 인정 범위에 해당하는지 여부

나. 연구의 유형과 수준에 따라 기능성이 개별적으로 평가되었는지 여부

다. 기능성 관련 인체적용시험 등 제출 자료가 시험설계, 시험대상자 등이 적절하게 설정되었는지 여부 및 유의적인 결과를 나타내는지 여부

라. 일일 제안 섭취량에서 기능성이 확보되는지에 대한 여부

마. 총체적인 근거 자료의 양, 일관성, 관련성을 고려하여 기능성이 평가되었는지 여부

바. 영업자가 신청한 기능성 인정 내용의 적절성 여부

⑦ 섭취량, 섭취 방법, 섭취 시 주의사항이 원료의 안전성 및 기능성을 바탕으로 설정되었는지 여부

⑧ 국·내외에서 허가된 의약품 성분이거나 현재 허가가 진행 중인 원료인지 여부

⑨ 제출 자료 종합평가

해당 원료의 기원, 개발 경위, 국내·외 인정 및 사용 현황, 제조 방법, 원료의 특성, 전통적 사용, 섭취량 평가 결과, 인체적용시험 결과, 독성시험 결과 등 제출된 모든 자료를 종합적으로 검토하여 원료 또는 성분의 안전성과 기능성이 확보되어 있는지 평가함

3) 기능성 원료의 기능성 내용 인정

① 제출된 기능성 자료가 질병의 발생 위험 감소를 나타내며, 확보된 과학적 근거자료의 수준이 과학적 합의(significant scientific agreement)에 이를 수 있을 정도로 높을 경우 '질병발생 위험 감소 기능'으로 기능성 내용을 인정받는다.

② 제출된 기능성 자료가 인체의 정상기능이나 생물학적 활동에 특별한 효과가 있어 건강상의 기여나 기능 향상 또는 건강 유지·개선을 나타내는 경우 '생리활성 기능'으로 기능성 내용을 인정받는다(표 2-7).

표 2-7 기능성 원료의 기능성 인정 내용

기능성 구분	기능성 내용
질병 발생 위험 감소 기능	ㅇㅇ발생 위험 감소에 도움을 줌
생리활성기능	ㅇㅇ에 도움을 줄 수 있음

4 건강기능식품 인정 심사

1) 건강기능식품 인정 심사를 위한 제출 자료

'건강기능식품의 기준 및 규격'에 고시된 기능성 원료를 사용하여 제조·가공하는 식품과 인정된 기능성 원료를 사용하여 제조·가공하는 식품의 경우 건강기능식품 기준·규격에 대한 인정 심사를 받아야 한다.

건강기능식품 인정 심사를 위한 세부 제출 자료

1. 제출 자료 전체의 총괄 요약본
2. 식품의 유형에 관한 자료
3. 배합원료의 명칭 및 함량에 관한 자료
4. 제조 방법에 관한 자료
5. 기준 및 규격에 관한 자료
   가. 제조하고자 하는 건강기능식품의 기능성분(또는 지표성분) 규격에 관한 자료
   나. 기능성분(또는 지표성분) 시험 방법(사용된 기능성 원료의 시험 방법이 분석하기에 적합하지 않은 경우에 한함)
   다. 유해물질 규격에 관한 자료
   라. 기능성분(또는 지표성분) 이외의 기준 및 규격에 관한 자료
   마. 국내·외 시험·검사기관에서 시험·분석한 시험성적서
6. 안전성에 관한 자료
7. 기능성 내용에 관한 자료
   가. 제3조 제2항에 따른 건강기능식품의 해당 기능성 확인은 인체적용시험 등 과학적인 방법으로 입증할 수 있는 자료를 제출하여야 한다.

나. 가목의 인체적용시험에 관한 자료를 제출하고자 하는 경우에는 국제임상시험관리기준(ICH GCP)에 따라 인체적용시험 윤리위원회(IRB) 승인을 받은 인체적용시험 계획서 및 최종 보고서 또는 과학기술논문인용색인(SCI, SCIE)이나 한국학술지인용색인(KCI)과 동등 이상의 학술지에 게재된 것(게재증명서 포함)이어야 한다.

8. 영양성분에 관한 자료
열량, 지방, 포화지방, 트랜스지방, 콜레스테롤, 당류 및 나트륨의 함량에 대한 식품의약품안전처장이 지정 또는 인정한 국내·외 시험·검사기관의 시험결과와 분석 자료를 제출하여야 한다.

2) 건강기능식품 평가

건강기능식품의 인정을 위해서 안전성과 기능성이 확보되었는지를 아래와 같이 평가한다.

① 안전성과 관련된 사항

가. 일반식품, 보충제 등 총 식사를 통해 섭취되는 기능성 원료의 섭취량이 일일 상한 섭취량 또는 일일 섭취 허용량 등을 초과하는지 여부

나. 영양 불균형을 예방하기 위하여 총 지방, 포화지방, 트랜스지방, 당류 및 나트륨은 영양성분 함량 기준에 적합한지 여부

다. 제조과정에 사용된 그 밖의 원료가 '건강기능식품의 기준 및 규격', '식품의 기준 및 규격', '축산물의 가공 기준 및 성분 규격', 「식품첨가물의 기준 및 규격' 등에 적합한지 여부

라. 제조하려는 건강기능식품 중 유해물질 규격, 식품유형별 기준 및 규격과 그 시험 방법이 적합한지 여부

② 기능성과 관련된 사항

가. 기능성 원료 등이 최종 제품의 일일 섭취량 내에서 기능성을 확보할 수 있도록 유지되는지 여부

나. 기능성을 확보하기 위한 제품의 일일 섭취량이 통상 식생활을 통해 섭취 가능한 양인지 여부

다. 제조하려는 건강기능식품 중 기능성 원료의 기능성분(또는 지표성분) 규격과 그 시험 방법이 적합한지 여부

라. 제출된 자료에서 시험설계, 시험대상자 등이 적절하게 설정되었고 유의적인 결과를 나타내는지 여부

5 우수건강기능식품 제조 기준[2)]

1) GMP의 개요

우수건강기능식품 제조 및 품질관리 기준은 우수건강기능식품제조기준(GMP: good manufacturing practices)이라고도 하며, '품질이 우수한 건강기능식품을 제조하는 데에 필요한 요건을 설정한 기준'으로 건강기능식품제조업소가 우수한 품질이 보장된 건강기능식품을 제조하기 위하여 준수하여야 할 사항을 제정한 구조·설비와 제조관리 및 품질관리 등에 관한 기준의 규범이다(건강기능식품에 관한 법률 제22조 제1항).

GMP 인증을 획득한 제조업체는 그림 2-9와 같은 GMP 적용업소 표지판을 사용할 수 있다.

2) 본 절에서 다루고 있는 많은 내용은 식품의약품안전처 고시 제2016-127호 '우수건강기능식품 제조 기준'에서 정하고 있는 규정을 인용하여 기술되었음을 밝힌다.

그림 2-9 우수건강기능식품제조기준 적용업소 표지판

2) GMP의 3대 목표

GMP의 목표는 원료로부터 최종 제품의 출하에 이르기까지 모든 제조관리와 품질관리를 합리적이면서 체계으로 수행하며, 작업환경을 위생적으로 관리하여 특정 품질을 지속적으로 유지하는 것이다.

건강기능식품의 품질보장 확립을 위한 GMP의 3대 목표는 다음과 같다.

① 인위적 과오의 최소화

② 제품의 미생물 오염 및 교차오염의 방지

③ 고도의 품질보장 체계의 확립

3) GMP 시설 및 관리 기준

(1) 작업장

① 청정구역과 일반구역(비청정구역)은 벽 등으로 교차오염이 발생하지 않도록 분리되어야 한다. 다만, 특수작업장(미생물을 이용·배양 등을 하여 건강기능식품을 제조하는 작업장)을 제외한 다른 작업장은 작업 특성에 따라 구획·구분할 수 있다.

② 청정구역은 제조하는 제품의 종류 또는 제조 방법에 따라 적정한 온·습도 및 공

기를 정화·유지할 수 있는 공조시설을 설치하여야 하고, 출입구와 창을 밀폐하여 외부의 공기 등이 직접 들어오지 아니하도록 하여야 한다. 다만, 제조하고자 하는 제품의 제형과 제조환경에 따라 공조시설을 필요로 하지 않는 경우에는 그러하지 아니한다.

용어 정의

청정구역	건강기능식품 제조 시 병원미생물, 유해화학물질 등의 오염 및 부패·변질을 방지할 수 있도록 공기정화, 온·습도 등을 조절하여 비오염상태에서 제조 작업을 행하는 구역을 말한다.

③ 바닥은 작업 특성에 따라 콘크리트 등으로 내수처리하여야 하며 파여 있거나 물이 고이지 아니하여야 한다.

④ 배수로는 배수 및 청소가 용이하도록 설치하고 폐수가 역류하거나 퇴적물이 쌓이지 않도록 설치하여야 한다.

⑤ 내벽 및 천정은 표면이 매끄럽고 내수처리가 되어 있어 청소가 용이하여야 한다.

⑥ 채광 또는 조명은 적절한 밝기이어야 하고, 채광·조명설비 등으로부터 오염을 방지하기 위해 보호 장치가 설치되어야 한다.

작업장에 대한 GMP 기준: 작업장의 밝기는 220룩스 이상이어야 한다.

⑦ 환기시설은 악취, 유해가스, 매연, 증기 등을 환기시키는 데 충분하도록 설치되어야 하며, 미생물을 배양, 발효하는 작업장(종균을 배양, 발효하는 작업장)에는 공조시설을 설치하여야 한다.

⑧ 작업장에는 방충시설 및 방서시설을 갖추고 있어야 한다(그림 2-10).

⑨ 화장실, 탈의실 및 수세시설은 작업원이 위생적으로 이용할 수 있도록 충분한 시설을 갖추고 작업실과 분리되어야 하며 화장실 출입구와 필요한 작업실에는 소독 설비를 갖추어야 한다. 다만, 미생물을 배양, 발효하는 작업장의 경우 생균이 다른 작업실로 교차오염되는 것을 방지하기 위하여 별도의 전용 탈의실 및 작업복을 갖추어야 한다.

⑩ 화장실의 구조는 수세식으로 하고 벽과 바닥은 내수성 재질로 하여야 하며 화장실의 배기를 위하여 외부로 통하는 환기시설을 설치하여야 한다.

> 내벽은 바닥으로부터 1.5m까지 내수성으로 설비하거나 밝은색의 세균 방지용 페인트로 칠하여야 한다.

⑪ 분말이 날아 흩어지는 작업장은 이를 제거하는 시설이 있어야 한다.

⑫ 작업실 내의 배관은 청소하기 쉽도록 설치하고 벽을 통과할 경우에는 틈이 없도록 하여야 한다.

⑬ 작업장 내부에는 종업원의 이동 경로를 표시하여야 하고, 이동 통로에 물건을 적재하거나 다른 용도로 사용하지 아니하여야 한다(그림 2-11).

⑭ 폐기물, 폐수처리시설은 식품 또는 음용수의 오염에 따른 위해를 방지하기 위한 설비를 갖추어 작업장과 떨어진 곳에 설치하여야 한다.

⑮ 수돗물이 아닌 지하수 등을 사용하는 경우에는 「먹는물관리법」 제5조의 규정에 의한 먹는 물의 수질 기준에 적합한 물을 공급할 수 있는 시설을 갖추어야 한다.

⑯ 지하수를 사용하는 경우 취수원은 화장실, 폐기물처리시설, 동물사육장 등 지하수가 오염될 우려가 있는 장소로부터 떨어진 곳에 위치하여야 하고, 용수저장 시설은 인체에 무해한 재질이어야 하고 외부로부터 오염되지 않도록 설치되어야 하며 잠금장치를 하여 오염물질의 유입을 방지해야 한다.

그림 2-10 방충 · 방서 설비

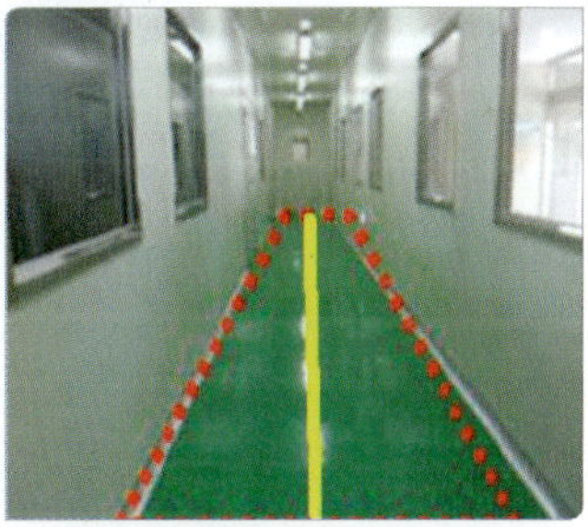

그림 2-11 이동 경로 표시

(2) 보관시설 기준 및 관리

보관시설은 원료, 자재, 완제품 및 시험시료를 보관하는 장소를 말한다.

① 원료, 자재, 완제품 및 시험시료의 보관소는 각각 구분되어 있어야 한다. 다만, 보관시설에 착오의 우려가 없도록 설비된 경우에는 분리하지 않을 수 있다

② 원료, 자재, 완제품 및 시험재료는 위생적이며 품질에 영향을 미치지 아니하도록 보관하여야 한다(그림 2-12).

③ 원료 및 자재는 종류별로 보관·관리하되, 시험 전과 시험 후를 표시하고, 그 표시에 따라 구분·보관하여야 한다.

④ 사용 전에 시험이 필요한 원료 및 자재는 시험결과가 적합한 것만 반출하여야 한다.

⑤ 시험결과가 부적합으로 판정된 원료 및 자재는 다른 원료 및 자재와 구분·관리하여야 하고, 신속히 반품 또는 폐기 등 처리하여야 한다.

⑥ 원료, 자재 및 완제품은 품질에 나쁜 영향을 미치지 아니하는 조건하에서 보관하여야 한다.

⑦ 반품된 제품은 다른 제품과 구분되도록 보관·관리하고, 가능한 신속하게 폐기 등 처리하여야 한다.

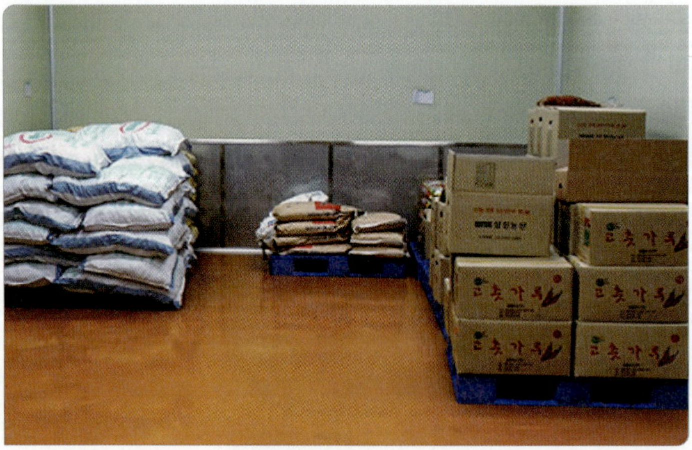

그림 2-12 보관시설

(3) 제조시설

① 제조시설은 제조공정 흐름에 따라 적절히 배치하여야 한다.

② 제조시설 및 기구는 청소하기 쉽고 다른 제조공정으로부터 오염되지 아니하도록 배치되어 있어야 한다.

③ 건강기능식품과 접촉하는 부분은 건강기능식품을 변질시키거나 인체에 유해한 재료이어서는 아니 된다.

④ 당해 작업에 종사하지 아니하는 자의 작업장 출입을 제한하여야 한다.

⑤ 작업 전에 작업에 사용될 시설 및 기구의 청결상태를 확인하여야 한다.

⑥ 작업 중인 시설 및 기구에는 제조되고 있는 건강기능식품의 제품명과 제조번호를 표시하여야 한다.

⑦ 완제품의 표시 및 포장의 적합 여부를 확인하여야 한다.

⑧ 포장, 표시작업에서 사용하고 남은 표시재료는 수량을 파악하고 폐기 또는 반납하여야 한다.

용어 정의

제조단위 또는 로트	건강기능식품을 동일한 제조공정하에서 균질성을 갖도록 제조하여 포장을 제외한 더 이상의 제조나 가공이 필요하지 아니한 시점(포장 후 멸균 및 살균 등과 같이 별도의 제조공정을 거치게 되는 제품은 최종 공정을 마친 시점)에서의 일정한 분량을 말한다(그림 2-13). 다만, 제조공정의 특성상 연속공정 등으로 제조단위 또는 로트단위로 구분이 곤란한 경우에는 동일 제조일자 제품을 같은 제조단위 또는 같은 로트단위로 볼 수 있다.

그림 2-13 롯트번호 표시(예시)

⑨ 제조관리기준서에 준한 제조기록을 제조번호별로 작성하여야 한다.

⑩ 동일 또는 인접한 작업장에서 다른 제조작업을 할 때에는 건강기능식품 상호 간의 혼동 및 자재 상호 간의 혼동이 일어나지 아니하도록 관리하여야 한다.

⑪ 특수작업을 요하는 건강기능식품의 제조작업을 할 때는 오염의 방지에 유의하여야 한다.

⑫ 반제품은 구분·보관하여야 하며 품질에 변화가 없도록 가능한 빠른 시간 내에 처리되어야 한다.

(4) 품질관리시설

① 미생물시험실은 일반시험실 등과 구획되어 있어야 하며 무균실 또는 무균적 조건을 갖춘 무균시설이 있어야 한다.

② 무균실인 경우에는 전실이 있어야 한다.

③ 원료, 반제품, 완제품, 반품된 제품 및 시험을 요하는 자재에 대하여 시험하고 품질관리기준서에 준한 시험기록을 작성하여야 한다.

④ 검체를 채취·취급할 때에는 오염 또는 변질되지 아니하도록 하여야 한다.

⑤ 건강기능식품의 보존 조건을 평가하여야 한다.

⑥ 경시 변화, 부패·변질 등의 우려가 있는 건강기능식품에 대하여서는 안전성 시험을 실시하고 보존 및 유통기한을 설정하여야 한다.

⑦ 완제품은 시험에 필요한 충분한 양을 제조번호별로 채취하여 유통기간 만료 시까지 보관하여야 한다.

⑧ 표시재료는 기재사항이 변경될 때마다 규정에 적합한지 여부를 확인하고 견본을 보존하여야 한다.

⑨ 건강기능식품과 접촉하는 자재가 건강기능식품을 변질시키거나 인체에 유해하지 아니한 재료인지를 확인하여야 한다.

(5) 제조위생관리

① 작업장의 시설 및 기구는 항상 청결을 유지하여야 한다.

② 위생관리에 필요한 시설·기구 등은 위생적으로 유지하여야 한다.

③ 작업장에 종사하는 작업원은 개인청결을 유지한 상태에서 해당 작업에 필요한 복장을 착용하여야 한다.

④ 신체질환 등으로 인하여 건강기능식품에 위해를 끼칠 우려가 있는 작업원은 제조 등에 직접 종사시켜서는 아니 된다.

⑤ 폐기물, 폐수처리시설은 작업장과 떨어진 곳에 설치·운영하여야 하며, 그 관리에 대한 기록을 작성·유지하여야 한다.

⑥ 폐기물은 매일 연속적으로 반출하여 방치되지 아니하도록 하고, 폐기물 용기는 자주 소독 및 세척을 하여야 한다.

⑦ 작업장 내에서 쥐와 곤충의 구제는 건강기능식품에 대한 오염을 막기 위한 예비조치를 취한 후 제한된 장소에서만 허용되어야 한다.

⑧ 살충제 등과 같은 유독성 물질과 인화성 물질은 취급주의 표시를 하여 격리된 장소에 안전하게 관리 및 보관되어야 한다.

⑨ 작업원에 대하여 제조위생관리를 지도하고 교육하여야 한다.

4) GMP 기준서

기준서 작성의 목적은 건강기능식품의 제조관리와 품질관리를 적절히 이행하기 위한 것으로, GMP 4대 기준서는 제품표준서, 제조관리기준서, 제조위생관리기준서, 품질관리기준서를 말하며(그림 2-14), GMP 기준서에 각각 담을 내용은 표 2-8과 같다.

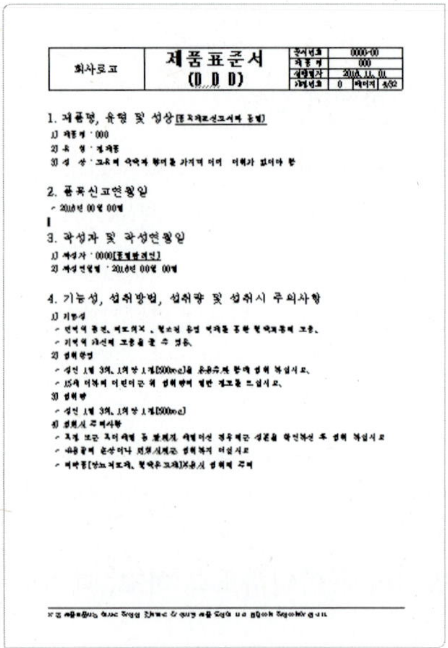

(a) 제품표준서

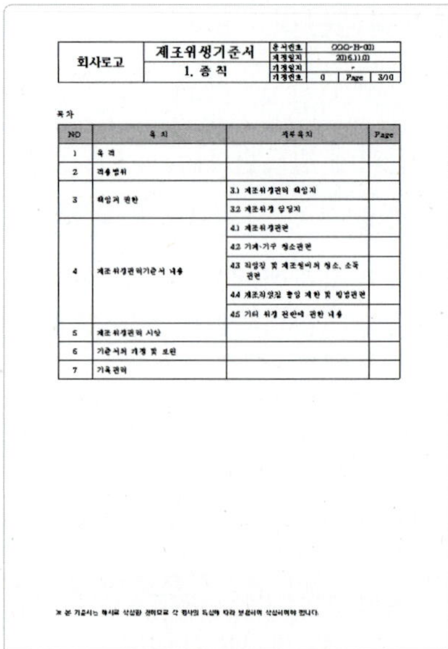

(b) 제조관리기준서

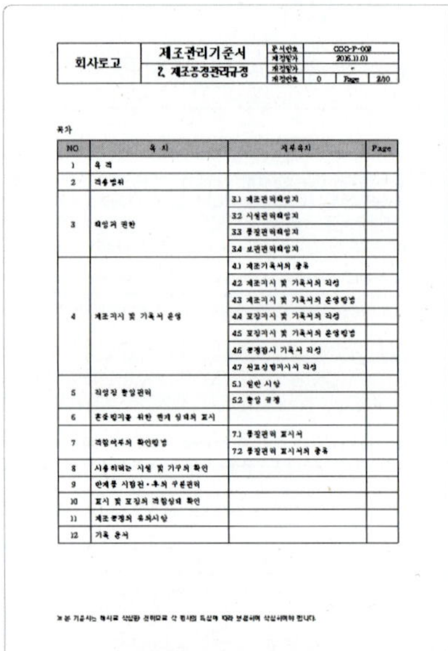

(c) 제조위생기준서

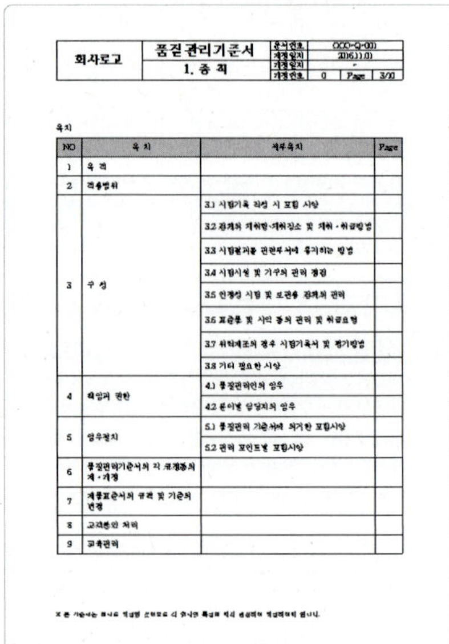

(d) 품질관리기준서

그림 2-14 GMP 기준서(예시)

표 2-8 GMP 기준서에 담을 내용

(a) 제품표준서	(b) 제조관리기준서
• 제품명, 유형 및 성상 • 품목신고 연월일 • 작성자 및 작성 연월일 • 기능성, 섭취 방법, 섭취량 및 섭취 시 주의사항 • 원료 · 성분 및 함량(또는 원료 · 성분 배합 비율) • 제조공정 및 제조 방법과 공정 중의 검사 • 제조단위 및 공정별 이론 생산량 • 품질 향상 및 위해요소 제거를 위한 중점 관리대상 및 관리 방법 • 원료, 반제품 및 완제품(포장 단위)의 기준 · 규격과 시험 방법 • 필요시 자재의 기준 및 규격, 시험 방법 • 제조 및 품질관리에 필요한 시설 및 기구 • 보존기준 및 유통기간 • 표시사항 및 기타 필요한 사항	• 제품명, 유형 및 성상 • 제조번호, 제조단위 및 제조 연월일 • 원료 · 성분 및 함량(또는 원료 · 성분 배합 비율) • 사용한 원료의 제조번호 또는 시험번호 • 공정별 실제 생산량과 이론 생산량과의 비교 • 공정 중 주의사항 또는 특별히 관찰(모니터)할 사항 • 공정 중의 점검 · 시험결과 부적합된 경우에 취한 조치 • 작업자의 성명 및 작업 연월일 • 기타 필요한 사항
(c) 제조위생관리기준서	**(d) 품질관리기준서**
• 청소 장소 및 청소 주기 • 청소 방법과 청소에 사용하는 소독약품 및 도구 • 청소상태의 평가 방법 • 작업복장의 규격 및 착용 규정 • 작업원의 건강상태 파악 방법 • 작업원의 손 씻기 및 필요시 소독 방법 • 작업 중의 위생에 관한 주의사항 • 소독설비 및 소독약품에 대한 점검횟수 및 점검 방법 • 방충 · 방서 방법 및 해충침입 확인 방법 • 작업장의 온 · 습도 및 공기흐름 등 적정한 공조시설 관리 방법 • 사용하는 용수의 관리 방법 • 화장실 시설 및 사용에 관한 사항 • 기타 필요한 사항	• 제품명, 제조번호 및 제조일자 • 시험번호 • 접수, 시험 및 시험 연월일 • 시험항목, 시험기준 및 시험성적 • 판정결과 및 판정 연월일 • 시험자의 성명 및 판정자의 서명 날인

5) GMP 운영조직의 구성

GMP 적용 지정업소에서는 품질관리인을 GMP 총괄책임자로 선임하고, 그 하부에 독립된 제조관리부서 책임자와 품질관리부서 책임자를 두어야 한다(그림2-15). GMP 총괄책임자는 제품의 제조유형·방법 및 업소 규모·조직 등을 고려하여 제조관리부서 책임자 또는 품질관리부서 책임자를 겸임할 수 있다.

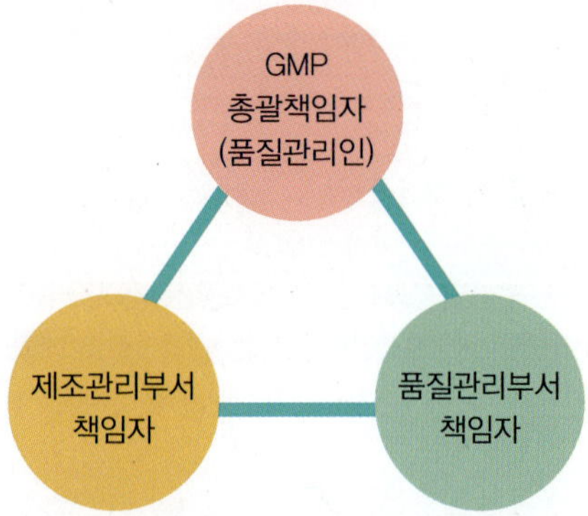

그림 2-15 GMP 운영 조직도(예시)

(1) GMP 총괄책임자

GMP 총괄책임자의 임무는 다음과 같다.

① 작업원이 맡은 업무를 효과적으로 수행할 수 있도록 작업원에 대한 우수건강기능식품 제조관리, 시설관리, 위생관리, 보관관리, 품질관리 및 기타 필요한 사항을 지도·관리하고 정기적으로 교육·훈련하여야 한다.

② GMP 총괄책임자는 당해 업소의 제품을 직접 판매하는 영업자 및 판매종업원에 대하여 허위·과대광고 금지 및 제품의 위생적인 보관관리 등에 관한 정보제공·안내를 실시하도록 하고, 그 기록을 보관·유지하여야 한다.

(2) 제조관리부서 책임자

제조관리부서 책임자는 제조공정관리, 제조위생관리 및 보관관리의 책임자로서, 그 임무는 다음과 같다.

① 제조관리를 적절히 이행하기 위하여 제품표준서, 제조관리기준서 및 제조위생관리기준서를 작성하고 비치·운영하여야 한다.

② 다음 사항을 기재한 제조지시기록서를 작성하고, 그 지시기록서대로 작업이 진행되고 있는지를 점검 · 확인하여야 한다.

가. 제품명, 제품의 유형 및 성상

나. 제조번호, 제조단위 및 제조 연월일

다. 성분 및 분량(또는 원료 · 성분 배합 비율)

라. 공정별 이론 생산량

마. 작업 중 주의할 사항

바. 기타 필요한 사항

③ 제조위생관리 및 보관관리가 규정대로 이행되고 있는지 점검 · 확인하여야 한다.

④ 원료, 자재 및 완제품의 보관관리 담당자를 지정하여야 한다.

(3) 품질관리부서 책임자

품질관리부서 책임자는 원료, 자재, 반제품 및 완제품의 품질을 관리하는 책임자로서, 그 임무는 다음과 같다.

① 품질관리를 적절히 이행하기 위하여 제품표준서 및 품질관리기준서를 비치 · 운영하여야 한다.

② 다음 사항을 기재한 시험지시기록서를 작성하고, 그 지시기록서대로 시험하고 있는지를 점검 · 확인하여야 한다.

가. 시험항목

나. 검체의 채취시기 및 장소

다. 검체의 채취량 및 채취 방법

라. 검체 채취자 및 시험담당자

③ 시험결과에 따라 적합 여부를 판정하고, 그 결과를 관련 부서에 문서로 통지하여야 한다.

6 건강기능식품의 허가

1) 건강기능식품 관련 영업의 종류[3)]

건강기능식품 관련 영업에는 건강기능식품제조업, 건강기능식품수입업과 건강기능식품판매업이 있다.

(1) 건강기능식품 제조업

가. 건강기능식품 전문제조업: 건강기능식품을 전문적으로 제조하는 영업

나. 건강기능식품 벤처제조업: 「벤처기업육성에 관한 특별조치법」 제2조에 따른 벤처기업이 건강기능식품을 가목의 건강기능식품 전문제조업자에게 위탁하여 제조하는 영업

건강기능식품제조업을 하려는 자는 총리령으로 정하는 바에 따라 영업소별로 식품의약품안전처장의 허가를 받아야 한다.

(2) 건강기능식품 판매업

가. 건강기능식품 일반판매업: 건강기능식품을 판매하는 영업

나. 건강기능식품 유통전문판매업: 건강기능식품 전문제조업자에게 의뢰하여 제조한 건강기능식품을 자신의 상표로 유통 · 판매하는 영업

영업소의 소재지를 관할하는 특별자치시장 · 특별자치도지사 · 시장 · 군수 · 구청장에게 신고하여야 한다. 다만, 「약사법」 제20조에 따라 개설등록한 약국에서 건강기능식품을 판매하는 경우에는 그러하지 아니하다.

---

3) 본 항은 「건강기능식품에 관한 법률 시행령」 제2조(대통령령 제27960호, 2017. 3. 27.)를 참고하였다.

(3) 건강기능식품 수입업

영업소의 소재지를 관할하는 특별자치시장·특별자치도지사·시장·군수·구청장에게 신고하여야 한다.

영업에 사용하기 위하여 건강기능식품을 수입하려는 자, 해외 판매자의 사이버몰 등으로부터 건강기능식품의 대신 구매 등을 하는 업자는 식품의약품안전처장에게 신고하여야 한다. 식품의약품안전처장은 총리령으로 정하는 사유가 있는 경우에는 제1항에 따라 신고된 건강기능식품에 대하여 통관(通關) 절차가 끝나기 전에 관계 공무원이나 검사기관으로 하여금 필요한 검사를 하게 하여야 한다.

건강기능식품 영업의 종류

1. 건강기능식품 제조업
2. 건강기능식품 판매업
   가. 건강기능식품 일반판매업
   나. 건강기능식품 유통전문판매업
3. 건강기능식품 수입업

2) 건강기능식품 전문제조업의 시설 기준[4)]

시설	시설 기준
건축물의 위치 등	• 건물의 위치는 「가축분뇨의 관리 및 이용에 관한 법률」 제2조에 따른 가축분뇨, 「하수도법」 제2조에 따른 분뇨, 「유해화학물질 관리법」 제2조에 따른 화학물질, 그 밖에 오염물질의 발생시설로부터 건강기능식품에 나쁜 영향을 주지 아니하는 거리를 두어야 한다.

4) 본 항은 「건강기능식품에 관한 법률 시행규칙」 제2조 [별표1] 업종별 시설 기준(총리령 제1386호, 2017. 4. 7.)을 참고하였다.

시설	시설 기준
작업장	• 작업장은 독립된 건물이거나 건강기능식품 제조 외의 용도로 사용되는 시설과 분리(벽 · 층 등에 의하여 별도의 방으로 구별되는 경우)되어야 한다.
건강기능식품 취급시설	• 취급시설 중 건강기능식품과 직접 접촉하는 부분은 위생적인 내수성 재질[스테인레스 · 알루미늄 · 에프알피(FRP) · 테프론 등 물을 흡수하지 아니하는 것]로서 세척하기 쉬우며, 열탕 · 증기 · 살균제 등으로 소독 · 살균이 가능한 것이어야 한다.
급수시설	• 수돗물이나 「먹는물관리법」에 적합한 지하수 등을 공급할 수 있는 시설을 갖추어야 한다. • 지하수 등을 사용하는 경우 취수원은 화장실 · 폐기물처리시설 및 동물사육장 그 밖에 지하수가 오염될 우려가 있는 장소로부터 20미터 이상 떨어진 곳에 위치하여야 한다.
화장실	• 작업장에 영향을 미치지 아니하는 곳에 정화조를 갖춘 수세식 화장실을 설치하여야 한다. 다만, 인근에 사용하기 편리한 화장실이 있는 경우에는 화장실을 따로 설치하지 아니할 수 있다.
탈의실 및 수세시설	• 탈의실 및 수세시설은 작업장과 분리하고, 작업자가 위생적으로 이용할 수 있도록 충분한 시설을 갖추어야 한다. • 탈의실은 외부로 통하는 환기시설을 갖추고 있어야 하며, 청결한 상태가 유지되어야 한다.
창고 등 보관시설	• 원재료, 반제품, 완제품 및 반송품 등을 분리 또는 구획하여 위생적으로 보관 · 관리할 수 있는 충분한 넓이의 창고 등 보관시설을 갖추어야 한다. 다만, 다음의 어느 하나에 해당하는 경우에는 그러하지 아니할 수 있다. – 제품의 특성에 따라 창고에 갈음할 수 있는 냉동 · 냉장 시설을 따로 갖춘 경우 – 같은 영업자가 2개 이상의 제조업소*를 운영하면서 해당 창고 등 보관시설을 공동으로 이용하는 경우 *「식품위생법 시행령」 제21조 제1항 제1호 · 제3호에 따른 식품제조 · 가공업소 및 식품첨가물제조업소, 「약사법」 제31조 제1항 · 제4항에 따른 의약품 · 의약외품 제조업소 또는 「축산물 위생관리법」 제21조 제1항 제3호에 따른 축산물가공업소를 포함 • 창고 등 보관시설의 바닥에는 양탄자를 설치해서는 아니 된다.
품질관리실	• 자가품질검사, 원료검사 및 제조단계별 품질관리를 위한 품질관리실과 그 시험검사 등에 필요한 기계 · 기구 및 시약류 등을 갖추어야 한다.

3) 품목제조신고

건강기능식품 제조업의 허가를 받은 자가 건강기능식품을 제조하려는 경우에는 그 품목의 제조 방법 설명서 등 총리령으로 정하는 사항을 지방청장에게 신고하여야 한다.

1. 제조 방법 설명서(식품의약품안전처장이 정하여 고시하는 기준에 따라 설정한 유통기한 설정사유서를 포함)
2. 원료 또는 성분의 명칭과 함량
3. 기준·규격에 대한 「식품·의약품 분야 시험·검사 등에 관한 법률 시행규칙」에 따른 시험·검사성적서 또는 해당 영업소의 품질관리실에서 시험·검사한 성적서(수출용 건강기능식품은 제외)
4. 「건강기능식품에 관한 법률」 제14조 제2항에 따른 건강기능식품의 기준과 규격에 적합한 것으로 인정받은 서류나 같은 법 제15조 제2항에 따른 건강기능식품 기능성 원료 또는 성분으로 인정받은 서류

7 건강기능식품의 표시

1) 건강기능식품의 표시 기준

용어 정의

용어	정의
영양성분 기준치	식품 표시를 위하여 설정한 한국인 1인에 대한 영양성분의 평균적인 1일 섭취 기준량
기능정보표시	제품의 일정량에 함유된 기능성분 또는 지표성분의 함유 정도와 기능성 표시 등
주원료	건강기능식품의 기능성을 나타내게 하는 주된 원료 또는 성분
주표시면	소비자가 건강기능식품을 구매할 때 통상적으로 소비자에게 보여지는 면
정보표시면	주표시면에 표시되지 아니한 해당 제품의 정보사항을 소비자가 보기 쉽도록 표시하는 면

(1) 표시사항

그림 2-16은 「건강기능식품에 관한 법률」 제17조 제1항에 따라 건강기능식품에 표시하여야 하는 사항 및 그 예시이다.

1. 건강기능식품 표시(건강기능식품 도안)
2. 제품명
3. 업소명 및 소재지
4. 유통기한 및 보관 방법
5. 내용량
6. 영양정보
7. 기능정보
8. 섭취량, 섭취 방법 및 섭취 시 주의사항
9. 원료명 및 함량
10. 질병의 예방 및 치료를 위한 의약품이 아니라는 내용의 표현
11. 기타 건강기능식품의 세부표시기준에서 정하는 사항

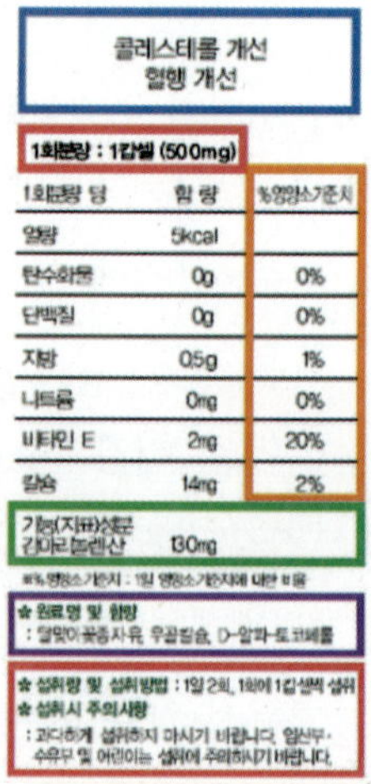

그림 2-16 건강기능식품 표시사항 및 예시

(2) 건강기능식품의 세부표시 기준

가. 건강기능식품은 일반식품과 구별하여 그림 2-17(a)와 같은 도안을 제품에 표시할 수 있으며, 우수건강기능식품제조기준(GMP) 적용 지정업소의 제품에는 'GMP 적용업소'라는 문구 또는 우수건강기능식품제조기준 적용 지정업소임을 나타내는 도안(그림 2-17(b))을 표시할 수 있다.

나. 건강기능식품의 원료 또는 성분은 주표시면에 '건강기능식품원료'라는 표시를 하여야 한다.

다. 「건강기능식품에 관한 법률」 제16조에 따른 기능성 표시·광고 심의를 받은 제품의 광고물에는 해당 광고를 심의받았다는 사실을 그림 2-17(c)와 같이 표시할 수 있다.

(a) 건강기능식품 표시 (b) GMP 인증 표시 (c) 표시 · 광고 사전심의 표시

그림 2-17 건강기능식품 관련 인증 마크

(3) 기능정보

가. 해당 제품에 사용된 기능성 원료의 기능성분 또는 지표성분의 명칭과 1회 분량 또는 일일 섭취량당 함량을 표시하여야 한다.

나. 기능성 표시는 「건강기능식품에 관한 법률」 제14조 또는 제15조에 따른 기준·규격에서 정한 기능성이나 기타 식품의약품안전처장이 인정한 기능성을 표시하여야 한다(그림 2-18).

영양 ·기능정보

유해산소로부터 세포를 보호, 혈액의 호모시스테인 수준을 정상으로 유지하는데 필요, 세포와 혈액생성에 필요, 뼈의 형성과 유지에 필요

영양 · 기능 정보

1회 분량 1캡슐(1,007mg)

EPA와 DHA: 혈중 중성지질 개선 • 혈행개선에 도움을 줄 수 있음

비타민 E: 유해산소로부터 세포를 보호하는데 필요

1회분량 당	함량	% 영양소 기준치
열량	10kcal	
탄수화물	0g	0%
단백질	0g	0%
지방	1g	2%
나트륨	0mg	0%
EPA와 DHA의 합	250mg	
비타민E	3mgα-TE	30%

• % 영양소기준치: 1일 영양소기준치에 대한 비율

그림 2-18 건강기능식품 기능정보 및 영양정보 표시 예시

(4) 섭취량, 섭취 방법 및 섭취 시 주의사항

가. 해당 제품에 대한 섭취 대상별 1회 섭취하는 양과 1일 섭취횟수 및 섭취 방법을 표시하여야 한다.

나. 해당 제품의 섭취 시 이상 증상이나 부작용 우려대상, 과다 섭취 시 부작용 가능성 및 그 양 등 주의해야 할 사항이 있을 경우 이를 표시하여야 한다.

(5) 원료명 및 함량

가. 원료명은 해당 제품의 기능성을 나타내는 주원료를 우선표시하고 그 외의 원료는 제조 시 많이 사용한 순서에 따라 표시하여야 한다. 다만, 최종 제품에 남아 있지 아니한 원료명은 표시하지 아니할 수 있다.

가의2. 주원료의 함량을 표시하는 경우에는 기능성분(또는 지표성분)의 명칭과 함량을 함께 표시하여야 한다.

나. 복합원료(두 종류 이상의 원료를 사용하여 제조한 제품)를 원료로 사용한 때는 그 복합원료명을 표시하고 괄호 속에 많이 사용한 원료명을 순서에 따라 표시하여야 한다. 다만, 복합원료가 해당 제품의 5% 미만에 해당되거나 복합원료 명칭에서 그 원료가 분명할 경우에는 해당 원료명을 표시하지 아니할 수 있다.

(6) 질병의 예방 및 치료를 위한 의약품이 아니라는 내용의 표현

가. 질병의 예방 및 치료를 위한 의약품이 아니라는 내용의 표현은 소비자가 알아보기 쉽도록 표시면의 바닥면과 평행하게 표시하여야 한다.

나. 건강기능식품은 인체에 유용한 기능성을 가진 원료나 성분을 사용하여 제조가공한 식품이라는 표현을 할 수 있다.

2) 건강기능식품의 광고 및 심의 기준[5)]

건강기능식품의 기능성 표시와 기능성을 광고하고자 할 때에는 「건강기능식품에 관한 법률」 제16조 제1항의 규정에 따라 건강기능식품의 기능성 표시 · 광고 심의를 받아야 한다. 단, 다음의 경우 기능성 표시 · 광고 심의를 받은 것으로 볼 수 있다.

1. 건강기능식품의 기준 · 규격으로 고시되었거나 인정된 기능성 내용만을 그대로 표시 · 광고하는 경우
2. 동일한 건강기능식품 주원료(영양소 또는 기능성 원료)를 사용하여 제조한 제품을 심의나 심사를 받은 영업자가 심의나 심사받은 내용과 동일하게 표시 · 광고하는 경우

건강기능식품의 기능성 표시 · 광고의 심의 기준은 다음과 같다.

1. 국민의 건강증진 및 소비자 보호에 관한 국가의 건강기능식품 정책에 부합하여야 한다.
2. 인체의 구조 및 기능에 대하여 생리학적 작용 등과 같은 보건 용도에 유용한 효과에 대한 표현이어야 한다.
3. 객관적이고 과학적인 근거 자료에 의해 표현되어야 한다.
4. 이해하기 쉽고 올바른 문장이나 용어를 사용하여 명확하게 표현하여야 한다.
5. 안전성 및 기능성에 관한 건강기능식품의 기준 · 규격 또는 원료 · 성분으로 고시되었거나 인정된 내용에 부합하여야 한다.
6. 표시 기준에 적합하여야 한다.
7. 허위 · 과대의 표시 · 광고 범위에 해당되어서는 아니 된다.

---

5) 본 항은 '건강기능식품 표시 및 광고심의 기준'(식품의약품안전처 고시 제2014-29호)을 참고하였다.

건강기능식품의 기능성 표시·광고에 대하여 심의를 받고자 하는 자는 식품의약품안전처장으로부터 건강기능식품의 기능성 표시·광고 심의에 관한 업무를 위탁받은 단체(현재, 건강기능식품협회)에 제출하여야 한다.

허위·과대·비방의 표시·광고의 범위(건강기능식품에 관한 법률 시행규칙 제21조)

1. 질병의 예방 및 치료에 효능·효과가 있거나 의약품으로 오인·혼동할 우려가 있는 내용의 표시·광고에 해당하는 경우
   가. 질병 또는 질병군의 발생을 사전에 방지한다는 내용의 표시·광고
   나. 질병 또는 질병군에 효과가 있다는 내용의 표시·광고. 다만, 질병이 아닌 인체의 구조 및 기능에 대한 보건용도의 유용한 효과는 해당되지 아니함
   다. 질병의 특징적인 징후 또는 증상에 대하여 효과가 있다는 내용의 표시·광고
   라. 질병 및 그 징후 또는 증상과 관련한 제품명, 학술 자료, 사진 등(이하 이 목에서 '질병정보')을 활용하여 질병과의 연관성을 암시하는 표시·광고. 다만, 다음의 어느 하나에 해당하는 표시·광고는 제외
      1) 질병의 발생 위험을 감소시키는 데 도움이 된다는 내용의 표시·광고
      2) 질병정보를 제품의 기능성 표시·광고와 명확하게 구분하고, "동 질병정보는 제품과 직접적인 관련이 없습니다." 등의 표현을 병기한 표시·광고
   마. 의약품에 포함된다는 내용의 표시·광고
   바. 의약품을 대체할 수 있다는 내용의 표시·광고
   사. 의약품의 효능 또는 질병 치료의 효과를 증가시킨다는 내용의 표시·광고

2. 사실과 다르거나 과장된 표시·광고에 해당하는 경우
   가. 「건강기능식품에 관한 법률」 제5조부터 제7조까지의 규정 또는 「수입식품안전관리 특별법」 제15조에 따라 허가받은 사항이나 등록·신고한 사항 또는 「수입식품안전관리 특별법」 제20조 제1항에 따라 수입신고한 사항과 다른 내용의 표시·광고
   나. 식품의약품안전처장이 인정하지 아니한 기능성을 나타내는 내용의 표시·광고
   다. 정부 또는 관련 공인기관의 수상·인증·선정·특허와 관련하여 사실과 다른 내용의 표시·광고
   라. 해당 건강기능식품의 명칭, 원재료, 제조 방법, 영양소, 성분, 섭취 방법, 품질 및 건강기능식품 이력 추적관리와 다른 내용의 표시·광고

3. 소비자를 기만하거나 오인·혼동시킬 우려가 있는 표시·광고에 해당하는 경우
   가. 각종의 감사장 또는 체험기 등을 이용하거나 '주문 쇄도', '단체 추천' 또는 이와 유사한 내용을 표현하는 광고
   나. 의사, 치과의사, 한의사, 수의사, 약사, 한약사, 대학교수 또는 그 밖의 자가 제품의 기능성을 보증하거나, 제품을 지정·공인·추천·지도 또는 사용하고 있다는 내용 등의 표시·광고. 다만, 해당 제품의 연구·개발에 직접 참여한 사실을 표시·광고하는 경우는 제외
   다. 외국어의 사용 등으로 외국제품으로 혼동할 우려가 있는 표시·광고 또는 외국과 기술 제휴한 것으로 혼동할 우려가 있는 내용의 표시·광고
   라. 해당 제품의 제조 방법·품질·영양소·원재료·성분 또는 효과와 직접 관련이 적은 내용을 강조함으로써 다른 업소의 제품을 간접적으로 다르게 인식되게 하는 광고
   마. 비교 표시·광고의 경우 그 비교 대상 및 비교 기준이 명확하지 아니하거나 비교내용 및 비교 방법이 적정하지 아니한 내용의 표시·광고
   바. 「식품·의약품 시험·검사 등에 관한 법률」 제6조에 따라 지정된 검사기관이 아닌 기관에서 검사한 결과를 이용한 표시·광고
   사. 「건강기능식품에 관한 법률」 제15조 제2항에 따라 제출하여 식품의약품안전처장이 인정한 인체적용시험 결과(이하 이 목에서 '인체적용시험 결과')를 일부 삭제하거나 변경하여 해당 건강기능식품의 사용 전후를 비교하는 등 해당 건강기능식품의 기능 또는 효과에 대하여 소비자를 오인하게 하거나 기만하는 표시·광고. 다만, 인체적용시험 결과를 그대로 표시·광고하는 경우는 제외

4. 의약품의 용도로만 사용되는 명칭(한약의 처방명을 포함함)의 표시·광고의 경우
   법 제24조 제3항의 규정에 따라 식품의약품안전처장이 정한 의약품의 용도로만 사용되는 원료에 관한 내용의 표시·광고

5. 다른 업체 또는 그 제품을 비방하는 표시·광고에 해당하는 경우
   다른 업체 또는 그 제품에 관하여 객관적인 근거가 없는 내용을 나타내어 비방하는 표시·광고

3 CHAPTER

건강기능식품 평가

1 안전성 평가

1) 안전성 평가의 개요

건강기능식품의 안전성 평가란 새로운 기능성 원료를 제안된 방법대로 섭취했을 때 인체에 미치는 영향을 안전성 측면에서 평가하는 것이다. 새로운 기능성 원료를 판매하고자 하는 영업자는 '건강기능식품 기능성 원료 인정에 관한 규정'에 근거하여 안전성 자료를 식품의약품안전처에 제출하여 동 원료의 안전성이 확보되어 있는지를 입증해야 한다. 건강기능식품의 안전성 평가에 대한 인정 기준, 절차, 제출 자료의 범위 및 요건, 평가 원칙 등에 관한 세부 사항은 '건강기능식품 기능성 원료 인정에 관한 규정'에 제시되어 있다.

2) 안전성 평가 항목

안전성 평가는 제시된 방법대로 섭취했을 때 인체에 이상 반응이나 부작용을 나타내지 않음을 확인하는 과정이다. 안전성을 평가할 때는 기존에 보고된 섭취 근거 자료, 해당 기능성분 또는 관련 물질에 대한 안전성 정보 자료, 섭취량 평가 자료, 영양 평가 자료, 생물학적 유용성(bioavailability) 자료, 인체적용시험 자료(중재시험, 역학 조사 등), 독성시험 자료, 취약집단(어린이, 임산부, 수유부 등), 의약품·식품 등과의 상호작용 등을 모두 고려해야 한다. 즉, 기존에 보고된 안전성 자료를 통해 제조 방법에 따른 안전성 여부, 섭취량의 변화 여부에 따른 안전성 여부, 생물학적 유용성·영향 평가 등 생체 내에서의 원료 특성에 따른 안전성 여부, 독성시험을 통한 안전성 여부 등을 확인해야 한다. 이때 기존에 보고된 안전성 관련 자료를 모두 종합해 제안된 섭취량 내에서 원료의 안전성을 확인하게 된다. 기존에 보고된 자료로 안전성 입증이 어렵다면 신청한 원료를 가지고 독성시험을 하여 안전성을 입증해야 한다.

(1) 사용 가능성 검토

안전성 평가의 첫 단계는 해당 원료가 '건강기능식품에 사용할 수 없는 원료 목록'에 포함되어 있는지 검토하는 것이다. 즉, 식품의약품안전처에서는 원료의 특성상 심각한 독성이나 부작용이 있거나 약리작용이 강해 섭취 방법 또는 섭취량에 대해 의·약학적 전문 지식을 필요로 하는 원료들은 처음부터 건강기능식품에 사용하지 못하도록 그 목록을 정해놓고 있다(표 3-1). 이러한 원료들은 식물성 원료뿐만 아니라 동물성 원료 및 의약품 등 다양하다. 또한, 외국에서 독성 원료가 수입되거나 새롭게 독성이 알려질 경우 사용 금지 원료로 계속 추가한다.

(2) 신규성 검토

건강기능식품 기능성 원료의 사용 현황과 제조 방법을 검토하여 '원료의 신규성(novelty)' 여부를 확인해야 한다. 예를 들어, 식품으로 섭취 경험이 있는 동물, 식물, 조류, 미생물 원료를 건조, 분쇄하거나 물이나 주정을 사용해 추출한 후 용매와 고형물을 제거한 경우에는 원료의 전통성을 인정할 수 있다. 그러나 원재료의 품종 개량, 사용 부위 변경 및 특정 성분을 농축하기 위한 선택적 추출 용매(에테르, 아세톤, 헥산, 이산화탄소) 사용 또는 추출 이후 화학적 변형이나 발효 등을 통해 화학적 특성이 변화했다면, 원료의 전통성을 인정받을 수 없다. 이러한 경우에는 기존의 안전성 자료 외에 추가의 근거 자료를 검토해야 한다. 특히, 화학적 특성이나 조성분의 변화가 있는 경우 해당 원료를 사용한 독성시험 자료도 필요하다.

(3) 안전성 정보 자료 검토

건강기능식품 기능성 원료 그 자체, 기능성분 또는 기타 관련 물질은 표 3-2와 같은 다양한 데이터베이스 검색을 통해 부작용 또는 독성 정보를 파악할 수 있다. 또한, 국내·외 학술지에 게재된 자료와 정부나 국제기구의 보고서를 모두 안전성 정보 자료의 근거로 사용할 수 있다.

표 3-1 건강기능성 식품에서 사용할 수 없는 원료

원료	목록		
식물성 원료	• 감수(甘遂) • 겔세민(gelsemine) • 견우자(牽牛子) • 관동(款冬) • 낙타봉(駱駝蓬) • 다투라(datura) • 대극(大戟) • 대황(大黃) • 독미나리 • 등황(藤黃) • 디기탈리스(digitalis) • 마두령(馬兜鈴) • 마전자(馬錢子) • 마편초(馬鞭草) • 마황(麻黃) • 만년청 (萬年靑) • 면마(綿馬) • 목단피(牧丹皮) • 목방기(木防己) • 목통(木桶) • 반하(半夏) • 방기(防己) • 방풍(防風)	• 백굴채(白屈菜) • 백부자(白附子) • 백선피(白鮮皮) • 베라트룸(veratrum) • 벨라돈나(belladonna) • 보두(寶豆) • 복수초(福壽草) • 부자(附子) • 빈랑자(檳榔子) • 사리풀(henbane leaf) • 상륙(商陸) • 석류피(石榴皮) • 세네키오(senecio) • 스코폴리아(scopolia) • 스트로판투스(strophanthus) • 쓴쑥(wormwood) • 앵속(罌粟) • 얄라파(jalapae) • 영란(鈴蘭) • 요힘베(yohimbe) • 운향풀(루타 그래베올랜스) • 원화(芫花) • 위령선(威靈仙)	• 인도사목(印度蛇木) • 저백피(樗白皮) • 천남성(天南星) • 천초근(茜草根) • 청목향(靑木香) • 초오(草烏) • 채퍼랠(Chaparral) • 카바카바(Kava kava) • 카스카라사그라다(Cascara sagrada) • 카트(Khat) • 컴프리(Comfrey) • 콜로신스(Colocynth) • 콜키쿰(Colchicum) • 키나(Quina) • 탠지(Tansy) • 토근(吐根) • 투보쿠라린(Tubocurarine) • 파두(巴豆) • 팔각련(八角蓮) • 해총(海葱) • 행인(杏仁) • 황백(黃栢)
동물성 원료	• 건조갑상선(dried thyroid) • 담즙·담낭(bile & gall bladder) • 맥각(麥角, ergot) • 반묘(斑猫, blister beetle) • 사독(蛇毒, venom)	• 사람의 태반(human placenta) • 사람의 혈액(human blood) • 사향(麝香, musk) • 섬수(蟾酥, toad venom)	• 오공(蜈蚣, scolopendrae corpus) • 뇌하수체 • 벌독 • 전립선
기타 원료	• 로벨린 또는 그 염류(lobeline or its salts) • 불보카프닌 또는 그 염류(bulbocapnine or its salts) • 브루신 또는 그 염류(brucine or its salts) • 사비나유(sabina oil) • 세파란틴(cepharanthin) • 아가리틴 또는 그 염류(agaritine or its salts) • 아레콜린 또는 그 염류(arecoline or its salts) • 카이닌산(kainic acid)	• 코타르닌 또는 그 염류(cotarnine or its salts) • 트로파코카인 또는 그 염류(tropacocaine or its salts) • 방사성 물질(radioactive substance) • '식품의 기준 및 규격'의 2. 식품일반에 대한 공통 기준 및 규격, 5. 식품일반의 기준 및 규격, 12) 발기부전치료제 등과 유사한 물질 기준에서 정한 화학구조가 의약품과 근원적으로 유사한 합성 물질	

출처: 식품안전정보포털 식품안전나라.

표 3-2 건강기능성 식품 원료의 안전성 정보 검색에 이용 가능한 데이터베이스

포괄정보 검색	성분 검색	독성 정보	상호작용	monograph
• PubMed • NAPRALERT • HerdMed • AHRQ • MayoClinic • PDF health • 한국학술문헌정보센터(KISS) • 학술지 평가서적	• NAPRALERT • TradiMed	• Toxline • Toxcenter • FDA poisonous plant database • NTP	• Natural Standard • Natural Medicine • Comprehensive DB • HerbMed • PDF health	• IOM monographs • WHO monographs • German Commission E • ESCOP monographs

(4) 섭취량 평가

식품으로 섭취 경험이 있는 원재료를 사용한 경우에는 식용 또는 약용으로의 일상 섭취량을 기준으로 섭취량을 평가한다. 섭취하게 되는 기능성 원료의 양이 기능성 원료의 일일 섭취 허용량(ADI: acceptable daily intake) 등을 넘지 않아 안전성을 확보할 수 있는 양인지를 입증해야 한다. 안전성 평가 시에는 일반 식품으로부터의 섭취와 보충제로부터의 섭취 등 총 식이에서 섭취되는 양을 모두 고려해야 한다. 섭취량 평가 시 과학적이고 객관적인 문헌이 있을 경우 이를 활용하고, 문헌이 없는 경우에는 식품에서 유효성분을 분석한 다양한 논문을 검색하고, 국민건강영양조사 등의 식품섭취량에 관한 정보를 바탕으로 평가·계산하여 객관적인 수치를 얻는다. 이때 식용 원재료의 경우 섭취량이 기존 평균 섭취량의 3배를 넘지 않도록 확인한다. 또한, 약용 원재료의 경우 제안된 원료의 섭취량이 원재료의 평균 섭취량보다 많은지를 확인한다.

건강기능성 식품의 섭취량 평가 자료 검색에 이용 가능한 데이터베이스

1. 국민건강영양조사 식품섭취량 평가 자료
2. 식품첨가물 데이터베이스 섭취량 산출 DB
3. 연간 소비량, 한국농촌경제연구원(식품수급표)
4. 발표된 학술논문
5. 향신료의 경우에는 일반적인 조리법에서 사용되는 양
6. 전통적 사용이 기록되어 있는 과학적 자료 또는 역사적 사용 기록
7. 그 외 객관적으로 입증 가능한 통계 자료

(5) 제조 또는 복합 원료에 따른 안전성 평가

1 화학적 합성 원료에 대한 검토

화학성분을 사용해 합성한 원료가 식품이나 식품첨가물로 인정된 것인지 확인한다. 식품이나 식품첨가물로 인정된 것이 아니라면 동물, 식물, 조류, 미생물 등에 원래 존재하는 천연물질을 동일하게 합성한 것인지를 확인한다. 그렇지 않은 경우에는 건강기능식품 기능성 원료의 개념에 적합하지 않은 것으로 판단한다. 화학적 합성품은 반드시 해당 원료를 사용한 독성시험을 통해 안전성을 검토한다.

2 복합 원료에 대한 검토

2가지 이상의 원료를 복합한 경우에는 각 원재료에 대한 안전성 자료를 검토하고, 혼합으로 인한 상호작용 등의 문제를 검토한다. 다만, 복합 원료를 사용해 독성시험을 실시했다면 상호작용 등에 대한 별도의 검토는 필요하지 않다.

3 유전자 재조합 원료에 대한 검토

'유전자 재조합 식품의 안전성 평가심사 등에 관한 규정'에 해당하는 원료는 '유전자 재조합 식품의 안전성 평가 심사 등에 관한 규정'에 따라 먼저 안전성 평가를 받아야 한다.

(6) 영양 평가, 생물학적 유용성 및 인체적용시험의 안전성 지표 및 이상 반응 검토

식품으로 섭취 경험이 있는 동물, 식물, 조류, 미생물 원료를 건조 또는 분쇄했더라도 알려진 부작용이 있거나 섭취량이 일상 섭취량을 초과할 경우 화학적 합성 원료와 복합 원료 등에 대해 추가적인 영양 평가, 생물학적 유용성 및 인체적용시험 시 안전성 지표와 이상 반응의 확인이 필요하다. 건강기능식품 섭취 시 다른 영양성분, 식품, 의약품의 흡수·분포·대사·배설 등에 영향을 미치는지를 평가해야 한다. 예를 들어, 식이섬유는 장관 내에서 다른 영양소의 흡수를 저해할 수 있으므로 영양소 간의 상호작용에 관한 검토가 필요하며, 섭취한 원료 또는 성분이 체내에 흡수된 후 생체작용에 반영되는 생물학적 유용성 검토도 파악하여야 한다. 그뿐만 아니라 기능성 시험을 위해 인체적용시험을 수행할 때 안전성 지표성분의 분석과 검사가 이루어져야 하고, 시험과정에서의 이상 반응 유무가 확인되어야 한다.

표 3-3 건강기능성 식품 원료의 영양 평가 정보 검색에 이용 가능한 데이터베이스

상호작용	근거 자료
• 영양소 간 상호작용 • 식품 간 상호작용 • Drugs • Herbs & Supplements 등	• Natural Medicines comprehaensice DB • Metabolism and Transport Drug Interaction Database • 그 외 앞에서 제시된 DB를 통해 검색된 1·2차 문헌 등

(7) 독성시험 자료 검토

섭취량 평가 자료, 영양 평가 자료, 인체적용시험 자료(중재시험, 역학 조사 등), 생물학적 유용성(bioavailability) 자료 등 이미 확보된 자료를 근거로 제안된 섭취량에서 당해 원료의 안전성을 입증할 수 없을 때는 독성시험을 통해 안전성을 검토해야 한다. 이때 독성시험은 단회투여독성시험, 90일 반복투여독성시험, 유전독성시험을 기본으로 진행한다. 원료 특성에 따라 생식 독성, 항원성, 면역 독성, 발암성 시험을 추가로 실시해야 한다.

2 독성평가

1) 독성평가의 개요

이미 확보된 자료를 근거로 제안된 섭취량에서 당해 원료의 안전성을 입증할 수 없을 때는 독성시험을 실시해야 한다. 예를 들어, 원재료 자체(생물, 건조물)를 이용하거나 물이나 주정을 사용해서 단순추출한 경우 제안된 섭취량이 통상 섭취량보다 많지 않고 부작용 기록이 없으며, 취약집단에 대한 문제가 없다면 독성시험을 면제할 수 있다. 그러나 원재료가 새로운 종자 혹은 부위이거나 특정 용매나 분리법을 사용해서 추출을 한 경우라면, 단회투여독성시험이나 90일 반복투여독성시험, 유전독성시험 등을 시행할 수 있다.

2) 독성시험과 GLP

현재 건강기능식품의 원료나 성분에 대한 독성시험은 GLP(비임상시험 관리 기준)에 따라 독성시험이 운영되는 기관에서 계획되어 실시되고 있다. 독성시험의 결과는 높은 신뢰성이 중요하므로 신뢰성을 확보하기 위해 많은 나라에서 GLP 규정을 따르고 있다. GLP의 주요 요구 항목은 표 3-4에 간략하게 나타내었다.

GLP에서는 시험마다 시험책임자(study director)를 임명하고, 시험의 계획, 실시, 보고서 작성 등에 책임을 지도록 하며, 시험할 때 필요한 과정을 일관적으로 수행하기 위해 과정마다 SOP(standard operating procedures: 표준작업순서)를 작성하고, 이 순서에 따라 시험을 실시하도록 한다. 또한, 시험마다 QAU(quality assurance unit: 신뢰성 보증부서)를 내부 직원 중에서 임명하여 그 시험의 실시 과정이나 보고서 작성을 검토하도록 한다. 시험 종료 후에는 모든 시험 기초 자료(raw data)를 포함한 모든 기록과 검체를 특정 보관 장소(archives)에 일정 기간 보관하도록 한다.

표 3-4 GLP의 주요 요구사항

구분		내용
직원	인원	• 전문직, 보통 교육연수를 받은 사람으로 시험 시설에 충분한 인원일 것
	경력서	• 시험을 담당하는 전체 직원의 경력서를 작성하여 보관함
	시험책임자	• 시험마다 임명 • 실험계획안(protocol)과 실시계획의 작성, 시험 실시, 보고서 작성에 책임을 짐
	QAU	• 시험마다 임명 • 전임으로 있을 필요가 없음
안정성	시험물질, 시약	• 적절한 취급과 저장
	직원	• 필요에 따라 의류를 교환, 시험실 내 금연, 음식물 섭취 금지
	설비	• 방호막, 에어컨, 마스크 등 필요한 시설물 설치
	안정성 확인	• 화학적, 물리적, 독성학적 위험성에 대한 안전성 확인
시험 시설	관련 부분	• 시험 부분에서 분리함
	자료, 검체 보관실	• 시험 종료 후 기록이나 표본을 보관함 • 직원의 출입을 관리해야 함
	동물실	• 시험 실시에 충분하도록 넓게 확보되어야 하고, 검역실을 비치함 • 시험에는 시험물질마다 별도로 사용 • 음수의 오염 분석
	폐기물	• 배설물의 위생적 폐기나 위험물의 안전한 폐기가 가능한 시설
기기		• 적절한 품질의 기기를 설치하고, 사용할 때뿐만 아니라 정기적으로 정도 관리를 실시하고 기록지에 기록
기록	서명	• 기록을 담당한 직원 전원의 서명과 원본을 영구 보존
	미가공 데이터 (raw data)	• 시험 중 전체 기록에는 매일 서명해야 함
	데이터 교정	• 이니셜(initial)이나 교정 이유를 기재
	기록 보관	• 시험 종료 후 전체 기록(시험 기초 자료)을 모두 보관 • 과거의 SOP는 한정적으로 파일에 보관
SOP		• 동물의 입수, 검역, 사육, 시험 물질의 입수, 동정, 보관, 폐기, 보고서 작성, 직원의 건강과 안정성의 확보 등을 개인별 SOP로 작성

3) 독성평가 항목 및 방법

건강기능식품의 섭취로 인한 잠재적 위해 여부를 평가하는 독성시험 자료는 우수실험실운영기준(GLP)에 따라 지정된 기관에서 경제협력개발기구(OECD) 독성시험지침에 준하여 진행하여야 하며, 시험 진행 후 시험한 보고서를 제출하여야 한다.

독성평가시험은 단회투여독성시험, 90일 반복투여독성시험, 유전독성시험을 기본으로 하며, 원료의 특성에 따라 생식독성, 면역독성, 발암성 시험 등을 추가할 수 있다(표 3-5). 기본적으로 독성시험에 사용되는 시험물질은 제출 원료와 동일한 것이어야 하며, 실험동물의 종은 시험물질에 대해 가장 민감하게 반영할 수 있는 것으로 선택하여야 한다. 물질은 경구투여를 원칙으로 실험동물에 투여한다.

표 3-5 독성시험의 항목

구분	시험 분야	시험 내용
기본 독성 시험	단회투여 독성시험	설치류, 비설치류 및 영장류에 시험물질을 단회 투여 또는 24시간 이내로 분할 투여하여 나타나는 일반 증상, 체중, 부검소견 등 체내의 급성적인 변화를 검사하여 독성을 평가한다.
	반복투여 독성시험	설치류, 비설치류 및 영장류에 시험물질을 반복 투여하여 일반 증상, 체중, 사료 섭취량, 물 섭취량, 심전도, 안검사, 혈액학적 및 혈액생화학적 검사, 요검사, 부검, 장기 중량 측량, 조직병리학적 검사 및 독성 동태분석을 실시하여 무해용량(NOAEL), 표적장기 및 용량-독성 반응 관계를 도출하여 독성을 평가한다.
	유전독성시험	독성을 일으키는 기작이 매우 다양하므로 시험물질에 대한 정확한 유전독성을 측정하기 위해서는 한 가지 유전독성시험이 아니라 몇 가지 유전독성시험을 battery로 수행해야 한다. 현재 일반적으로 가장 널리 수행되고 있는 3-battery 시험법은 복귀돌연변이시험(bacterial reverse mutation test), *in vitro* 염색체이상시험(*in vitro* chromosomal aberration assay), *in vivo* 소핵시험(*in vivo* micronucleus assay)이다.

구분	시험 분야	시험 내용
추가 독성 시험	생식독성시험	생식 기능, 임신, 출산, 그리고 후손의 성장과 발달에 대한 물질의 작용을 결정하는 데 사용되는 독성시험으로, 수태능 및 초기배 발생시험, 배아발생시험, 다세대 번식시험 등이 있다.
	면역독성시험	면역계 이상 증상 유발 여부를 조사하는 시험으로 면역 기능 저하, 면역 기능의 이상 증진, 면역원성, 항원성, 과민성 및 자가면역 등의 항목에 해당하며, 항체생성반응시험, 대식세포 및 자연살해세포 기능시험, 유세포분석기(flow cytometry)를 이용한 면역세포 분석시험 등이 있다.
	항원성 시험	항원성 시험은 약물이나 오염물질이 체내에서 항원으로 작용하여 반복적으로 노출되었을 때 약물에 대한 쇼크나 알레르기 반응 유발 여부를 검사하는 면역독성시험 항목으로 아나필락시스 쇼크 반응시험, 수동 피부 아나필락시스 반응시험, 피부감작성시험 등이 있다.
	발암성 시험	암의 잠재성을 평가하기 위하여 많은 수의 동물을 대상으로 장기간 실시하는 독성시험이다.

출처: KIT(안정성평가연구소) 홈페이지.

4) 독성시험 결과의 평가

독성시험의 결과는 시험물질 투여군과 대조군과의 결과를 비교해 평가하지만, 일반적으로 통계학적 평가와 생물학적 평가가 이용된다.

(1) 통계학적 평가

독성시험 결과의 대부분은 수치화가 가능하다. 통계학에서 일반적으로 사용하는 유의차검정법에 따라 시험물질 투여군과 대조군 사이의 통계학적 유의차의 유무를 검정하고 있다.

독성시험에서는 4~5군을 이용한 시험이 많은데, 여러 데이터를 비교할 수 있는 검정법이 편리하다. 결과의 종류에 따라 검정법이 다르지만 일반적으로 많이 사용하고 있는 방법에 대해 간략히 설명한다.

- 체중, 사료 및 음수 섭취량, 혈액 및 혈청생화학적 검사 결과, 장기 중량 등의 정량적 결과는 모수분포가 정규분포라고 추정된 결과로 등분산 검정 및 분산분석을 수행한 후 다중비교법을 이용해 군별로 비교한다.
- 요검사 결과의 정상적 결과는 모수분포가 추정할 수 없는 결과이므로 비모수검정법으로 크러스칼-왈리스(Kruskal-Wallis)의 순위검정이 많이 사용되고 있다.
- 생존율이나 병리조직학적 검사에서 병변의 이상 출현율과 같은 범주형 자료분석(categorical data)에서는 카이 2승 검정법(χ^2)을 많이 사용한다.
- 드물게 두 군 사이의 결과 비교가 필요한 경우(예 반복투여독성시험의 회복군과 대조군과의 비교) 두 군 사이의 비교검정법을 이용한다. 두 군 사이의 정상적 결과 비교에는 만-위트니(Mann-Whitney)의 U검정법을, 실무적 결과의 검정에는 피셔(Fisher)의 직접확률법을 이용한다.

(2) 생물학적 평가

반복투여독성시험에서의 장기의 중량이나 생화학적 분석 결과 등에서는 결과 사이에 통계적 유의차가 나오기 쉽다. 그러나 이러한 유의차도 시험물질 투여군에서의 값이 문헌 대조군 수치와 비교했을 때 생리학적 변동 범위 안의 값이고 용량이 많고 적음에 따른 반응의 강도나 비율이 변화하지 않을 경우, 생물학적으로 유의한 차가 아니라고 판정한다. 생물학적 판정법은 수치화하기 곤란한 항목인 병리 소견을 판정할 때 유용하다.

(3) NOEL과 NOAEL

많은 반복투여독성시험에서는 NOEL(no observed effect level: 최대무작용량), 즉 대조군과의 사이에 유의한 차이가 인정되지 않는 최고 용량을 구하는 것을 목적으로 한다. 그러나 NOEL에서는 혈청 중의 글루타민 전이효소(GOT: glutamic oxaloacetic transaminase)와 콜린에스테라아제(ChE: cholinesterase) 값의 변동이 적더라도 통계적 유의차에서 용량 의존성이 있다면 작용이 있다고 판정한다. 이와 같은 판정은 결과의

편차가 적은 우수한 시험일수록 나오기가 쉽다. 그러나 GOT나 ChE의 가벼운 변동 등은 생물학적으로 유해한 반응이라고 말할 수 없기 때문에 이러한 반응을 제외하고, 생체에 유해할 가능성이 있는 반응만으로 한정해 NOAEL(no observed adverse effect level: 최대무독성작용량)을 결정해야 한다고 주장하는 연구자도 많다.

3 기능성 평가

1) 기능성 평가 기본 원칙

식품의약품안전처에서는 기능성 평가를 할 때 근거중심평가(evidence-based evaluation)에 기반을 두고 기능성 자료를 검토하며, '체계적 고찰(systematic review)'을 사용한다. 평가 시점까지 축적된 모든 과학적 근거 자료를 기반으로 식품의 기능성을 총체적으로 평가하는 방법으로, 근거 자료의 연구 유형(study type), 질(quality), 양(quantity), 일관성(consistency), 활용성(relevance)이 평가 요소가 된다. 이러한 평가 방법은 국외 주요 국가에서도 도입하여 평가체계를 마련하고 있다.

근거를 총체적으로 평가할 때는 기능성을 뒷받침하는 연구나 반대하는 연구, 결과가 명확하지 않은 연구 등을 모두 포함해야 하며, 다음 사항을 충분히 고려해야 한다.

- 기능성 원료 또는 성분이 명확히 명시된 연구결과이어야 한다.
- 기능성 원료 또는 성분 섭취 후 흡수가 가능한 형태인지 확인하여야 한다.
- 연구의 질적 평가 시에는 적절한 대조군 사용, 식이 조사, 적절한 기간, 섭취량을 모두 고려하여야 한다.
- 검증된 바이오마커를 사용하여야 한다.
- 적절한 통계 방법을 사용하여야 한다.

근거중심평가의 실제적 과정은 관련된 과학적 자료를 검토한 후 적절한 자료를 추출하는 과정부터 시작된다. 1차 문헌(primary data) 외의 자료, 즉 총설(review), 메타분석(meta analysis) 등의 고찰 자료는 원료의 특성 또는 기능성을 이해하기 위한 근거 자료로 활용할 수 있으나, 식품성분과 기능성과의 관계를 입증하기 위한 직접적인 자료로는 사용될 수 없다. 확보된 자료를 기준으로 각각의 개별 자료를 평가하고, 근거 자료의 수와 개별 연구의 결과, 대상 인구 집단과의 관련성, 기능성 원료 또는 성분과 기능성 간의 관계를 입증할 수 있는 결과의 반복 여부 등을 종합적으로 검토하여 전체적인 일관성을 평가·분석한다. 이러한 과정을 통해 기능성에 대한 근거가 충분한지, 일부 근거가 있으나 아직 자료가 부족한지, 근거가 매우 부족한지를 평가한 후 기능성 표시에 반영하게 된다.

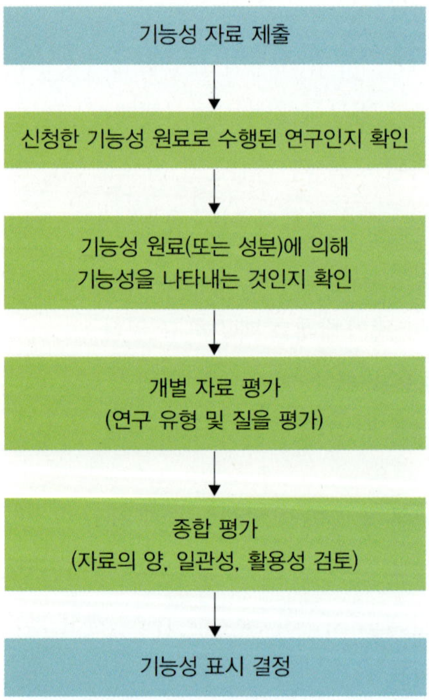

그림 3-1 기능성 자료의 평가과정

2) 연구 유형 및 바이오마커

(1) 연구 유형

기능성 검토에 사용될 수 있는 연구의 종류는 시험관실험부터 인체적용시험에 이르기까지 다양하다. 식품의약품안전처에서는 연구 종류에 따라 다음과 같이 유형을 분류해 평가하고 있다.

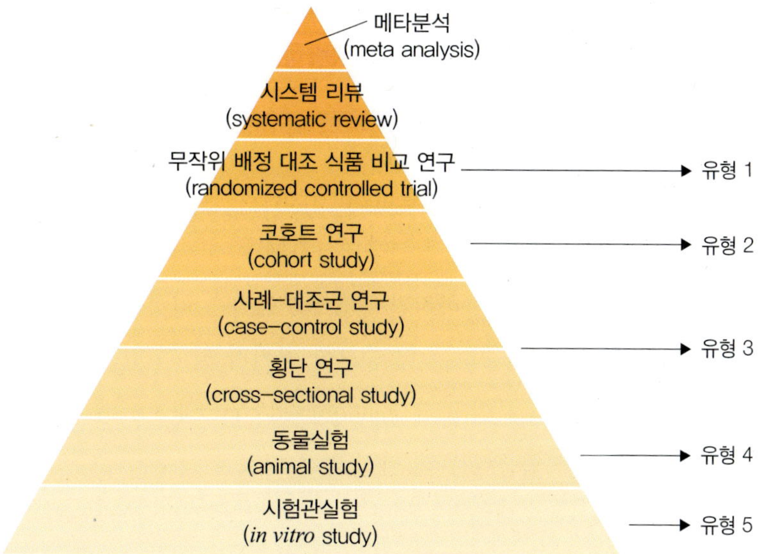

그림 3-2 기능성 연구 유형

1 기반시험

시험관실험, 동물실험 등의 기반 연구를 통해 기능성 원료 또는 성분의 작용기전 및 용량 반응 등을 평가할 수 있다. 시험관실험은 인위적인 상태에서 수행되므로 소화, 흡수, 분포, 대사와 같이 사람이 기능성 원료 또는 성분을 섭취할 때 나타나는 복합적인 생리작용을 설명할 수는 없다. 동물은 사람과 다른 생리를 가지므로 동물실험도 한계는 있다. 하지만 시험관실험과 동물실험에서는 연구자가 연구 환경을 적극적으로 조절할 수 있으므로 작용기전을 파악하고 기능성 원료 또는 성분의 특성과 기능성과의 상관성을 이해하는 데 좋은 정보를 제공해 준다. 그러나 기반 연구결과만으로 인체에서의 효과를 확증하는 데는 한계가 있으므로 반드시 인체연구를 통해 해당 기능성을 확인해야 한다.

동물실험의 경우 주장하는 기능성에서 일관성을 보이는 것이 가장 중요하다. 해당 기능성에 적합한 동물 모델을 사용하고, 인체에서 확인된 기능성 기전을 설명하기 위한 바이오마커를 사용하며, 서로 다른 연구자들에 의해 결과가 재현될수록 좋은 근거자료가 된다. 다만, 유효성분의 기능성에 따라 동물실험 없이 시험관실험만으로 작용기전을 충분히 설명할 수 있다면 동물실험을 생략하기도 한다.

2 인체적용시험

인체적용시험은 크게 중재시험(intervention study)과 관찰시험(observational study)으로 나눈다. 중재시험에서는 연구자가 연구대상자에게 기능성 원료를 일정 기간 제공하여 적극적인 중재과정을 거친다. 하지만 관찰연구에서는 이러한 개입이 불가능하다. 2가지 연구 유형은 기능성을 입증하는 데 중요한 근거가 될 수 있는데, 일반적으로 중재시험 중 무작위 배정 대조군시험(RCT: randomized controlled trial), 특히 이중맹검으로 진행된 시험이 기능성을 입증하는 데 가장 좋은 자료로 간주된다.

① 중재시험

무작위 배정 대조군시험은 알고 있는 혼동 요인을 조절할 수 있기 때문에 기능성 원료 또는 성분과 기능성과의 관계를 확인할 수 있는 좋은 평가 방법이다. 무작위 배정 과정을 통해 대상자 선정의 임의 배정 및 조정을 배제할 수 있다. 시험 대상자가 자신이 시험군인지 대조군인지를 모르는 상태로 시험하는 단일맹검 방법(single blind), 대상자뿐만 아니라 연구자도 시험 대상자가 시험군인지 대조군인지 알지 못하는 상태에서 시험이 진행되는 이중맹검 방법(double blind)을 통해 오류 발생의 가능성을 더욱 감소시킬 수 있다. 이중맹검은 대상자나 연구자 모두 각 연구대상자가 어느 그룹에 속하는지 몰라야 하므로 시험군과 대조군이 섭취하게 되는 식품의 외관과 무게, 맛, 냄새 등이 서로 같아 구별되지 않아야 한다. 무작위 배정 대조군시험이 기능성 입증에 절대적인 것은 아니나 가장 설득력 있는 근거가 될 수 있다.

하지만 의약품 연구와 달리 식품으로 중재가 이루어지므로 부가적인 혼동 요인이 발생할 수 있으며, 어떤 경우에는 대조군 제조가 어려워 맹검을 하지 못할 수도 있다. 이렇게 되면 정확한 결과를 얻기 어렵다. 따라서 시험식품의 조성, 맛, 양을 조절하거나 식이요인 등의 시험 환경을 조절하는 등 결과에 영향을 주는 혼동 요인을 최소화해야 한다.

중재연구를 통해 기능성 원료 또는 성분의 효과를 평가하는 요소

- 연구대상자가 해당 기능성을 평가하는 데 적합해야 한다. 이때 대상자는 기능성뿐만 아니라 연령, 성별, 식이·생활습관 등의 요소를 고려해 기능성에 따라서 특정 연령이나 성별로 제한해 연구를 수행할 수 있다. 하지만 평가하려는 기능성이나 그 작용기전이 전체 인구 집단에 모두 적용될 수 있는 경우라면 연구대상자를 특정 집단으로 제한할 필요는 없다. 건강기능식품의 용도는 질환자의 질병 치료가 아니라 질병이 없는 사람의 질병 위험을 감소시키거나 건강을 증진시키는 것이기 때문이다.
- 적절한 대조군이 있어야 한다. 대조군이란 시험하고자 하는 기능성 원료 또는 성분을 섭취하지 않는 대상자이다. 만약 대조군이 적절하게 설정되어 있지 않다면, 측정된 바이오마커의 변화가 기능성 원료 때문인지, 조절되지 않은 다른 요인 때문인지 파악하기 어렵다.
- 평가하고자 하는 기능성 원료 또는 성분의 기능성을 단독으로 확인해야 한다.
- 시험군과 대조군 간의 기초 특성 차이를 확인해야 한다. 만약 차이가 있다면 혼란 변수로 작용할 수 있는 요소를 고려해 결과를 해석하는 것이 중요하다.
- 해당 기능성을 입증하기에 적절한 기간 동안 시험을 수행해야 한다. 적절한 기간이란 기능성을 나타내는 바이오마커의 변화가 나타날 수 있는 기간으로, 대상자들이 기능성 원료 또는 성분에 충분히 노출되어 기능성이 발현되는 데 필요한 충분한 기간을 말한다.
- 연구대상자들의 기초 식이 특성을 파악해야 한다. 연구기간 동안 통제된 상황에서 표준화된 식사를 제공하는 것이 가장 좋은 방법이나 현실적인 어려움이 있어 일반적으로는 식이지침을 제공하고 이를 준수하도록 하는 경우가 많다.

- 평가하고자 하는 기능성 원료 또는 성분의 섭취량 및 섭취 방법은 실제 섭취하고자 하는 패턴과 동일해야 한다.
- 연구대상자의 순응도에 대해 지속적으로 모니터링할 필요가 있다. 연구기간 동안 연구대상자가 시험식품 또는 대조식품을 정해진 양과 방법대로 섭취하고 있는지, 연구지침을 정확히 준수하고 있는지 확인하여야 한다.
- 결과가 적절한 통계로 분석되어야 한다. 기능성을 입증하기 위해서는 연구를 설계할 때부터 원하는 통계적 유의수준에 도달하기 위한 대상자 수의 산출 등을 추정해야 한다. 결과를 해석할 때는 효과나 크기, 유의성을 모두 고려한다.

② 관찰연구

관찰연구는 중재시험처럼 시험 환경을 연구 목적에 적합하게 조절할 수는 없으므로 관찰된 결과가 해당 식품 또는 성분으로 인한 것인지 혹은 우연의 결과인지 명확히 구분하는 것이 어려울 수 있다. 하지만 대상자의 일상생활을 그대로 반영할 수 있는 시험 방법이므로 특정 식품 또는 성분과 기능성, 특히 질병과의 연관성을 확인하는 데 유용하다. 결과 해석의 한계를 극복하기 위해서는 결과에 영향을 미칠 가능성이 있는 혼동 요인을 최대한 수집하고 통계적으로 고려해야 한다. 기능성에 따라 다를 수 있으나 결과에 영향을 줄 수 있는 혼동 요인으로는 연령, 인종, 체중, 흡연 유무 등이 있다. 식이조사 방법으로는 섭취한 식이를 기록하도록 하는 방법(diet records), 24시간 회상법(24hr recall), 식품섭취빈도조사(FFQ: food frequency questionnaire) 등이 있다.

관찰연구는 대표적으로 코호트 연구(cohort study), 사례-대조군 연구(case-control study), 횡단연구(cross-sectional study)가 있다. 이 중 코호트 연구는 건강문제가 발생하기 전에 위험 요인을 미리 조사하기 시작해 대상자들을 장기간 관찰한 후 발생한 건강문제와 여러 요인과의 상관성을 상대적인 위험도(relative risk)로 제시할 수 있다. 건강문제가 발생하기 전에 기능성 원료 또는 성분의 섭취 수준을 확인할 수 있으면, 기능성 원료 또는 성분의 섭취 여부에 따른 건강문제 발생 정도를 확인할 수 있으므로 관찰연구 중 신뢰도가 가장 높은 방법으로 간주되고 있다.

사례-대조군 연구는 건강문제가 있는 대상자와 그렇지 않은 대상자를 비교한다. 두 군을 대상으로 과거의 식이 섭취를 조사해 해당 기능성 원료 또는 성분과 건강문제와의 관계를 추정하는 설계 방법이다. 일반적으로 건강문제가 발생하기 1년 전부터 섭취한 식품을 조사하게 되는데, 회상에 의존하고 과거부터 현재까지 식습관 변화가 없다는 것을 전제로 하기 때문에 결과 해석에 제한점이 있다. 코호트 연구보다는 신뢰도가 낮은 연구로 간주된다.

횡단연구는 건강문제가 있는 사람과 그렇지 않은 사람 모두를 대상으로 특정 시점에서 식이 정보를 수집하는 연구이다. 이 연구는 해당 건강문제와 가능성이 있는 식이 인자를 파악할 수 있으나, 식이조사 시점이 건강문제 발생 후에 이루어지므로 관심 있는 기능성 원료 또는 성분의 섭취가 건강문제의 발생 원인인지 혹은 결과인지를 판단하기 어렵다. 따라서 건강문제와 기능성 원료 또는 성분 간의 인과관계를 보여 주기 어려워 식이와 건강문제의 관계를 연구하는 데 있어서는 신뢰도가 높은 연구라고 볼 수 없다.

관찰연구의 질을 평가하는 요소

- 기능성 원료 또는 성분과 건강문제 사이의 상관성을 분석하는 데 필요한 정보가 적절히 수집되어야 한다. 이를 위해서는 섭취한 원료 또는 성분과 신체 내에 반영되는 양 사이에 용량 반응 관계가 명확해야 한다.
- 과학적으로 타당하고 검증된 식이조사 방법을 사용해야 한다. 24시간 회상법이 전체 그룹의 평균 섭취량을 조사하는 데 유용하더라도 이를 사용해 개인의 섭취량을 평가하는 것은 적절하지 않은 것으로 여긴다. 식품섭취빈도 조사는 식품의 종류와 조리 방법이 한정되어 있어 질문에 포함되지 않은 식품에 대한 섭취량 정보가 부정확할 수 있으나, 이러한 단점에도 불구하고 검증된 조사지는 과학적 결론을 도출하는 데 필요한 평가 방법으로 간주된다.
- 표시하고자 하는 기능성과 기능성 원료 또는 성분 간의 관계를 평가해야 한다. 관찰연구는 식이조사를 통해 대상자의 전체 식이 섭취량을 조사하게 되는데, 식품 내 성분 함량 정보를 제공하는 신뢰할 만한 데이터베이스가 제한적이므로 실제로는 식이에 함유된 특정 성분이 건강문제와 어떠한 상관성이 있는지 확인하기 어려운 경우가 많다.

3) 기능성 검증을 위한 바이오마커 선택

기능성 평가를 위해 사용하는 생체측정지표를 바이오마커라고 한다. 바이오마커는 생물학적으로 유용해야 하며, 측정 방법이 널리 인정된 것이어야 한다. 또한, 평가하고자 하는 기능성을 반영할 뿐만 아니라 민감도, 특이성 등을 파악할 수 있어야 한다. 사용된 바이오마커의 적합성은 때에 따라 달라질 수 있으며, 한 가지 바이오마커만으로는 기능성을 입증할 수 없는 경우가 많다. 바이오마커는 적합성뿐만 아니라 측정 방법의 신뢰도도 매우 중요하며, 다음과 같이 다양한 수준으로 활용이 가능하다.

첫째, 기능성 원료 또는 성분이 체내에 흡수되어 해당 기능성을 발현하는 경우, 이 성분이 체내에 반영되는지에 대한 확인이 매우 중요하다. 평가하고자 하는 기능성 원료에 함유된 대표 성분이나 혈액, 소변 등에서 확인할 수 있는 대사체 수준을 노출마커(markers of exposure to functional ingredients)로 활용하는 것이 일반적이다.

둘째, 평가하고자 하는 기능성 및 관련 생물학적 반응을 확인할 수 있는 마커(markers of target function/biological response)를 활용할 수 있다. 체내에서 발현되는 다양한 생리학적·생물학적 변화를 반영한 마커를 통해 기능성 원료의 섭취가 건강에 긍정적인 영향을 주는지 확인되고 과학적 검증이 이루어지면, "○○○ 추출물은 식후 혈당을 건강하게 유지하는 데 도움을 준다." 등의 생리활성기능 표시를 할 수 있게 된다.

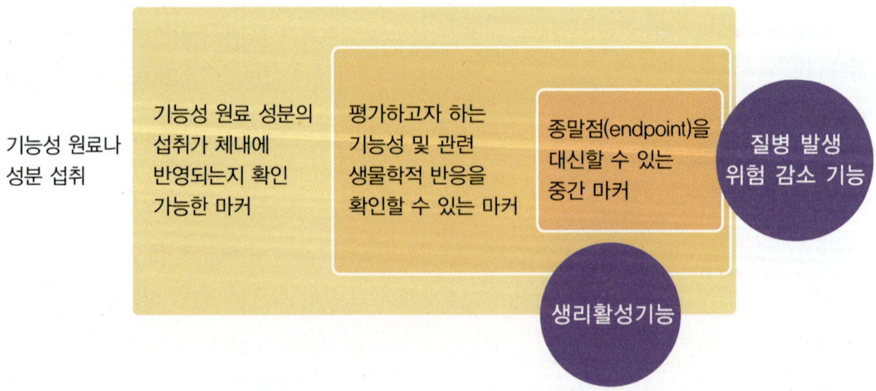

그림 3-3 기능성 표시를 위한 바이오마커

4 인체적용시험평가

「건강기능식품에 관한 법률」에 따라 「건강기능식품공전」에 등재되지 않은 원료나 성분은 안전성 및 기능성에 대한 과학적 자료 제출을 통해 '개별인정형 기능성 원료 또는 성분'으로 인정될 수 있다. 이를 위해 '건강기능식품 기능성 원료 및 기준·규격 인정에 관한 규정'에 따라 인체를 대상으로 한 기능성 자료로서 중재시험 또는 관찰시험 등의 인체적용시험 자료를 제출해야 한다. 시험식품의 안전성과 기능성을 입증하기 위해 사람을 대상으로 실시하는 시험 또는 연구를 인체적용시험(human study)이라 일컫는다. 인체적용시험은 「생명윤리 및 안전에 관한 법률」을 준수해야 하며 식품의약품안전처에 인체적용시험 자료를 제출하고자 할 경우에는 국제임상시험 관리기준(ICH GCP)에 따라 IRB(기관생명윤리위원회)의 승인을 받은 인체적용시험 계획에 의해 수행된 인체적용시험의 최종 보고서를 제출해야 한다.

1) 인체적용시험의 기본 원칙

「생명윤리 및 안전에 관한 법률」 제1장 제3조에 따라 인체적용시험은 다음의 기본 원칙을 준수해야 한다.

인체적용시험의 기본 원칙(「생명윤리 및 안전에 관한 법률」 제1장 제3조)

- 인체적용시험은 인간의 존엄과 가치를 침해하는 방식으로 해서는 안 되며, 연구대상자 등의 인권과 복지를 우선적으로 고려해야 한다.
- 연구대상자의 자율성은 존중되어야 하며, 연구대상자의 자발적인 동의는 충분한 정보에 근거해야 한다.
- 연구대상자의 사생활은 보호되어야 하며, 사생활을 침해할 수 있는 개인정보는 당사자가 동의하거나 법률에 특별한 규정이 있는 경우를 제외하고는 비밀로 보호되어야 한다.

- 연구대상자의 안전은 충분히 고려되어야 하며, 위험은 최소화되어야 한다.
- 취약한 환경에 있는 개인이나 집단은 특별히 보고받아야 한다.
- 생명윤리와 안전을 확보하기 위해 필요한 국제 협력을 모색해야 하고, 보편적인 국제 기준을 수용하기 위해 노력해야 한다.

2) 시험의 수행

(1) 시험 진행 절차

인체적용시험은 계획 수립, 계획서를 비롯한 연구 관련 문서 IRB 제출 및 승인, 시험 수행, 통계분석 및 결과보고서 작성, 결과보고서 IRB 제출 및 승인으로 진행된다(그림 3-4).

1 시험 계획 수립 및 관련 서류 작성

- 연구자 자료집: 평가하고자 하는 시험식품에 관련된 모든 정보*를 포함하는 연구자 자료집을 작성한다.
  * 원료 제조 등에 대한 자료, 안전성 자료, 기능성 자료 등
- 연구계획서: 인체적용시험에서 고려해야 할 주요 사항*을 기술한 연구계획서를 작성한다.
  * 연구 목적, 가설, 연구대상자 선정 및 제외 기준, 연구대상자 수, 연구 설계, 섭취기간 및 섭취 방법, 방문 횟수, 식이 제한 및 식이 조사, 기능성 평가지표, 안전성 평가지표, 통계분석 방법 등
- 동의설명문 및 동의서: 연구대상자 동의에 필요한 동의설명문 및 동의서를 작성한다. 「생명윤리 및 안전에 관한 법률」 제3장 제16조에 따라 연구대상자들에게 다음 내용이 포함된 서면 동의를 받아야 한다.
  - 연구의 목적
  - 연구대상자의 참여 기간, 절차 및 방법
  - 개인정보 보호에 관한 사항
  - 연구 참여에 따른 손실에 대한 보상
  - 개인정보 제공에 관한 사항
  - 동의의 철회에 관한 사항
  - 그 밖에 IRB가 필요하다고 인정하는 사항

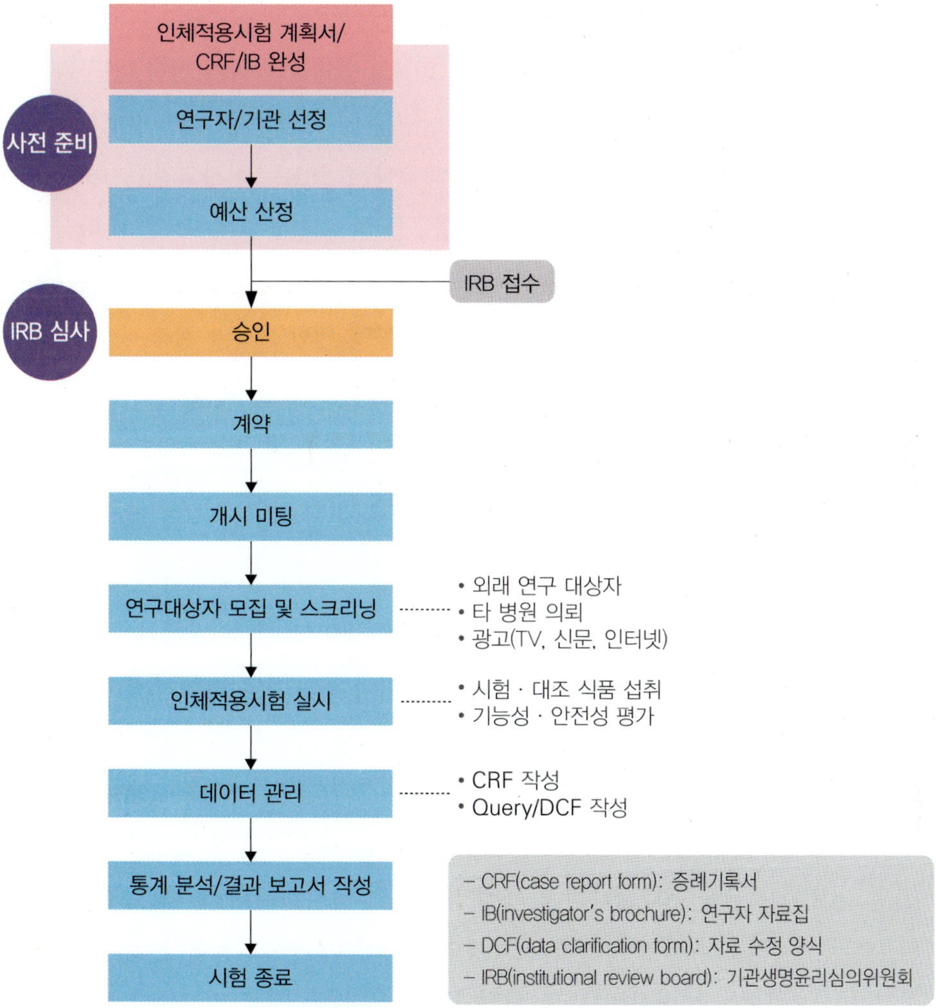

그림 3-4 인체적용시험의 진행 절차

- 증례기록서: 해당 연구로부터 수집되는 정보*를 기재할 증례기록서 양식을 작성한다. 증례기록서는 연구대상자들이 방문 순서대로 기입하도록 작성한다.
  * 인구학적 정보, 기능성 및 안전성 평가 결과 등
- 기타 서류: 연구에 사용되는 기타 자료*를 준비한다.
  * 연구대상자 모집 공고문, 연구대상자 설문지 등

2 IRB 제출 및 승인

인체적용시험을 실시하기 위해서는 반드시 IRB의 승인을 받아야 한다. 연구자 자료집, 연구계획서, 증례기록서, 연구대상자 동의설명문 및 동의서 등 연구 진행과 관련된 주요 문서를 IRB에 제출한다. IRB에 서류를 제출한 후 IRB는 심사의견통지서를 의뢰자와 연구자에게 보낸다. 심의 결과에 따라 연구를 바로 진행할 수도 있고, 다시 보완 서류를 제출해야 할 수도 있다. 제출한 서류에 대해 IRB의 승인을 받은 후에는 연구 개시(연구대상자 모집 시작)가 가능하다. 제출 서류에 대한 IRB의 최초 승인 후에 변경사항이 발생할 경우(예 연구계획서 내용 변경, 연구대상자 동의설명문 내용 변경 등)에는 해당 사항을 IRB로부터 제출해 승인받아야 변경된 내용으로 진행할 수 있다.

3 연구대상자 모집 및 진행

IRB 승인 후에는 연구계획서에 따라 연구대상자를 모집하기 시작한다. 연구대상자 모집에 사용되는 광고는 반드시 사전에 IRB 승인을 받아야 한다. 계획서에 명시된 연구대상자를 빠른 시간 안에 모집하는 것은 시간이나 비용적인 면에서 인체적용시험 수행의 중요한 요소이다.

연구계획서에 명시된 방법에 따라 연구대상자를 모집할 때는 연구대상자들의 동의를 획득한다. 동의 획득은 연구 책임자 혹은 연구 책임자가 지명한 연구자가 연구대상자(또는 필요한 경우 연구대상자의 법적 대리인)에게 충분히 정보를 제공한 후 받아야 하며, 모든 인체적용시험 관련 절차가 시행되기 전에 이루어져야 한다. 연구대상자는 계획서에서 요구되는 시험식품 섭취, 시험기관 방문, 각종 검사 및 진행절차, 기타 준수해야 할 사항을 불편하게 느낄 수 있으므로 이러한 내용을 사전에 자세히 설명해야 한다. IRB로부터 승인받은 동의설명문 내용을 대상자에게 상세히 설명한 다음 대상자와 연구자가 각각 동의서에 성명, 서명, 날짜를 기재한다.

서명된 동의서 원본은 반드시 연구자가 보관해야 하며, 복사본을 연구대상자에게 제공해야 한다.

동의한 대상자는 연구계획서에 기술된 절차와 방법에 따라 연구에 참여하게 된다.

즉, 선정된 대상자는 시험군(시험식품 섭취군) 또는 대조군(대조식품 섭취군)으로 무작위로 배정된 다음 계획된 기간 동안 해당 식품을 섭취하고 필요한 검사와 조사를 받는다.

연구자는 연구계획서에 준해 연구를 수행하고, 연구 진행과정에서 획득된 자료는 증례기록서에 기록해야 한다. 연구 수행 전반에 걸쳐 의뢰사(社) 또는 의뢰사가 지정한 CRO(임상시험수탁기관)는 연구계획서에 따라 연구가 잘 수행되고 있는지 모니터링한다.

4 통계분석 및 결과보고서 작성

마지막 연구대상자의 최종 방문이 완료되고 계획된 모든 자료가 수집된 후 계획서에 따라 통계분석을 수행한다. 관련 데이터를 연구 목적에 맞게 해석하고 결과보고서를 작성한다.

5 결과보고서 IRB 제출 및 승인

완성된 결과보고서를 IRB에 제출해 승인을 획득한다.

용어 정의

용어	정의
인체적용시험 (human study)	시험식품의 안전성과 기능성을 입증하기 위해 사람을 대상으로 실시하는 시험
중재연구 (intervention study)	일정한 특성을 갖는 인구 집단의 대상자들에게 중재(예 시험식품 섭취)를 한 후, 시험 기간 종료 시점에서 중재로 인한 결과를 비교하는 연구
관찰연구 (observational study)	역학연구에서 특정 요인(예 식습관)이 특정 인구 집단의 대상자들에게 미치는 효과를 평가하기 위해 일정 기간 대상자들을 관찰하는 연구
연구자 자료집 (investigator's brochure)	인체적용시험에 사용되는 식품에 관련된 정보(원료 정보, 안전성 및 기능성 정보 등)를 정리해 연구자에게 제공하는 자료집
인체적용시험 계획서 (protocol)	인체적용시험의 배경이나 근거를 제공하기 위해 인체적용시험의 목적, 연구 방법론, 통계 방법, 관련 조직 등을 기술한 문서
증례기록서 (CRF: case report form)	연구계획서에서 요구한 정보를 연구대상자별로 기록해 의뢰자에게 전달할 목적으로 인쇄하거나 전자화한 문서

시험식품(test food)	인체적용시험에서 평가할 식품
대조식품(placebo)	시험식품과 비교할 목적으로 사용하는 식품
인체적용시험윤리위원회 (IRB: institutional review board, 기관생명윤리심의위원회)	계획서 또는 변경계획서, 연구대상자로부터 서면 동의를 얻기 위해 사용하는 방법이나 제공되는 정보를 검토하고 지속적으로 이를 확인함으로써 인체적용시험에 참여하는 연구대상자의 권리·안전·복지를 보호하기 위해 설치된 독립적 상설위원회
연구자 (investigator)	연구 책임자, 공동연구자, 연구 담당자 등
인체적용시험기관 (institution)	실제로 인체적용시험이 실시되는 기관
의뢰자 (sponsor)	인체적용시험의 계획, 관리, 재정 등에 관련된 책임이 있는 자로서 원료 제조 또는 수입업자 등
인체적용시험 수탁기관 (CRO: contract research organization)	계약에 의해 인체적용시험과 관련된 의뢰자의 임무나 역할의 일부 또는 전부를 위임받아 대행하는 개인이나 기관
모니터 요원(monitor)	인체적용시험의 모니터링을 담당하기 위해 의뢰자가 지정한 자
연구대상자(subject)	인체적용시험에 참여해 연구의 대상이 되는 자
취약한 환경에 있는 연구대상자 (vulnerable subject)	인체적용시험 참여와 관련한 이익에 대한 기대 또는 참여를 거부하는 경우 상급자로부터 불이익을 우려해 자발적 참여 결정에 영향을 받을 가능성이 있는 연구대상자(예 연구자 소속과의 학생, 해당 의료기관 또는 연구소 근무자, 의뢰사 직원, 군인, 수감자)나 불치병에 걸린 사람, 집단시설 수용 중인 자, 실업자, 빈곤자, 응급상황에 처한 환자, 미성년자 등 자유의지에 의해 동의를 할 수 없는 연구대상자
연구대상자의 대리인 (legally acceptable representative)	연구대상자의 친권자, 배우자 또는 후견인으로서, 대상자를 대신해 대상자의 인체적용시험 참여 유무를 결정할 수 있는 사람
연구대상자 동의 (informed consent)	연구대상자가 인체적용시험 참여 유무를 결정하기 전에 연구대상자를 위한 설명서를 통해 해당 인체적용시험과 관련된 모든 정보를 제공받고 성명, 서명, 날짜가 포함된 문서를 통해 본인이 자발적으로 인체적용시험에 참여함을 확인하는 절차
연구대상자 동의설명문	연구 책임자가 인체적용시험 참여에 대한 연구대상자의 동의를 받기 위해 대상자에게 해당 시험과 관련된 모든 정보를 담아 제공하는 문서

연구대상자 식별코드 (subject identification code)	연구대상자 식별코드는 연구대상자의 신원을 보호하기 위해 연구 책임자가 각각의 연구대상자에게 부여한 고유 식별기호로, 인체적용시험 관련 자료를 보고할 경우 성명 대신 사용하는 것
개인식별정보(personally identifiable information)	연구대상자의 성명 · 주민등록번호 등 개인을 식별할 수 있는 정보
개인정보 (personal information)	개인식별정보, 유전정보 또는 건강에 관한 정보 등 개인에 관한 정보
순응도 (compliance)	인체적용시험 계획서에 따라 인체적용시험을 실시하는 것
모니터링 (monitoring)	인체적용시험 진행과정을 감독하고, 해당 인체적용시험이 계획서, 표준작업지침서, 인체적용시험 관리 기준, 관련 규정에 따라 실시 · 기록되었는지 확인하는 활동
근거 자료 (source data)	인체적용시험을 재현 또는 평가하는 데 필요한 관련 임상 소견 · 관찰 · 기타 행위 등이 기록된 원본 또는 원본의 공식 사본에 담겨 있는 모든 정보
근거문서 (source document)	인체적용시험 계획서에 따라 수집되는 검사 결과 자료, 대상자 일지, 시험식품/대조식품 불출 기록 등과 같이 근거 자료를 담고 있는 모든 문서(전자문서 포함)와 자료, 기록
이상 반응 (AE: adverse event)	인체적용시험에 사용되는 식품을 섭취하는 연구대상자에게 발생한 모든 유해하고 의도하지 않은 증후(실험실 실험 결과의 이상 등을 포함) 및 증상 등을 말하며, 해당 식품과 반드시 인과관계가 있어야 하는 것은 아님
중대한 이상 반응 (SAE: serious ae)	인체적용시험에 사용되는 식품의 임의 용량에서 발생한 이상 반응 중 다음의 어느 하나에 해당하는 경우 • 사망하거나 생명에 위험이 발생한 경우 • 입원할 필요가 있거나 입원 기간을 연장할 필요가 있는 경우 • 영구적이거나 중대한 장애 및 기능 저하를 가져온 경우 • 태아에게 기형 또는 이상이 발생한 경우
인체적용시험 결과보고서	인체적용시험에서 얻은 결과를 기술한 문서

3) 인체적용시험 계획 시 고려 사항

인체적용시험 계획서에는 다음의 내용이 포함되어야 한다.

(1) 연구 목적과 가설

인체적용시험을 진행할 때 연구 목적과 가설을 설정한다. 예를 들어, 수행하고자 하는 연구의 목적을 '혈중 중성지질 개선을 위한 기능성 원료의 효과 평가', 연구의 가설은 '해당 기능성 원료의 혈중 중성지질 개선 효과가 대조식품의 효과와 차이가 있음'으로 설정할 수 있다.

(2) 연구 설계

연구결과의 신뢰성은 설계에 크게 좌우된다. 결과의 신뢰성을 높이기 위해서는 인체적용시험의 계획, 시행, 분석 및 결과 해석 등의 과정에서 효과의 추정치를 참값에서 벗어나게 만드는 요소를 최소화해야 한다.

1 눈가림

눈가림(blind) 방법에는 연구대상자 자신은 어느 그룹에 배정되었는지 모르지만 연구자는 대상자가 배정된 그룹을 알고 시험을 진행하는 단일눈가림과, 연구자와 대상자 모두 어느 시험그룹에 배정되었는지 모르는 이중눈가림이 있다.

2 무작위 배정

무작위 배정(randomization)이란 연구대상자를 각 군에 무작위로 배정하는 것으로 주사위나 난수표를 이용해 뽑힌 숫자에 따라 연구대상자를 배정하는 단순 무작위 배정과 군당 연구대상자 수를 거의 같게 하여 각 군 사이의 비교성을 증가시키는 방법인 블록 무작위 배정이 있다.

3 평행설계 및 교차설계

인체적용시험의 설계에는 평행설계와 교차설계라는 2가지 유형의 기본적인 설계가 있으며 연구의 특성에 따라 시험 설계를 결정하게 된다. 평행설계(parallel design)는 연구대상자가 하나의 군(시험군 또는 대조군)에만 배정되어 시험에 참여하는 것이다. 평행설계는 결과를 빨리 얻을 수 있다는 장점이 있으나, 교차설계와 같은 통계적 검증력을 얻기 위해서는 더 많은 대상자를 필요로 하는 단점이 있다.

교차설계(cross-over design)는 연구대상자가 2가지 이상의 군에 순차적으로 배정되어 시험에 참여하는 것으로 연구대상자 각자가 대조군이 된다. 이 설계의 장점은 한 연구대상자가 대조군과 시험군에 배정되어 동일한 바이오마커를 반복해 측정함으로써 통계적 검정력을 높인다는 것이다.

(3) 연구대상자 선정 및 제외 기준

인체적용시험에서 연구대상자를 정확하고 타당하게 선정하는 것은 인체적용시험의 계획에서 매우 중요한 단계로, 연구대상자를 시험에 포함시키는 선정 기준(inclusion criteria)과 시험에서 제외시키는 제외 기준(exclusion criteria)에 의해 연구대상자의 시험 참여 여부가 평가된다.

연구대상자는 시험 목적에 따라 시험식품의 효과를 입증하고자 하는 대상자 집단을 대표해야 한다. 이를 위해 대상자 집단의 연령, 성별, 인종, 체중 · 체질량지수(BMI: body mass index), 혈중 지질과 같은 혈액학적 특성, 질병력, 약물복용 여부, 건강기능식품 섭취 여부, 신체활동 수준, 흡연 여부, 음주 여부, 카페인 섭취 여부 등을 고려해 선정 · 제외 기준을 설정한다.

일반적으로 건강기능식품의 연구대상자는 특정 질병을 가진 환자가 아니라 질병에 걸릴 위험성이 높은 사람으로 설정한다. 이때 정상인과 질병의 위험성이 높은 사람을 구분하는 것이 중요하다.

연구대상자 선정 및 제외 기준은 객관적이고 구체적으로 설정되어야 한다. 기준을 완화하면 연구대상자 모집이 보다 쉽고 연구결과를 일반화하는 데 유리할 수 있지만,

다양한 특성의 연구대상자가 포함되어 연구결과를 의미 있게 해석하는 것이 어려울 수 있고 연구 목적이 불분명해질 수 있다. 반면, 선정 및 제외 기준이 엄격하면 결과 해석에는 유리하지만, 충분한 수의 연구대상자 모집이 어려워질 수 있다.

(4) 연구대상자 수 산정

1 연구대상자 수 산정 시 고려 사항

인체적용시험의 연구대상자 수를 산정할 때 다음의 사항을 고려해야 하며, 그에 대한 근거 자료와 참고문헌이 자세하게 제시되어야 한다.

① 연구설계의 종류

연구설계(평행설계, 교차설계 등)에 따라 연구대상자 수가 다르게 산출된다.

② 기능성 평가변수의 종류

기능성 평가변수는 인체적용시험에서 건강기능식품의 기능성으로 인한 시험군과 대조군의 차이를 확인하기 위한 변수로 크게 연속형 변수와 범주형 변수로 나눌 수 있다. 연속형 변수는 혈압, 혈당량, 체중 등의 실수 값을 갖는 변수를 말하며 범주형 변수는 생사 여부, 질병 발생 여부, 흡연 여부 등 몇 가지 범주 중 하나의 값을 갖는 변수를 말한다. 기능성 평가변수의 형태에 따라 연구대상자 수를 산정하는 공식과 인체적용시험이 끝난 후 통계분석 방법이 달라지게 된다.

③ 시험집단의 수

몇 개의 시험군을 대조군과 비교할 것인지도 연구대상자 수 산정에서 고려해야 할 사항이다. 이는 연구설계에서의 귀무·대립가설과도 관계가 있으며 이를 검정하기 위한 검정통계량과도 관계가 있다.

④ 시험군 · 대조군의 할당비

시험군 · 대조군의 할당비는 시험군과 대조군에 연구대상자를 어떻게 할당할 것인지를 의미하며 대부분 1:1 할당으로 시험군과 대조군의 수를 동일하게 한다.

⑤ 귀무가설과 대립가설

귀무가설은 검정의 대상이 되는 가설로 기존의 주상을 반영하게 된다. 이에 반해 대립가설은 연구 목적에 해당하는 것으로 인체적용시험을 통해 주장하고자 하는 내용을 반영하게 된다. 건강기능식품의 인체적용시험에서 귀무가설과 대립가설을 어떻게 세우느냐에 따라 다른 형태의 검정이 된다. 그리고 각 검정에 대해 연구대상자 수를 산출하는 공식이 달라지게 된다. 예를 들면, 차이검정이란 시험군과 대조군에서 건강기능식품의 효과가 차이가 있는지를 확인하기 위한 검정으로 μ_t를 시험군에서의 기능성 평가변수의 평균값, μ_c를 대조군에서의 기능성 평가변수의 평균값이라 할 때 차이검정에 대한 귀무가설 H_0과 대립가설 H_1에서 검정력은 다음과 같다.

$$H_0 : \mu_t = \mu_c \quad \text{vs.} \quad H_1 : \mu_t \neq \mu_c$$

⑥ 오류의 크기(유의수준 및 검정력)

가설검정 시 문제가 되는 오류는 다음과 같다. 첫째, 가장 문제가 되는 오류로 H_0이 참일 때 H_1을 기각하게 되는 경우이다. 이때의 오류를 제1종 오류로 정의한다. 둘째, H_1이 거짓임에도 불구하고 H_0을 기각하지 못하는 경우이다. 이를 제2종 오류라고 한다. 이는 우리가 밝히고 싶은 새로운 가설인 H_0을 밝히지 못하게 하는 오류로 이에 반대되는 상황, 즉 H_0이 거짓일 때 H_0을 기각하는 것을 가설검정의 검정력(power)으로 정의한다.

이는 잘못된 귀무가설을 기각하는 능력으로 올바른 가설검정을 할 수 있는 것을 의미한다. 연구대상자 수 산정을 위해서는 제1종 오류를 미리 정해 놓은 오류의 한계보다 커지지 않도록 결정한다. 이때 오류의 한계를 유의수준이라고 한다. 또한, 가설검정력은 일정 수준 이상이 되도록 하는데, 대체로 제1종 오류는 5% 이하, 검정력은 80% 이상이 되도록 설정한다.

⑦ 중도탈락률

인체적용시험을 진행하다 보면 중도탈락자가 발생하게 된다. 특히, 인체적용시험 기간이 길어질수록 탈락자가 많아지게 된다. 중도탈락자는 인체적용시험에서 검정력을 낮추는 결과를 가져오므로 미리 중도탈락률을 예상하여 이를 반영한 연구대상자 수를 인체적용시험에 참여시켜야 한다.

용어 정의

용어	정의
가설검정 (statistical hypothesis testing)	알려지지 않은 모수에 대한 주장이나 진술이 옳고 그름을 판단하는 과정
대립가설 (alternative hypothesis)	연구자가 입증하고자 하는 가설. 즉 기존의 이론이나 다른 사람들의 주장과 반대되는 가설, H_1
귀무가설 (null hypothesis)	연구자가 입증하고자 하는 주장이나 생각에 반대되는 가설, '차이가 없다' 등으로 표현되는 가설, H_0
단측검정(one-side test)	대립가설이 '더 크다' 또는 '더 작다'와 같이 하나의 방향에 대한 검정
양측검정(two-side test)	대립가설이 '다르다' 또는 '차이가 있다'와 같이 양쪽 방향에 대한 검정
제1종 오류(type Ⅰ error)	귀무가설이 참인데도 불구하고 귀무가설을 기각하는 것
제2종 오류(type Ⅱ error)	대립가설이 참인데도 불구하고 귀무가설을 기각하지 않는 것
유의수준(significant level)	제1종 오류의 최대허용한계(통상 5%)
검정력(power)	귀무가설이 올바르게 기각될 확률. 즉, 실제로 효과가 있거나 연관이 있을 때 효과가 없다는 귀무가설을 기각하는 것을 의미. 보통 80% 또는 90%로 설정
연구대상자 수	인체적용시험에서 요구되는 연구대상자의 수

2 연구대상자 수 산정 방법

연구대상자 수를 선정하는 계산 방법은 앞에서 설명한 요소에 따라 달라지며, 대표적인 예시로 두 군을 비교하는 평행설계 연구이면서 기능성 평가변수가 연속형 변수일 때의 차이검정과 이에 따른 연구대상자 수의 산정 방법은 다음과 같다.

μ_1을 시험군에서의 기능성 평가변수 평균값, μ_c를 대조군에서의 기능성 평가변수의 평균값이라 할 때 차이검정은 시험군과 대조군에서 건강기능식품의 효과가 차이가 있는지를 보기 위한 검정이다. 이때 대조군의 연구대상자 수인 n_c와 시험군의 연구대상자 수인 n_1의 산출공식은 다음과 같다.

$$n_c = kn_t, \qquad n_t = \frac{(z_{\alpha/2} + z_\beta)^2 \sigma^2 (1 + 1/k)}{(\mu_1 - \mu_c)^2}$$

여기서 k는 시험군/대조군의 할당비로 대부분 1을 설정하게 된다. α는 유의수준으로 제1종 오류를 α 이하로 유지시키는 연구대상자 수를 산출하게 된다. 대부분의 경우 $\beta = 0.05$로 설정한다. β는 검정력을 나타내는 것으로 제2종 오류를 $1 - \beta$ 이하로 유지하게 된다. 제2종 오류는 제1종 오류에 비해 심각한 오류가 아니므로 대부분의 경우 $\beta = 0.8$로 설정한다. 이 공식을 이용할 때의 가정은 시험군과 대조군에서 기능성 평가변수의 분산이 같다는 것이다. 이를 σ^2으로 나타내며 이 값을 알아야 연구대상자 수를 산출할 수 있다. 또한, 시험군에서의 기능성 평가변수의 평균값인 μ_1과 대조군에서의 기능성 평가변수의 평균값인 μ_c값도 알고 있어야 한다. 대개 μ_t, $\mu_c\sigma^2$은 선행 연구논문의 결과를 사용한다.

(5) 섭취기간 및 측정 주기

섭취기간(시험기간) 및 측정 주기를 설정하기 위해서는 해당 기능성 원료와 확인하고자 하는 기능성의 특성을 파악해야 한다. 기능성 원료가 작용할 수 있도록 기능성 원료에 노출되는 기간이 충분해야 하며, 기능성에 따라 기대하는 효과가 나타나는 시점이 다르므로 관찰하는 기간도 충분히 고려해야 한다. 즉, 확인하고자 하는 기능성에 따라 측정 주기가 달라질 수 있다.

(6) 섭취량 및 섭취 방법

기능성 식품의 섭취량 설정을 위해서는 기능성 원료의 기능성과 안전성을 고려해야 하고, 효과를 보이는 최소한의 섭취량이 일상적인 섭취 패턴에서 섭취 가능한 용량인지도 검토해야 한다. 섭취량 설정을 위해 참고할 수 있는 자료는 다음과 같다.

섭취량 설정 참고 자료

- 용량 반응관계를 연구한 기존의 인체적용시험 결과
- 기존에 판매되는 제품이라면, 판매되고 있는 섭취 수준을 참고할 수 있음
- 동물실험이나 관찰 연구결과에서 외삽법(extrapolation)을 활용할 수 있음

만약 섭취량을 설정하기 위한 참고 자료가 부족하다면 선행연구(pilot study)를 통해 적절한 용량을 선정한 후 본 시험을 수행하는 것이 바람직하다.

(7) 식습관 조사

기능성 식품의 인체적용시험 기간에 연구대상자의 식사를 제한할 필요가 있다면 식사 지침 및 식사교육 방법을 정한다. 그러나 인체적용시험은 사람을 대상으로 시행하므로 시험의 통제뿐만 아니라 유의적인 결과를 얻기가 매우 어렵다. 그러므로 신중한 시험 설계를 통해 시험과정에서 오차를 최소화해야 한다. 식이 섭취 조사를 통해 시험 기간 동안 대상자들의 식품 섭취 내용을 파악하거나 식사 제한을 통해 기능성 물질과 유사한 다른 식품 등을 섭취하지 않도록 제한하는 것이 정확한 연구결과를 얻는 데 매우 중요하다.

(8) 기능성 평가

기능성 평가 변수의 종류, 측정 방법 및 평가시기 등을 계획서에 기술해야 한다.

(9) 안전성 평가

안전성 평가 변수의 종류, 측정 방법 및 평가시기 등을 계획서에 기술해야 한다. 안전성 평가에는 활력 징후(혈압, 체온, 맥박), 혈액 및 요에서의 임상병리검사, 이상 반응 조사 등이 활용된다.

(10) 통계 분석

분석 대상군과 이에 대한 통계 분석 방법을 명확히 기술해야 한다.

4) 인체적용시험 진행 중 고려 사항

(1) 연구대상자 관리

연구대상자가 등록되면 가능한 한 모든 사람이 완료될 때까지 연구에 참여하도록 해야 한다. 연구 담당자는 연구대상자가 중도에 탈락하지 않도록 노력해야 하며, 배부된 식품을 계획대로 잘 섭취하여 순응도를 유지하게 한다. 연구자는 성공적인 인체적용시험을 위해 연구대상자가 연구에 잘 참여할 수 있도록 관리해야 하며, 연구자와 연구대상자 간의 존중과 예의, 정직한 의사소통으로 연구가 성공적으로 완료되게 해야 한다.

(2) 문서 관리

인체적용시험에서 문서 기록은 연구가 계획서대로 진행되었음을 입증하는 것이므로 매우 중요하다. 인체적용시험에서 다루는 주요 문서는 증례기록서와 근거문서(source document)이다. 증례기록서는 인체적용시험 기간에 수립된 연구대상자의 자료를 기록하기 위해 사용되는 양식으로 연구의 질을 결정하는 중요한 요소이므로 정확하게 작성해야 한다. 근거문서는 인체적용시험 계획서에 따라 수집되는 검사결과 자료, 대상자 일지, 시험식품·대조식품 불출 기록 등과 같이 근거 자료를 담고 있는 모든 문서(전자문서 포함), 자료, 기록을 말한다. 이러한 근거문서를 기록하는 목적은 연구대상자가 연구에 참여하고 있음을 증명하고 근거문서의 정보가 증례기록서의 자료와 일관성을 갖는지 증명하는 것이다.

(3) 모니터링

모니터링(Monitoring)은 인체적용시험 진행 과정을 감독하고, 해당 인체적용시험이 계획서, 표준작업지침서, 인체적용시험 관리 기준 및 관련 규정에 따라 실시되고 기록되었는지를 확인하는 활동으로 의뢰자가 지정한 사람이 시행한다. 모니터링의 책임은 의뢰자에게 있으며, 의뢰자는 자격이 있는 모니터링 요원을 지정해야 한다. 모니터 요원은 해당 인체적용시험을 모니터링하기에 적합한 과학적 또는 임상적인 지식을 소유한 자로 적절한 훈련을 받은 자이어야 한다. 모니터 요원의 역할은 다음과 같다.

모니터 요원의 역할

- 연구대상자의 권리와 복지 보호(예 연구대상자가 인체적용시험에 참여하기 전에 동의서에 서명했는지 확인)
- 의뢰자와 연구자의 주요 의사소통자로서의 역할
- 연구자가 인체적용시험의 제반 사항을 충분히 숙지하고 있는지 확인하고 교육을 시행
- 연구자가 승인된 연구계획서 또는 변경된 연구계획서를 준수하고 있는지 확인
- 근거문서 및 그 밖의 인체적용시험 관련 기록이 정확하고 완전하며 최신 사항이 반영되도록 유지되고 있는지를 확인
- 인체적용시험 계획서에서 요구한 자료가 증례기록서에 정확히 기재되고 있으며, 근거문서와 일치하는지를 확인
- 연구대상자 모집 현황 파악
- IRB 관련 업무 수행(예 중대한 이상 반응 보고 등)

(4) 이상 반응과 중대한 이상 반응의 보고 및 관리

기능성 식품의 인체적용시험 중 이상 반응과 중대한 이상 반응의 보고 및 관리는 건강기능식품의 안전성 평가와 인체적용시험에 참여하는 연구대상자의 보호를 위해 매우 중요하며 연구자의 중요한 의무이다. 연구자는 연구 기간 중 발생하는 이상 반응과 중대한 이상 반응을 면밀히 검토해야 하며, 필요시 연구대상자에게 적절한 조치를 취해야 한다. 또한, 인체적용시험 계획서, 표준작업지침서, 인체적용시험 관리 기준 및 관련 규정에 따라 IRB와 의뢰자에게 보고하도록 한다.

(5) 자료 관리

인체적용시험에서의 자료 관리는 모니터링을 통한 증례기록서 입력 자료의 검증을 비롯해 연구 종료 후 증례기록서에 입력된 자료의 데이터베이스 입력과 검증을 포함한다. 연구가 종료되면 증례기록서는 의뢰사나 의뢰사가 지정한 CRO로 전달되어 통계분석을 위한 데이터베이스를 생성하게 된다. 자료의 평가와 분석과정을 거쳐 최종 데이터베이스 생성이 완료되면 데이터베이스를 마감(locking)한 후 통계분석을 수행한다.

(6) 문서 보관

인체적용시험이 끝나면 연구와 관련된 문서를 안전한 곳에 일정 기간 보관한다. 이때 계획서 번호, 의뢰자, 연구 제목, 연구자 성명, 연구 종료일 등을 기재해야 하며 보관 장소에 관한 기록도 남겨 필요시 문서를 찾을 수 있도록 한다.

5) 통계 분석 및 결과 보고 시 고려 사항

(1) 통계 분석

자료에 대한 통계 분석 방법은 계획서에 기술되어야 하며 기술된 통계 분석 방법에 따라 자료를 분석해야 한다.

1 분석 대상군

분석 대상군(analysis set)은 분석에 포함될 연구대상자 집단은 인체적용시험 계획서의 통계분석 부분에서 정의되어야 한다. 모든 연구대상자가 무작위로 배정되어 탈락 없이 완료하는 것이 이상적이지만 실제로는 그렇지 않다. 실험계획상의 오류를 최소화하고 제1종 오류가 커지는 것을 억제하는 원칙에 따라 분석 대상군을 결정한다. 분석 대상군으로는 무작위 배정된 연구대상자군(ITT)과 계획서 순응 연구대상자군(PP)이 있다.

용어 정의

무작위 배정된 연구대상자군 (ITT: intention-to-treat)	인체적용시험 대상자로 선정되어 무작위 배정을 받은 모든 대상자를 분석에 포함
계획서 순응 연구대상자군 (PP: per-protocol)	인체적용시험 계획서에 기술된 절차를 모두 마치고 순응한 대상자만 분석에 포함

2 변수의 종류

인체적용시험 과정 중에 나타낼 수 있는 변수는 크게 연속형 변수(continuous variable)와 범주형 변수(categorical variable)로 나눈다. 연속형 변수는 혈압, 혈당, 체중 등의 실수 값을 갖는 변수이고 범주형 변수는 성별, 음주 여부, 흡연 여부, 증상 개선 여부 등 특정 범주 중 하나의 범주에 해당하는 변수이다. 또 변수가 통계분석에서 가지는 의미에 따라 독립변수와 종속변수로도 나눌 수 있다. 독립변수는 연구자가 결과의 변화를 관찰하기 위해 이용하며 설명변수, 예측변수라고도 부른다. 종속변수는 인체적용시험의 결과를 나타내는 관심 대상이 되는 변수로 반응변수라고도 부른다. 통계 분석 방법은 독립변수와 종속변수의 종류와 형태에 따라 달라지게 된다.

3 자료의 분포

자료의 분포는 통계분석 시 주요하게 고려해야 한다. 자료가 연속형 변수일 때 정규분포를 이루는 것은 자료의 형태가 단봉 형태의 종 모양(bell-shape)이며 평균을 중심으로 좌우대칭인 경우를 말한다. 자료가 정규분포를 이루는 경우 모수분석(parametirc analysis)을 하며, 자료가 정규분포를 이루지 않는 경우 로그(log)나 제곱근(square root)

등의 방법으로 적절하게 자료를 변환한 다음 모수적 방법으로 분석을 하거나 비모수적 방법(non-parametric analysis)으로 분석한다.

(2) 결과 보고 시 고려 사항

인체적용시험 결과 보고 시에는 다음의 내용이 포함되어야 한다.

1 요약문

연구 설계, 방법, 결과, 결론에 대한 체계적인 요약

2 연구의 배경 및 목적

- 연구의 과학적 배경 및 근거
- 연구의 목표 및 가설

3 연구 방법

- 연구 설계: 대상자 배정 비율 등을 포함한 설계(평행설계, 교차설계 등)
- 연구대상자: 연구대상자 선정 · 제외 기준
- 중재: 각 군에 시행된 중재 방법 및 시기
- 결과: 결과 변수 측정시기 및 방법
- 대상자 수 산출: 대상자 수 산출 방법
- 무작위 배정
  - 무작위 배정번호 생성 방법
  - 무작위 배정의 종류(예 블록 배정, 블록 사이즈 등)
  - 무작위 배정 기밀 유지 방법(예 일련번호가 적힌 봉투 활용 등)
  - 무작위 배정번호 생성 주체, 대상자 등록 주체, 군 배정 주체
- 맹검: 맹검이 이루어진 경우 배정된 군에 대해 비밀이 유지된 대상(예 연구대상자, 연구 담당자, 결과 분석자 등), 비밀 유지 방법

- 통계 방법
  - 결과에 대한 군 간 비교 방법
  - 층화분석 또는 보정분석 등의 추가 분석 방법

4 연구결과

- 연구대상자 진행 현황: 각 군에 무작위로 배정된 참여 대상자 수, 계획된 중재를 받은 대상자 수, 결과 변수를 분석한 대상자 수, 각 군에 대해 무작위 배정 후 탈락된 대상자 수 및 사유
- 연구대상자 모집
  - 참가자 모집 기간 및 추적 관찰 기간
  - 연구 종료 또는 중단 사유
- 기저시점 정보: 기저시점에서의 각 군 대상자의 인구학적 특성, 임상적 특성을 표로 제시
- 분석 수: 각 군의 통계분석에 포함된 대상자 수를 명시하고 분석이 원래 배정된 군에 따라 수행되었는지 기술
- 분석 결과 및 추정: 각 변수에 대해 각 군의 결과를 기술하고 추정되는 효과 크기 및 정확도 기술
- 부차적 분석: 층화분석, 보정분석 등의 추가 분석 결과 기술

5 고찰

- 제한점: 연구의 한계점, 결과 해석에 주의할 만한 사항 등을 기술
- 일반화: 연구결과의 일반화 가능성(외적 타당도, 적용 가능성 등)
- 해석: 결과와 일치하고 이익과 위해 간의 균형을 유지하며 다른 관련 근거를 고려해 연구결과를 해석

6 기타

- 연구 등록번호 및 등록 데이터베이스 명(예 국립보건원 임상연구 정보서비스 등)
- 연구비 지원처 및 기타 지원 사항(예 시험제품 지원 등)

PART 2

생체 내 기능성별 생리활성 식품 소재

4 CHAPTER

심혈관계

인체의 체액을 순환시키는 조직으로 크게 림프액을 흐르게 하는 림프계와 혈액을 흐르게 하는 심혈관계가 있다. 림프계는 림프액을 정맥혈액으로 합류시키고 면역작용을 하며, 심혈관계는 세포에 필요한 산소와 영양소, 전해질을 온몸에 보내고 세포에서 에너지가 생산되며 형성되는 노폐물이나 이산화탄소 등을 인체 밖으로 배출하는 역할을 한다. 림프계와 심혈관계는 건강 유지에 중요한 요인이며, 이 조직에 이상 현상이 나타나면 각종 성인병이 나타나게 된다.

이 장에서는 심혈관계 질병과 관련된 요인인 혈중 콜레스테롤과 혈압, 중성지방(TG: triglycerides), 혈행을 살펴보고, 질병의 예방과 개선에 도움이 되는 관련 건강기능식품에 관해 알아보고자 한다.

1 혈중 콜레스테롤 개선

혈중 콜레스테롤은 음식에서 섭취하거나 몸속 대사과정을 통해 하루에 약 1g 정도 생산되며, 세포막과 신경세포의 수초, 지질단백질을 구성하는 데 필요한 기본 물질이다.

콜레스테롤은 물에는 녹지 않는 특성이 있다. 분자 내의 알코올기에 의해 일부분이 친수성을 지니고 있는 양친매성을 나타내므로 생체막의 주요 구성 성분으로 사용되는데, 고리구조의 특성상 유연성이 낮기 때문에 생체막의 물리적 성질에 많은 영향을 준다.

1) 콜레스테롤의 종류

콜레스테롤은 간에서 피하지방 조직 또는 피하지방 조직에서 간으로 혈관을 통해 운반된다. 콜레스테롤과 지방은 물이 주성분인 혈액에 거의 녹지 않는다. 지방질과 단백질로 구성된 거대분자인 지질단백질(lipoprotein)은 물에 녹으면서 콜레스테롤과 지방을 운반할 수 있는 운반체 역할을 한다. 지질단백질은 많은 지방을 옮길 수 있는데, 혈액에 쉽게 섞여서 함께 흐른다. 이런 지질단백질 조각 중 일부는 크고 느슨한 상태지만, 다른 지질단백질은 작고 조밀하다. 이렇게 밀도에 따라 chylomicron, VLDL, IDL, LDL, HDL로 구분된다.

1 Chylomicron(킬로미크론, 유미지립)

Chylomicron은 외인성 지방의 운반체로 소장에서 지방산과 글리세롤이 흡수되어 중성지방이 된 후, 콜레스테롤 인지질 단백질(phospholipid protein)과 결합하여 형성되는 지질단백질이다. 식후의 혈액 중에 증가하고 지방조직의 지질단백질 리파아제(lipoprotein lipase) 작용에 의해 가수분해된다. 주로 음식물에 있는 중성지방을 운반한다.

2 VLDL(very low density lipoprotein: 초저밀도 지질단백질)

VLDL은 장 점막에서 형성된 chylomicron이 임파관, 흉관을 거쳐 혈중으로 들어와 일부는 효소에 의해 분해되어 중성지방을 유리시킨 후 지방 조직으로 유입되어 저장된다. 대부분 간으로 들어가 중성지방은 에너지원으로 산화되고 콜레스테롤은 담즙산으로 전환된다. 간에서 나와 다시 혈중 지질단백분해효소에 의해 중성지방으로 유리된 후 지방조직에 들어가 저장된다. 주로 간에서 합성된 콜레스테롤과 중성지방을 말초조직으로 운반하며 많은 양의 중성지방과 소량의 콜레스테롤 단백질을 함유하고 있다.

3 IDL(intermediate density lipoprotein: 중간 밀도 지질단백질)

IDL은 chylomicron과 체내 합성된 콜레스테롤의 재합성으로 만들어진 지질단백질이다. LDL이 되기 전 단계의 지질단백질 형태인 전구체이다.

4 LDL(low-density lipoprotein: 저밀도 지질단백질)

LDL은 단백질 비율이 지방보다 낮으며 혈액 내 콜레스테롤의 주요 운반자로서 간에서 합성된 콜레스테롤을 체조직으로 운반하는 역할을 한다. 혈액에 LDL 콜레스테롤이 너무 많으면, 관상동맥과 몸 전체에 퍼져 있는 다른 동맥의 벽 속에 쌓인다. 플라크(plaque)라는 저장물이 동맥을 좁게 만들어서 혈액의 흐름을 방해한다.

5 HDL(high-density lipoprotein: 고밀도 지질단백질)

HDL은 비율이 지방보다 높은 단백질을 말한다. 말초 조직의 콜레스테롤을 간에 전송하는 작용을 한다. 콜레스테롤 역수송 방식을 통해 신체의 과도한 콜레스테롤을 제거한다. 콜레스테롤과 결합한 상태인 콜레스테롤 에스테르 형태로 VLDL로 전달하는 역할을 한다. 혈관벽에 콜레스테롤이 쌓이는 것을 차단하고 심장질환의 발병으로부터 보호한다.

표 4-1 콜레스테롤의 분류와 그 특징

콜레스테롤	밀도 (g/mL)	(wz%)				
		단백질	인지질	유리 콜레스테롤	콜레스테롤 에스테르	중성지방
Chylomicron	> 1.006	2	1	1	3	85
VLDL	0.95~1.006	10	7	7	13	50
LDL	1.006~1.063	23(Apo B)	8	9	38	10
HDL	1.063~1.210	55(Apo A-1)	2	2	15	4

* ( ): 주요 apolipoprotein

출처: 김옥진 · 김성연 · 신유림 · 유강열 · 이영은 · 채수완(2014).

2) 콜레스테롤의 양

총 콜레스테롤의 양이 200mg/dL 미만이면 정상이고, 200~239mg/dL은 경계수준, 240mg/dL 이상은 고콜레스테롤 혈증으로 본다. LDL은 130mg/dL 미만이면 정상, 130~159mg/dL이면 경계수준, 160mg/dL 이상이면 높은 것으로 규정한다.

콜레스테롤은 인체에서 필요한 필수 영양소로 체내에서 일정량 합성되지만, 많으면 건강에 해롭다. 혈액 속의 콜레스테롤 농도가 높으면 동맥경화의 원인이 되거나 협심증, 심근경색증(허혈성 심장병) 등의 심장질환과 뇌졸중, 고혈압 등의 뇌혈관질환이 발생할 가능성이 높아진다. 최근 이 질병들이 현대인의 주요 사망 원인 중 하나로 알려지면서 콜레스테롤의 개선을 더욱 중요하게 여기고 있다.

고 콜레스테롤 혈증은 유전적 요인, 식사나 약제, 갑상선 기능 저하증, 신증후군 등의 질환에 의해 발생할 수 있다. 음식으로 섭취한 콜레스테롤의 양이 신체에서 소비한 것보다 많으면 LDL 농도가 높아져 혈액 중 콜레스테롤 농도가 높아진다. 흡연, 커피, 술 등이 많은 영향을 끼치고 있다. 이를 예방하기 위해서는 콜레스테롤이 많이 함유된 식품의 섭취를 줄이는 것이 중요하다. 지방을 섭취할 경우 포화지방산이 많이 함유된 육류, 버터, 마가린, 쇼트닝, 팜유 등은 피하고, 콜레스테롤 배출에 도움이 되는 현미, 통밀, 보리 등과 콩, 채소, 과일의 섭취량을 늘리는 것이 좋다. 적당한 운동은 콜레스테롤 조절에 많은 도움이 되며, 과식하지 않는다.

3) 혈중 콜레스테롤 개선 건강기능식품

혈중 콜레스테롤의 개선에 도움을 주는 건강기능식품에는 현재 고시형 15종과 개별인정형 12종이 있다. 이들은 소장에서 콜레스테롤 흡수를 억제하거나 담즙산의 재흡수를 억제해 콜레스테롤 양의 저하를 유도하며 콜레스테롤 합성을 조절하거나 LDL과 HDL의 조절에 의해 개선작용을 한다. 일일 섭취량은 식품의약품안전처의 권장량이다.

(1) 고시형 건강기능식품

1 레시틴

레시틴(lecithin)은 질소와 인이 들어 있는 복합지방질로 유화제로 이용되는 물질이다. 주로 대두, 달걀노른자, 간, 뇌 등에 함유되어 있으며 인체에 쌓여 있는 지방을 유화시켜 혈중 콜레스테롤 중의 LDL을 감소시키고 HDL을 증가시키며 간으로 들어오는 효소의 활성을 감소시켜 콜레스테롤을 개선하는 기능이 있다.

일일 섭취량은 1.2~1.8g 정도이다.

2 식물스테롤류

식물스테롤(PS: phytosterol)과 식물스테롤 에스테르(PSE: phytosterol ester)는 콩류, 과일, 채소, 옥수수, 아몬드 등에 들어 있는 천연물질로 콜레스테롤과 비슷한 구조로 콜레스테롤이 결합하는 지질단백질과 경쟁적으로 저해작용을 하여 혈중 콜레스테롤을 낮추는 데 도움을 준다.

일일 섭취량은 식물스테롤 에스테르로 3.4g 정도이다.

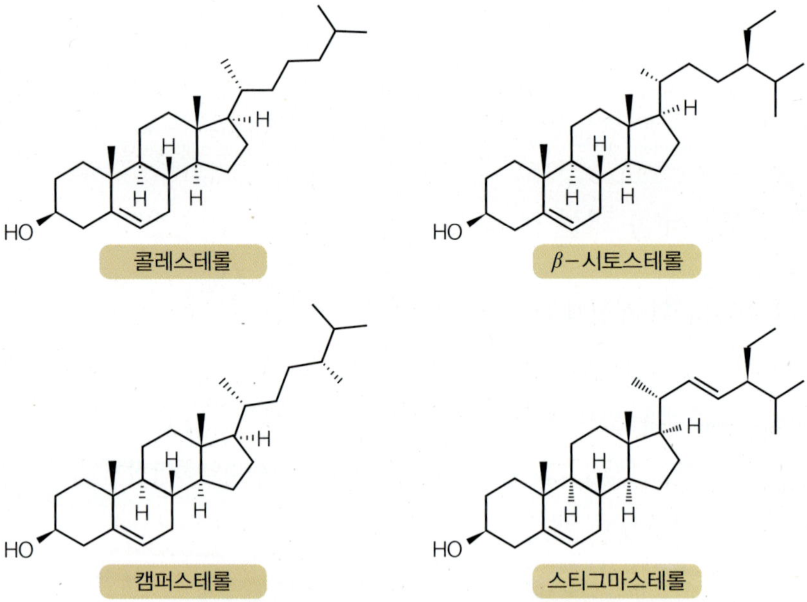

그림 4-1 콜레스테롤과 식물스테롤의 구조

3 식이섬유류

가용성 식이섬유류는 체내에서 콜레스테롤의 흡수를 방해하고 담즙산의 재흡수를 방해하며 콜레스테롤로부터 담즙산염의 합성을 증가시킨다. 또한, 소장에서 포도당의 흡수를 지연시켜 혈중 인슐린의 농도를 낮게 유지시켜 준다.

고시형 원료로는 구아검(guar gum)과 구아검 가수분해물, 글루코만난(glucomannan), 귀리, 대두식이섬유, 옥수수껍질, 차전자껍질, 이눌린과 치커리 추출물 등이 있다.

일일 섭취량은 각기 다르지만 약 15~20g 정도이다.

귀리

차전자 껍질

그림 4-2 일부 식이섬유류 고시형 원료

4 대두단백질

대두단백질은 대두에서 지방질과 당질을 제거하고 단백질을 60% 이상 농축한 것으로 이소플라본(isoflavone)이 함유된 물질이다. 대두단백의 콜레스테롤 개선에 대한 작용기전은 명확히 밝혀지지 않았지만, 동물실험에서 VLDL과 LDL을 감소시켜 혈중 콜레스테롤 수치를 낮춰 주는 것으로 알려져 있다.

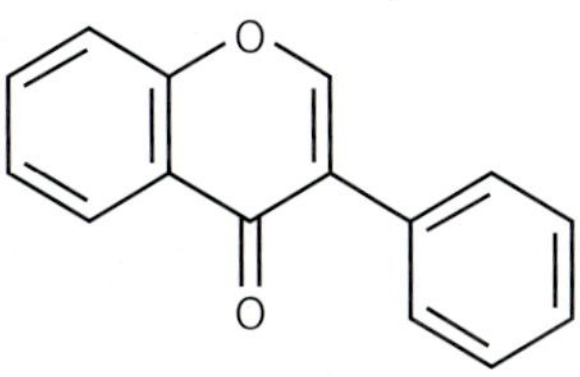

그림 4-3 이소플라본 구조

일일 섭취량은 15g 정도이다.

5 γ-리놀렌산 함유 유지

식물 씨의 기름에 들어 있는 오메가-6계의 불포화지방산인 γ-리놀렌산(gamma-linolenic acid)은 달맞이꽃씨, 블랙커런트꽃씨, 보라지꽃씨, 콩, 현미, 밀, 해바라기씨 등에 많이 들어 있다고 알려져 있다. γ-리놀렌산은 프로스타글란딘(prostaglandin)을 합성하며 혈중의 LDL의 수치를 낮추고, HDL을 높여 혈행 개선에 도움이 된다.

일일 섭취량은 0.3g 이하이다.

6 키토산과 키토올리고당

불용성인 키틴은 갑각류, 연체류, 곤충류의 껍질, 균류 등에 함유되어 있는 물질로 탈아세틸화하여 키토산을 만들고 키토산(chitosan)을 효소 처리하여 키토올리고당(chitooligosaccharide)을 제조한다. 이러한 키토산과 키토올리고당은 콜레스테롤과 결합하여 혈중 콜레스테롤의 수치를 낮춘다. 즉, 담즙산의 배출을 증가시켜 콜레스테롤로부터 담즙산염의 합성을 증가시킨다.

일일 섭취량은 1.2~4.5g이다.

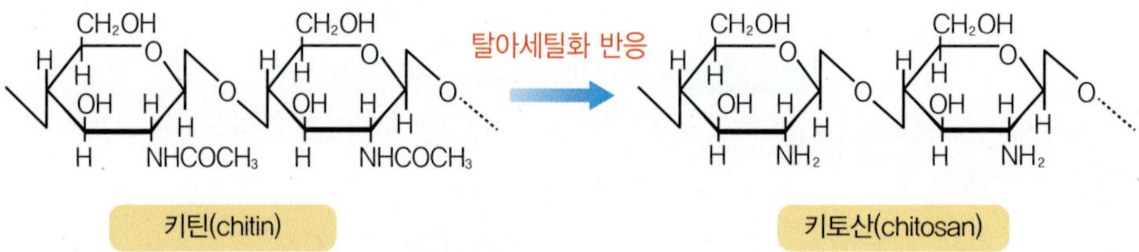

그림 4-4 키토산의 생성과정

7 스피루리나

스피루리나(spirulina)는 남조류로 카로티노이드(carotenoid), 카로틴(carotene), γ-리놀렌산 등이 함유되어 있고 영양소도 풍부하여 섭취하면 90% 이상 소화·흡수된다. 스피루리나가 혈중 콜레스테롤을 조절하는 것에 대해 정확하게 밝혀지지는 않았으나, 수치 개선뿐만 아니라 면역 조절에 도움이 된다고 알려져 있다.

일일 섭취량은 건조품으로 4~8g이다.

그림 4-5 스피루리나 제품

8 녹차 추출물

녹차 추출물은 녹차잎을 물 등으로 추출한 폴리페놀(polyphenol) 화합물의 일종인 카테킨(catechin)류로 혈중 콜레스테롤 개선에 효과가 있다고 알려져 있다. 녹차 추출물은 기능성 원료로 혈중 콜레스테롤 개선뿐만 아니라 기억력 개선, 체지방 감소, 항산화 효과 등 여러 기능성이 인정되어 건강기능식품에 많이 사용된다.

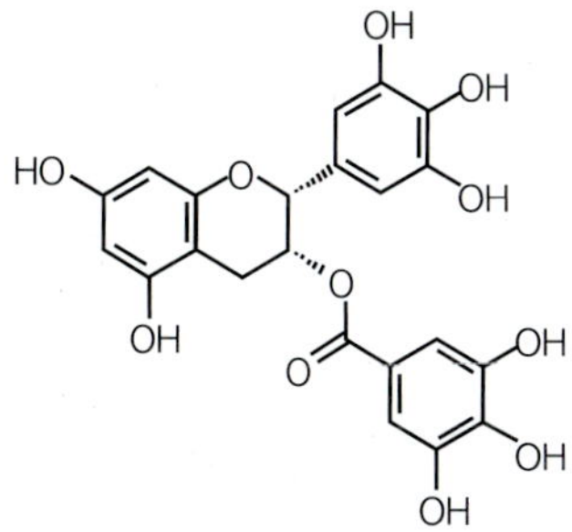

그림 4-6 카테킨 구조

일일 섭취량은 카테킨으로 0.3~1g이다.

9 클로렐라

클로렐라(chlorella)는 녹조류의 단세포식물로 기능성 원료로 하였을 때 엽록소 함량은 0.6~25mg/g 정도이다. 클로렐라의 기능성 성분인 총 엽록소 함량의 기준은 엽록소 분해물로 총 페오포르바이드(pheophorbide)가 0.1% 이하이어야 한다. 클로렐라는 항산화성의 고시형 건강기능식품이기도 하며 여러 기능이 알려져 있다.

일일 섭취량은 총 엽록소로 125~150mg이다.

표 4-2 혈중 콜레스테롤 개선 고시형 건강기능식품

원료	기능성분	일일 섭취량
γ-리놀렌산 함유 유지	γ-리놀렌산	0.3g
레시틴	인지질 포스파티딜콜린 (phosphatidyl choline)	1.2~1.8g
식물스테롤류	식물스테롤 에스테르 시토스테롤 + 캠퍼스테롤 유리스테롤	3.4g

원료	기능성분	일일 섭취량
구아검/구아검 가수분해물	식이섬유	식이섬유 15~20g
글루코만난, 귀리		
대두식이섬유		
옥수수겨, 차전자껍질		
이눌린/치커리 추출물		
대두단백	조단백질 다이아드레인 제니스테인	15g
키토산/키토올리고당	글루코사민 키토올리고당	1.2~4.5g
스피루리나	피코시아닌	4~8g
녹차	카테킨	0.3~1g
클로렐라	총 엽록소	125~150mg

출처: 식품의약품안전처.

(2) 개별인정형 건강기능식품

1 대나무 잎 추출물

대나무 잎을 주정으로 추출하여 농축한 대나무 잎 추출은 각종 아미노산과 비타민류가 풍부하게 함유되어 있어 오래전부터 민간요법으로, 특히 염증치료제로 사용되었다.

지표물질은 트리신(tricin)과 파라쿠마르산(ρ-coumaric acid)으로 각각 0.1~0.3%, 0.3~1% 정도를 표준화하였다. 대나무 추출물은 시험관실험과 동물실험으로 혈중 콜레스테롤과 중성지방을 감소시키며 항산화성이 있는 것으로 확인되었다. 임상실험의 기능성을 확인하지 못하여 혈중 콜레스테롤, 중성지방 및 항산화 효과에 도움을 줄 수 있는 기타 등급 Ⅲ에 해당한다.

일일 섭취량은 0.3~0.6g이다(파라쿠마르산은 1.095~6.57mg).

2 보리 β-글루칸 추출물

보리에는 β-글루칸(beta-glucan)이 3~10% 함유되어 있으며 다당류의 일종으로 담즙산 분비를 증가시켜 면역 기능을 활성화하는 것으로 알려져 있다. 보리 β-글루칸은 콜레스테롤을 저하하고 간에 지방질 축적을 억제하는 효과로 기타 등급 Ⅱ에 해당한다.

일일 섭취량은 β-글루칸으로 3~8g이다.

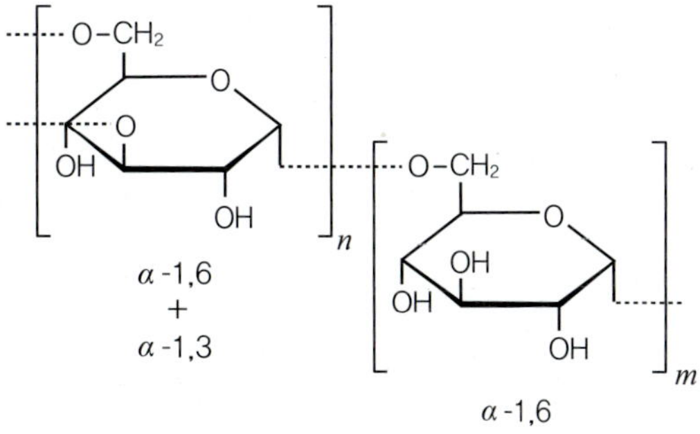

그림 4-7 β-글루칸 구조

3 보이차 추출물

보이차는 중국 등에서 재배되는 대엽차 잎을 발효해 만든 흑차의 일종이다. 보이차는 사포닌(saponin)과 미네랄(mineral)이 풍부하며 지방분해뿐만 아니라 혈액순환 촉진과 혈당 조절, 숙취 해소, 정장작용, 소화 촉진, 면역력 증강, 노화 예방, 암 예방 등에 효과가 있다.

보이차 추출물은 콜레스테롤 분해물인 담즙산과 결합하며 콜레스테롤 배출을 돕고 소장에서 재흡수되는 양을 낮춰 주어 혈중 콜레스테롤 수치를 개선하는 데 도움을 줄 수 있어 기타 등급 Ⅱ에 해당한다.

일일 섭취량은 보이차 추출물로 1g이다.

4 사탕수수 왁스알코올

사탕수수 왁스알코올(sugar cane wax alcohols)은 사탕수수의 잎과 줄기를 압착한 후 아세톤, 에탄올, 헥산으로 추출한 물질로 폴리코사놀(polycosanol)이 지표성분이며 체내 콜레스테롤 합성을 저해하며 동물실험과 인체실험에서 LDL를 감소시키고 HDL은 증가시키는 것으로 확인되어 혈중 콜레스테롤 개선에 도움이 되어 기타 등급 Ⅰ에 해당된다.

일일 섭취량은 폴리코사놀로 5~20mg이다.

그림 4-8 사탕수수

5 식물스테롤 에스테르

식물스타놀 에스테르는 대두유 생산과정에서 생성되는 식물스테롤을 수소화하고 에스테르화(esterification)하여 만든다. 콜레스테롤과 유사하여 콜레스테롤의 체내 흡수율을 낮추고 지질단백질에 대해 경쟁적으로 저해하여, 특히 LDL의 수치를 유의적으로 낮추는 효과가 알려져 있다. 지표성분으로는 시토스테롤, 캠퍼스테롤이며 55% 이상이 되도록 표준화하였다. 기타 등급 Ⅱ에 해당한다.

일일 섭취량은 식물스테롤 에스테르로 2.5~3.4g이다.

6 아마인

아마인(亞麻仁, linseed)은 아마씨를 열처리하고 분쇄하여 만든다. 명확한 작용기전은 알려지지 않으며 혈중 콜레스테롤과 LDL의 수치를 낮추는 것으로 확인되었다. 기능성분으로는 α-리놀렌산(alpha-linolenic acid), 식이섬유, 리그난(lignan)으로 각각 23g, 28g, 1.2~2.3g으로 표준화한다. 혈중 콜레스테롤을 감소시키기 때문에 기타 등급 Ⅱ에 해당한다.

그림 4-9 아마씨

일일 섭취량은 아마인으로 50g이다.

7 알로에 추출물

알로에 추출물은 알로에 착즙액을 60℃로 가열하여 주정으로 추출·여과한 후 감압 농축하여 분말로 만든다. 지표성분은 β-시토스테롤(beta-sitosterol)이며 성분이 4% 이상으로 표준화한다. 알로에 추출물 분말은 동물실험에서 총 콜레스테롤, 중성지방, HDL의 수치가 향상된 것으로 확인되었으나 인체실험으로 확인이 되지 않아서 혈중 콜레스테롤 수준의 개선에 도움을 줄 수 있으나 과학적 근거가 부족하여 기타 등급 Ⅲ에 해당한다.

일일 섭취량은 알로에 추출물 분말로 0.2~4g이다.

8 알로에 복합추출물

알로에 복합추출물 분말은 알로에 추출물 분말에 홍국을 혼합하여 만든다. 기능성분은 β-시토스테롤과 모나콜린-k(monacolin-k)이고, 각각 2%, 0.7% 이상으로 표준화한다. 알로에 추출물 분말과 비슷한 효과가 확인되었으며 기타 등급 Ⅲ에 해당한다.

일일 섭취량은 0.4~16g이다.

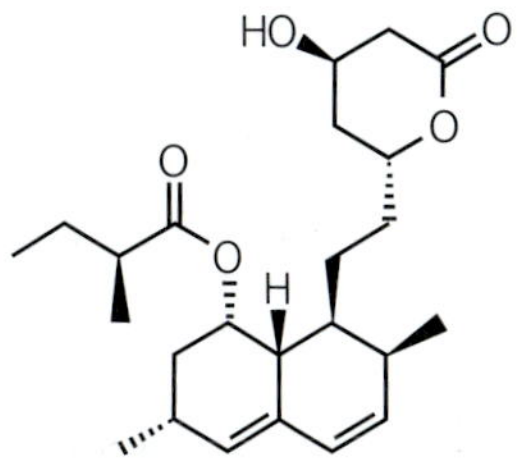

그림 4-10 모나콜린-k 구조

9 창녕양파 추출액

창녕양파 추출액은 지표성분인 퀘르세틴(quercetin)이 150mL당 20mg이 함유되어 있다. 임상실험에서 혈중 콜레스테롤 감소, LDL 감소와 HDL 증가를 보여 혈중 콜레스테롤을 개선하는 데 효과가 있어 기타 등급 Ⅲ에 해당한다.

일일 섭취량은 150mL이다.

10 홍국쌀

홍국쌀은 증자한 쌀에 홍국균(*Monascus*)를 접종시켜 발효배양하고 건조하여 만든다. 지표성분인 모나콜린-k는 붉은색을 띠며, 콜레스테롤 대사과정을 억제하여 콜레스테롤 생성을 억제하고 감소하는 효과가 있는 것으로 알려지며 기타 등급 Ⅱ에 해당한다.

일일 섭취량은 총 모나콜린으로 4~8mg이다.

그림 4-11 홍국쌀

11 씨폴리놀 감태 주정추출물

제주도에서 자생하는 감태에서 주정으로 추출한 씨폴리놀(seapolynol) 성분의 지표성분은 디에콜(dieckol)로 혈중 콜레스테롤 개선에 도움을 주며 간 기능 개선, 항산화, 항염 기능이 알려져 있으며 기타 등급 Ⅱ에 해당한다.

일일 섭취량은 씨폴리놀 감태 주정추출물로 72~300mg이다.

12 적포도 발효농축액

적포도 발효농축액은 발효과정에서 주석산, 사과산, 구연산 외에 호박산, 젖산, 초산 등의 새로운 유기산을 생성하며, 포도주스보다 동일 양 대비 12배 이상의 폴리페놀을 함유한다. 해열과 진통 억제, 항염, 항산화 기능을 가진 폴리페놀 성분이 많이 함유되어 있어 소량만 섭취하여도 큰 효과를 볼 수 있다. 콜레스테롤 개선에 도움을 줄 수 있는 것으로 알려지며 기타 등급 Ⅱ에 해당한다.

일일 섭취량은 적포도 발효농축액으로 24mL(총 폴리페놀 17.6~26.4mg/g, 카테킨 0.13~0.41mg/g)이다.

표 4-3 혈중 콜레스테롤 개선 개별인정형 건강기능식품

원료	기능성분	일일 섭취량	기능등급
대나무 잎 추출물	① 트리신 ② 파라쿠마르산	0.3~0.6g	3
보리 β-글루칸 추출물	β-글루칸	3~8g	2
보이차 추출물	갈산(gallic acid)	1g	2
사탕수수 왁스알코올	policosanol	5~20mg	1
식물스타놀에스테르	① 식물스테롤 에스테르 ② 시토스테롤과 캠퍼스테롤의 합 ③ 유리스테롤	2.5~3.4g	2
아마인	① α-리놀렌산 ② 총 식이섬유 ③ 리그난(lignan)	50g	2
알로에 추출물	β-시토스테롤	0.2~4g	3
알로에 복합추출물	① β-시토스테롤 ② 모나콜린-K	0.4~16g	3
창녕양파 추출액	quercetin	150mL	2
홍국쌀	① 총 모나콜린-K ② 활성형 모나콜린-K	총 모나콜린-k로 4~8mg	2

원료	기능성분	일일 섭취량	기능등급
씨폴리놀 감태 주정추출물	디에콜	0.072~0.36g	2
적포도 발효농축액	폴리페놀	24mL	2

출처: 식품의약품안전처.

2 혈압 조절

혈압은 혈관 속을 흐르는 혈액이 혈관벽에 가하는 힘, 즉 동맥혈관을 혈액의 압력으로 수축기 혈압(최고 혈압)과 확장기 혈압(최저 혈압)으로 구분한다. 혈압은 심장박동에 영향을 받으며 단위는 mmHg이며 일반적으로 수축기 혈압은 120mmHg 이상이면 고혈압, 확장기 혈압이 80mmHg 이하이면 저혈압으로 본다.

저혈압은 두통, 현기증, 무기력증 등의 증상을 보이며 심장의 맥박이 느려지거나 변비, 불면증 등이 같이 오기도 한다. 저혈압이 심하면 시력장애, 구토, 실신, 졸도, 현기증, 쇼크, 뇌질환 등으로 사망할 수 있다. 실제 저혈압 증상은 매우 드물게 나타난다.

고혈압은 발생원인에 따라 본태성 고혈압과 속발성 고혈압으로 구분한다. 본태성 고혈압은 명확한 원인이 밝혀지지 않았으며 유전적 요인뿐만 아니라 식이 습관, 비만, 흡연 등의 다양한 요인이 복합적으로 작용하여 발생되며 대부분의 고혈압 환자가 여기에 속한다. 속발성 고혈압은 신장 이상뿐만 아니라 혈관, 심장 및 내분비질환 등의 특정 요인에 의해 발생된다. 고혈압은 특별한 증상이 없으나 다른 여러 질환을 유발하여 합병증이 발생되기 때문에 주의가 필요하다. 즉, 심장, 신장, 뇌 등 인체 내의 여러 장기에서 각종 합병증을 유발하는 요인이다.

혈압이 높으면 심장에서는 분출되는 혈액의 양(심박출량)을 감소시키고 신장에서는 나트륨의 재흡수를 낮추어 혈액량을 줄인다. 반면, 혈압이 낮으면 심장과 신장에서 혈액량을 증가시켜 혈압을 일정 수준으로 유지하려고 한다. 고혈압 혹은 저혈압이 계속되면 각종 질환이 발생하므로 건강을 유지하기 위해 일정한 혈압을 유지하여야 한다.

표 4-4 혈압의 분류

분류		수축기 혈압(mmHg)	확장기 혈압(mmHg)
정상		< 120	< 70
전단계 고혈압		120～139	80～89
고혈압	1차성	140～159	90～99
	2차성	> 160	> 100

1) 고혈압의 요인

고혈압은 원인이 확실하게 밝혀지지 않은 침묵의 살인자로, 유전적인 요인이나 염분의 과다 섭취, 비만, 스트레스 등이 주요 요인이다. 고혈압 발생에 영향을 미치는 주요 인자는 동맥경화, 알코올중독, 신장질환 등의 질병 관련 요인과 나트륨/칼륨의 비율 섭취, 과잉의 당류, 자극성 기호식품, 과다 포화지방 섭취 등의 식이요인, 약물 과다복용, 유전적 요인 등이 있다.

고혈압은 뇌나 심장, 신장, 눈, 대동맥 등의 합병증과 관상동맥질환, 뇌경색, 말초 혈관질환 등 2차 합병증이 있으며 일반적으로 다음 표 4-5와 같다.

표 4-5 고혈압 합병증

합병증	특징
뇌 합병증	뇌졸중, 허혈성 뇌질환, 출혈성 뇌혈관질환 등
심장 합병증	심장 기능 저하에 따른 폐부종 등의 질환
관상동맥 합병증	협심증, 심근경색 등의 관상동맥 폐쇄에 따른 심근세포 과다
부정맥 합병증	부정맥에 따른 뇌졸중 등
신장 합병증	신장 모세혈관에 따른 여과기능 상실 등으로 빈혈 등의 신부전 증상
고혈압성 망막증	모세혈관 출혈에 의한 망막 기능 손실
대동맥박리 합병증	혈압 상승으로 대동맥 손상 등

고혈압은 완치되는 질환이 아닌 조절하는 질환으로 약물치료와 함께 식생활과 생활습관의 개선을 같이 실시해야 된다.

식생활에서 가장 중요한 것은 식염 섭취를 줄이고 비만이 되지 않을 식사요법, 즉 동물성 지방질과 당류의 섭취 조절, 단백질과 채소류의 충분한 섭취, 필수지방산의 섭취(오메가-3 지방산 중심) 등에 신경을 써야 한다. 또한, 규칙적인 운동을 습과화하고 과도한 술과 담배 등은 삼가는 것이 좋다.

2) 혈압 조절 건강기능식품

혈압 조절 건강기능식품은 경계혈압을 정상으로 환원시키는 기능, 혈압 상승 가능성을 저하시키는 기능, 관련 질환 발생 가능성을 저하시키는 기능 등이 있는 식품을 의미한다. 현재까지 혈압 조절 건강기능식품으로 고시형 1종과 인정형 10종이 있다.

(1) 고시형 건강기능식품

1 코엔자임 Q_{10}(Co Q_{10}: Coenzyme Q_{10})

최근에 고시형으로 전환된 코엔자임 Q_{10}은 등푸른생선, 시금치, 땅콩, 달걀 등에 함유되어 있어 이 식품을 섭취하면 체내의 코엔자임 Q_{10} 농도가 증가된다고 알려져 있다.

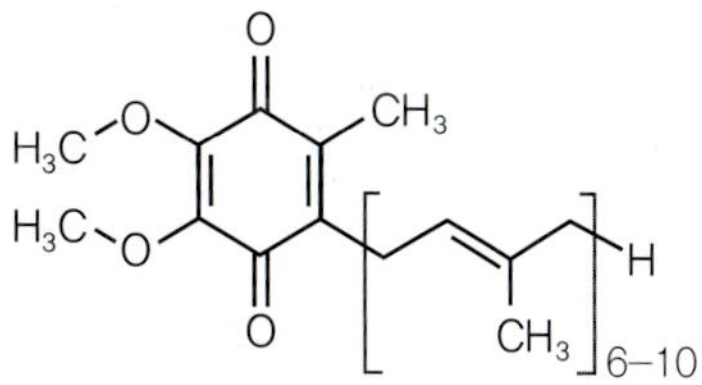

그림 4-12 Coenzyme Q_{10}의 구조

세포의 기능에 필요한 대사물질로 체내에서도 합성이 되는 지용성 비타민류로 항산화성이 있으며 혈압 조절 기능성도 높다고 알려져 있다.

일일 섭취량은 코엔자임 Q_{10}으로 90~100mg이다.

(2) 인정형 건강기능식품

1 가쓰오부시올리고펩타이드

가쓰오부시올리고펩타이드는 가쓰오부시를 분쇄하여 서몰리신(thermolysin)으로 가수분해하여 만든다. 가쓰오부시올리고펩타이드는 앤지오텐신(angiotensin) I 변환효소의 활성을 낮추어 혈압을 낮추는 작용을 하며 지표성분은 Leu-Lys-Pro-Asn-Met의 5개 아미노산으로 된 펩타이드로 0.34%를 표준화한 것이다. 동물실험에서는 혈압 강하 작용이 관찰되었으며, 인체실험에서는 효과를 확인할 수 있었으나 충분치 않아 혈압이 걱정되는 사람에게 도움을 줄 수 있다는 기능성을 인정받아 기타 등급 Ⅱ에 해당한다.

일일 섭취량은 1.5g이다.

2 연어펩타이드

연어펩타이드의 지표성분은 이소류신(isoleucine)과 트리프토판(Ile-Trp)로 된 펩타이드이다. 연어펩타이드는 명확한 작용기작은 밝혀지지 않았으나 혈압이 높은 사람에게 혈압을 낮추는 데 도움을 줄 수 있다고 인정되어 기타 등급 Ⅱ에 해당한다. 또한, 연어펩타이드는 결합조직 형성과 기능 유지, 철분 흡수, 활성산소로부터 세포를 보호하는 데 필요한 것으로 보고된다.

일일 섭취량은 2g이다.

3 올리브잎 추출물

올리브잎 추출물은 올리브잎을 주정으로 추출한 EFLA 943이며, 지표성분은 올류로페인(oleuropein)으로 페놀화합물이다.

그림 4-13 올리브잎과 열매

올리브잎 주정추출물 EFLA 943의 명확한 작용기작은 밝혀지지 않았지만 심장근육의 수축과 혈관 확장을 조절하는 것으로 알려져 있다. 건강한 사람의 혈압 유지에 도움을 줄 수 있다고 인정되어 기타 등급 Ⅱ에 해당한다.

일일 섭취량은 올리브잎 주정추출물 EFLA 943으로 0.5~1g이고 올류로페인으로는 0.09~0.18g이다.

4 정어리펩타이드

정어리펩타이드는 정어리를 단백질 분해효소로 가수분해하여 만들며 지표성분은 바릴티로신(Val-Tyr: Val-tyrosine)으로 0.05% 수준으로 표준화한다. 바릴티로신은 레닌-앤지오텐신(renin-angiotensin)계 내에서 앤지오텐신 I 변환효소가 II로 전환되는 것을 저하시켜 고혈압인 경우 혈압 상승을 억제하는 효과로 혈압 유지에 도움을 준다고 기능성을 인정받았다. 그러나 정상혈압인 경우에는 혈압 변동이 없는 것으로 확인되어 기타 등급 II에 해당한다.

일일 섭취량은 바릴티로신으로 250~400mg이다.

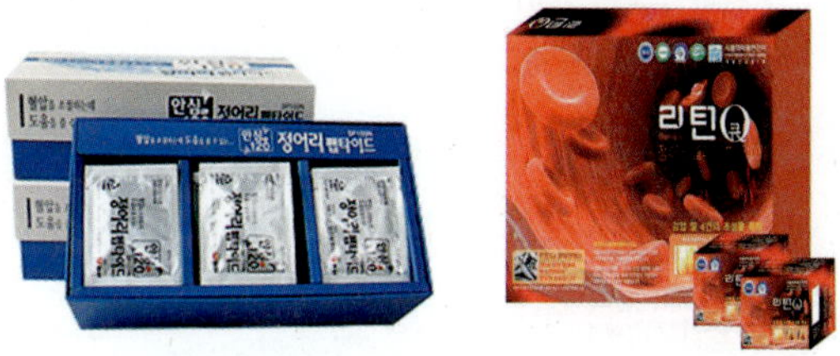

그림 4-14 정어리펩타이드 상품

5 카세인 가수분해물

카세인(casein) 가수분해물은 우유의 카세인을 열처리한 후 트립신(trypsin)으로 효소처리하여 만든다. 카세인 가수분해물은 Phe-PheVal-Ala-Pro-PhePro-Glu-Val-PheGly-Lys-VPP 및 IPP 12개의 아미노산으로 구성된 펩타이드로 5~6% 수준으로 표준화한다.

카세인 가수분해물은 앤지오텐신 변환효소의 활성을 억제하여 혈압을 낮춘다는 작용기전이 제안되었고 고혈압이 있는 동물에 카세인 가수분해물을 섭취시켰을 때 혈압이 감소되는 것이 확인되었다. 그러나 근거 자료가 충분치 않아 기타 등급 II에 해당한다.

일일 섭취량은 4g이다.

6 해태올리고펩타이드

해태올리고펩타이드는 김에서 추출한 Ala-Lys-Tyr-Ser-Tyr이 지표성분이며 혈압 조절에 도움을 줄 수 있어 기타 등급 Ⅱ에 해당한다.

일일 섭취량은 1.6g이다.

7 L-글루타민산 유래 GABA 함유 분말

L-글루타민산 유래 GABA 함유 분말은 지표성분이 GABA이며 혈압이 높은 사람의 혈압을 낮추는 데 도움을 줄 수 있어 기타 등급 Ⅱ에 해당한다.

일일 섭취량은 GABA 기준으로 20mg이다.

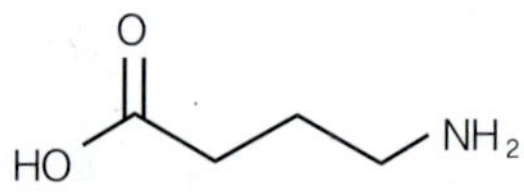

그림 4-15 GABA 구조

8 나토균배양분말

나토균배양분말은 낫토의 구성 성분인 나토키나제(nattokinase)에 착안해 나토균을 순수 배양하여 개발한 무취의 원료이다. 낫토 안에 든 비타민 K_2를 제거하여 혈액응고제를 복용하는 환자에게도 위험을 최소화할 수 있도록 하였다. 혈액의 용해효소를 활성화시켜서 혈압을 낮추거나 혈전을 용해하는 작용을 하여 혈행 개선에 도움을 줄 수 있는 것으로 인정되어 기타 등급 Ⅱ에 해당한다.

일일 섭취량은 0.1g이다.

9 포도씨효소분해 추출분말

포도씨효소분해 추출분말은 열수추출 후, 체내 흡수력을 높이기 위해 폴리페놀 분자의 크기를 작게 하는 공정을 통해 생산된 추출물이다.

지표물질은 총 폴리페놀(gallic acid)로 혈압을 낮추는 데 도움을 주어 기타 등급 Ⅱ에 해당한다.

일일 섭취량은 0.15~0.3g이다.

10 서리태(쥐눈이콩)펩타이드

서리태(쥐눈이콩)펩타이드는 지표물질이 아르기닌과 루신(Arg-Leu)이다. 혈당 조절, 체지방 감소, 혈압 조절에 도움을 주어 기타 등급 Ⅱ에 해당한다.

일일 섭취량은 4.5g이다.

표 4-6 혈압 조절 건강기능식품

원료	기능성분	일일 섭취량	등급
코엔자임 Q_{10}	코엔자임 Q_{10}(Co Q_{10})	90~100mg	고시형
가쓰오부시올리고펩타이드	Leu-Lys-Pro-Asn-Met	1.5g	2
연어펩타이드	Ile-Trp	2g	2
올리브잎 추출물	oleuropein	0.5~1g	2
정어리펩타이드	① 펩타이드 ② Val-tyrosine	250~400mg	2
카세인 가수분해물	Phe-PheVal-Ala-Pro-PhePro-Glu-Val-PheGly-Lys VPP(Val-Pro-Pro) 및 IPP(Ile-Pro-Pro)	4g	2
해태올리고펩타이드	Ala-Lys-Tyr-Ser-Tyr	1.6g	2
L-글루타민산 유래 GABA 함유 분말	GABA	20mg	2
나토균배양분말	피브린 용해효소 활성	0.1g	2
포도씨효소분해 추출분말	총 폴리페놀(gallic acid로)	0.15~0.3g	2
서리태(쥐눈이콩)펩타이드	Arg, Leu	4.5g	2

출처: 식품의약품안전처.

3 혈중 중성지방 개선

혈중 중성지방은 식사 등 외부에서 유입되는 지방질이나 간에서 합성되는 지방질이 혈액 속에 섞여 있는 것으로 중성지방의 농도가 150mg/dL 이하이어야 인체 건강을 유지시키고 그 이상이면 혈관의 콜레스테롤 양의 이상 현상을 일으켜 심장병, 뇌졸중, 동맥경화 등의 혈관질환을 발생시키며, 특히 당뇨병 환자 등은 주의해야 할 물질이다.

혈중 중성지방은 동물성 지방, 인스턴트식품 및 소금 등의 과다 섭취, 과체중, 스트레스, 흡연 등에 의해 높아지게 된다. 기름진 음식, 과음, 탄수화물이 많이 함유된 음식의 섭취가 주요 요인이며, 갑상선 기능저하증, 간질, 심장병, 당뇨병 등의 질환이 있어도 증가하게 된다.

표 4-7 혈중 중성지방 농도

농도(mg/dL)	범위
150 이하	정상
200~399	경계 수준
400 이상	고위험군

1) 중성지방의 합성과 분해

식품 중 지방질은 지방분해효소와 담즙산염, 소량의 연동작용 등에 의해 소화되고 흡수되며, 흡수된 지방질은 세포 내에서 중성지방으로 합성된다. 이때 중성지방 대부분이 지방조직에 저장되지만, 간, 근육, 심장 등에 저장되기도 한다. 저장된 중성지방이 가수분해하면 지방질과 글리세롤이 되어 에너지로 활용된다.

중성지방의 합성과 분해는 그림 4-16과 같은 경로로 이루어진다.

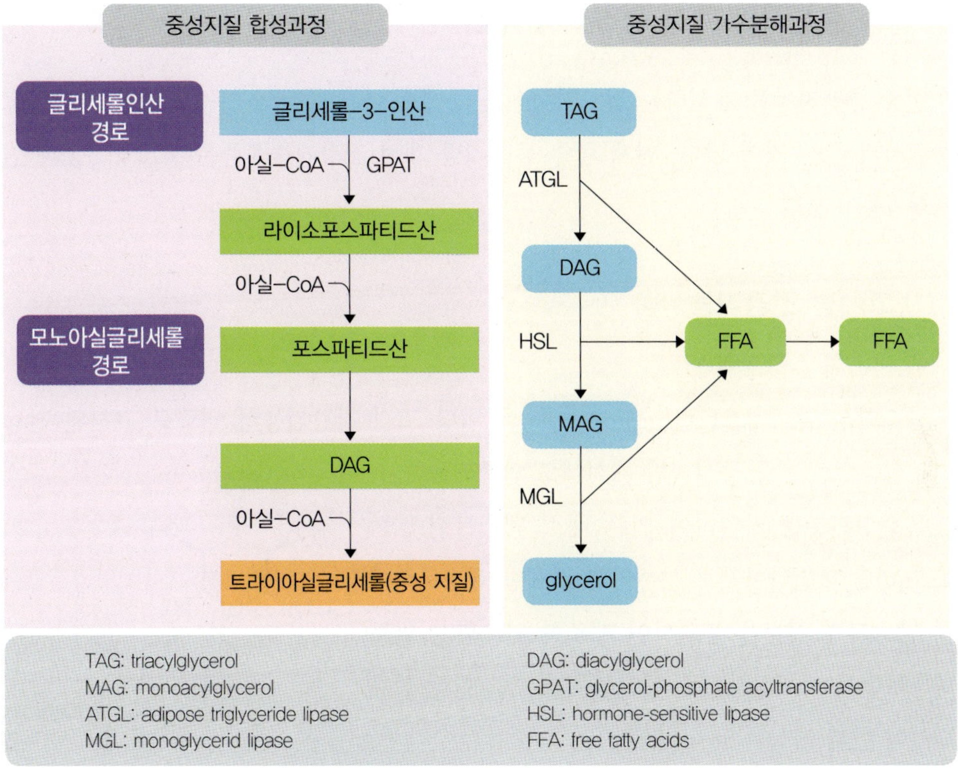

그림 4-16 중성지방의 합성과 분해

출처: 이성준 · 김대옥 · 김영석 · 신한승 · 심순미 · 어중혁 외(2015). **식품기능성론**. 서울: 수학사.

중성지방과 콜레스테롤 등이 인체 내의 적정 범위를 벗어나 축적된 상태를 고지혈증이라 하며 혈중 중성지방의 개선을 위해 식이요법이나 생활습관의 변화 등 다른 심혈관계 개선 방법과 같이 많은 노력이 필요하다.

2) 혈중 중성지방 개선 건강기능식품

혈중 중성지방을 개선하는 건강기능식품 중에는 다른 증상의 기능도 함께 개선하고 증진시켜 주는 것이 많다. 현재 혈중 중성지방 개선 건강기능식품은 고시형 3종과 인정형 4종이 있다.

(1) 고시형 건강기능식품

1 난소화성 말토덱스트린

난소화성 말토덱스트린(maltodextrin)은 혈당 조절 건강기능성 원료로 고시된 건강기능식품으로 혈중 중성지방 개선에도 인증되었다.

옥수수전분을 가열하여 얻은 배소 덱스트린(焙燒 dextrin)을 아밀라아제로 분해하고 정제한 덱스트린에서 난소화성 전분을 분획하여 제조한 난소화성 말토덱스트린은 지표성분으로 식이섬유가 85% 이상 함유되어야 한다(액상은 58% 이상).

동물실험과 인체실험에서 난소화성 말토덱스트린은 식후 혈당 상승 억제와 식전 공복혈당 감소 효과, 혈중 중성지방 개선의 기능성이 인정되었다.

일일 섭취량은 혈당 개선 기준인 15~30g이다.

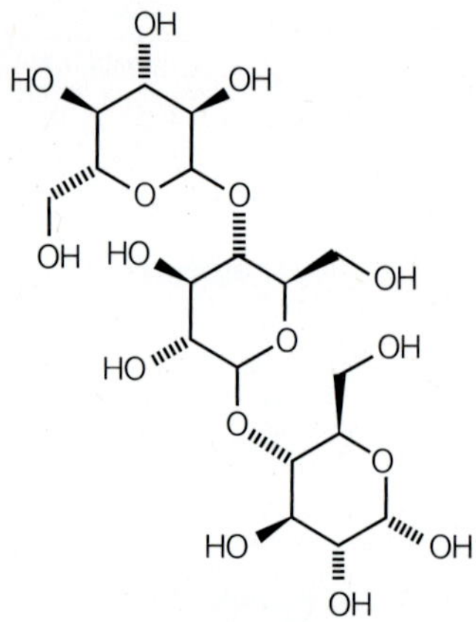

그림 4-17
난소화성 말토덱스트린 구조

2 정어리정제어유

정어리정제어유는 DHA(docosahexaenoic acid)와 EPA(eicosapentaenoic acid)가 함유된 정어리 기름을 정제한 것으로 중성지방과 혈중 콜레스테롤의 함량을 낮춰 주며 비정상적으로 혈액이 응고되는 것을 억제하여 동맥경화, 고혈압, 심근경색 등의 성인병에 도움을 준다. 정어리정제어유는 DHA 농축유지와 마찬가지로 간에서 중성지방의 합성을 저해하는 것으로 알려져 있다.

일일 섭취량은 0.5~2g이다.

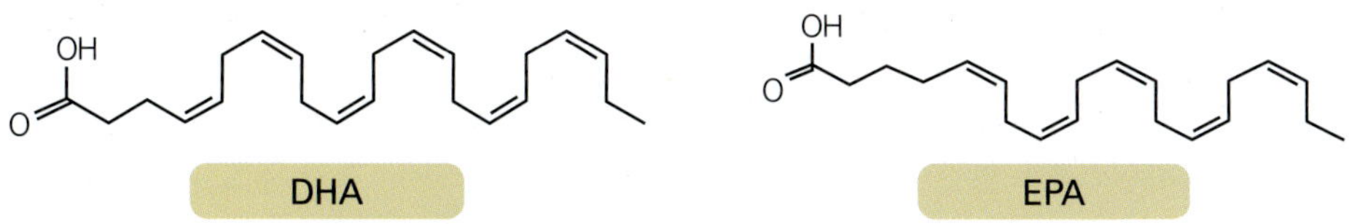

그림 4-18 DHA와 EPA 구조

3 DHA 농축유지

DHA 농축유지는 DHA 또는 DHA/EPA가 함유된 생선기름을 정제한 것으로 정어리정제어유와 비슷한 효능이 있다. DHA 농축유지도 간에서 중성지방의 합성을 저해하여 중성지방과 혈행 개선에 도움을 준다.

일일 섭취량은 DHA 농축유지로 0.9~5.3g이며 DHA+EPA는 0.5~2g이다.

(2) 인정형 건강기능식품

1 정제오징어유

EPA와 DHA가 함유된 정제오징어유는 다른 고시형 생선기름과 같이 간에서 중성지방의 합성을 저해한다. 혈중 중성지방 개선에 도움을 줄 수 있다고 인정되나 근거자료가 부족하여 기타 등급 Ⅱ에 해당한다.

일일 섭취량은 DHA+EPA로 0.5~2g이다.

2 대나무 잎 추출물

대나무 잎 추출물은 혈중 콜레스테롤 개선 인정형 건강기능식품과 마찬가지로 중성지방과 콜레스테롤을 감소시키고 항산화성이 있는 것으로 확인되었다. 지표성분은 트리신과 파라쿠마르산이며 중성지방과 콜레스테롤, 항산화 효과에 도움을 줄 수 있는 기타 등급 Ⅲ에 해당한다.

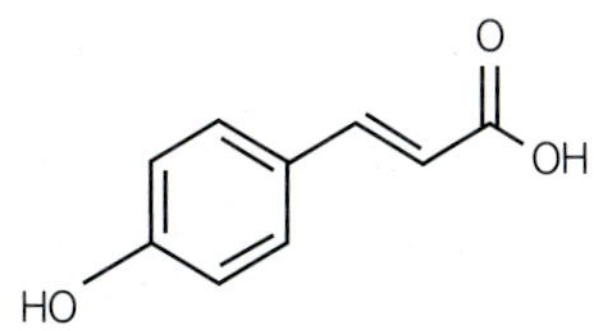

그림 4-19 파라쿠마르산 구조

일일 섭취량은 0.3~0.6g이다.

3 식물성 유지 디글리세라이드

식물성 유지에 포함된 디글리세라이드(diglyceride)를 정제·농축하여 다른 식물성 기름과 비교하였을 때 혈중 중성지방의 증가가 적을 수 있어 건강에 도움을 줄 수 있는 기타 등급 Ⅱ에 해당한다.

일일 섭취량은 일반 식용유 섭취와 같다.

4 글로빈 가수분해물

글로빈 가수분해물은 VVTP(Val-Val-Tyr-Pro)가 지표성분이며, 혈중 중성지방을 감소시킨다고 알려져 있다. 기타 등급 Ⅱ에 해당한다.

일일 섭취량은 가수분해물로 1g이다.

표 4-8 혈중 중성지방 개선 건강기능식품

원료	기능 성분	일일 섭취량	등급
난소화성 말토덱스트린	식이섬유	15~30g	고시형
정어리정제어유	① DHA ② EPA	0.5~2g	고시형
DHA 농축유지	① DHA ② DHA + EPA	0.9~5.3g	고시형
정제오징어유	① DHA ② EPA	0.5~2g	2
대나무 잎 추출물	① 트리신 ② 파라쿠마르산	0.3~0.6g	3
식물성 유지 디글리세라이드	diacylglyceride	식용유 기준	2
글로빈 가수분해물	글로빈 가수분해물	1g	2

출처: 식품의약품안전처.

4 혈행 개선

혈행은 혈액이 혈관을 통해 인체의 각 부분으로 이동하는 것을 말한다. 혈액은 혈장과 혈구로 구성되어 있으며 혈구는 적혈구, 백혈구, 혈소판으로 구분한다. 혈액은 인체 각 조직으로 산소와 영양분을 공급하고 세포에서 형성된 노폐물을 제거해 준다. 또한, 각종 호르몬을 운반하며 외부의 유해성분으로부터 세포를 보호하고 체온과 지혈작용 등 인체의 항상성을 유지해 준다. 즉, 원활한 혈액의 흐름을 통해서 각 기능을 유지할 수 있다.

1) 혈행의 장애요인

혈액의 혈류량과 속도를 조절하고 혈액 덩어리를 분해하는 혈관의 내피세포가 손상되면 콜레스테롤이 축적되어 혈관이 좁아지고 부풀어 오르면서 혈액의 흐름을 방해한다.

이처럼 혈행을 방해하는 요인으로는 고혈압, 고혈당, LDL의 과다, 흡연, 스트레스, 비만 등이 있다. 고혈압의 경우 노년층의 맥압이 높아지면서 뇌졸중과 심장질환의 발생 가능성을 증가시키고 동맥경화를 일으키기도 한다. 혈당이 높아지면 인슐린이 부족하게 되어 혈관의 장애를 나타내며 합병증세와 허혈성 심장질환을 일으키는 요인이 되고 동맥경화를 촉진시킨다.

흡연은 고혈압, 고지혈증, 혈행장애를 일으키는 주요 요인으로 동맥경화를 촉진시키며 관상동맥질환 등을 일으킨다. LDL의 상승과 HDL의 저하도 혈행장애를 일으켜 심혈관질환의 위험을 높이고, 과도한 스트레스나 불안, 공포감 등도 동맥경화를 유발할 수 있다. 비만은 동맥경화의 5대 위험인자 중 하나이다.

2) 혈행 개선 건강기능식품

혈행은 여러 요인에 의해 개선·조절되는데, 특히 혈중 콜레스테롤, 지방, 포도당 등과 밀접하게 관계되므로 적절한 식이 조절이 필수적이다. 또한, 다른 심혈관계 개선에 도움을 주는 물질도 혈행을 개선하는 효과가 있다. 현재까지 혈행 개선 건강기능식품으로는 고시형 6종, 인정형 7종이 있다.

(1) 고시형 건강기능식품

1 γ-리놀렌산 함유 유지

γ-리놀렌산은 오메가-6계로 식물의 종자에 함유되어 있으며 총 콜레스테롤과 LDL의 수치를 낮춰 혈액이 원활하게 흐르도록 도와준다.

일일 섭취량은 γ-리놀렌산으로 0.24~0.3g이다.

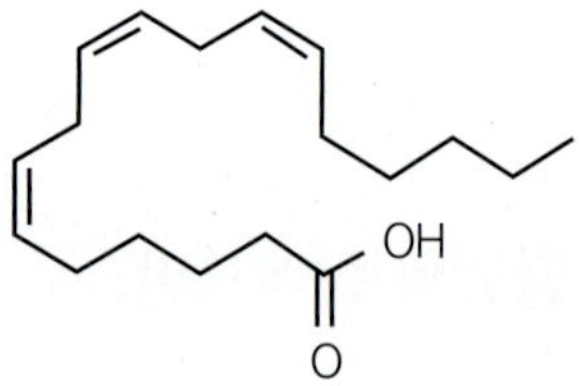

그림 4-20 γ-리놀렌산 구조

2 영지버섯자실체 추출물

영지버섯자실체 추출물은 열수로 추출하고 여과·농축하여 만들며 β-글루칸이 10% 이상 함유되어야 한다. 이 추출물은 혈전 형성 방지, 콜레스테롤의 수치 조절, 중성지방 감소 등에도 효과가 있다.

일일 섭취량은 3g이다(β-글루칸으로 0.024~0.042g).

그림 4-21 영지버섯

3 은행잎 추출물

은행잎 추출물은 잎을 주정으로 추출하고 여과, 정제, 농축하여 만들며 지표성분인 플라보놀배당체가 0.24~0.3g 함유되어야 한다. 이 추출물은 혈소판을 응집하고 혈관을 확장하는 효과가 있어 혈행 개선에 도움을 준다.

일일 섭취량은 0.12g이다.

그림 4-22 은행잎

4 정어리정제어유

정어리정제어유는 혈중 콜레스테롤의 함량 감소, 중성지방 감소, 혈소판 응집 억제 등 심혈관계 개선의 다양한 작용이 알려진 고시형 원료로 앞에서 설명하였다.

일일 섭취량은 0.5~2g이다.

5 홍삼

인삼을 찌거나 삶아 건조하여 만든 홍삼은 면역력 증진, 혈소판 응집 억제 및 피로 해소 등에 효과가 알려져 있다. 혈행 개선의 지표성분은 Rb1+Rg1, Rg3이며, 혈소판 응집을 억제하며 혈관을 확장시킨다.

일일 섭취량은 3g이다.

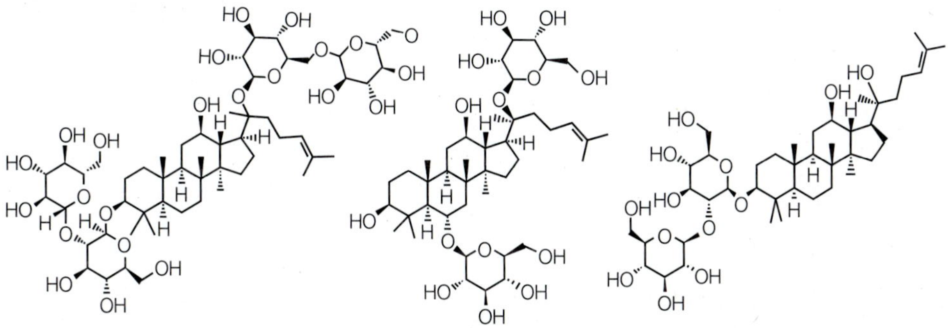

진세노사이드 Rb1 진세노사이드 Rg1 진세노사이드 Rg3

그림 4-23 진세노사이드(ginsenoside) 구조식

6 DHA 농축유지

DHA 농축유지도 정어리정제어유와 비슷한 효능으로 중성지방 개선의 고시형 원료이기도 하며, 혈소판 응집을 억제하는 작용이 있어 혈행 개선에 도움을 준다.

일일 섭취량은 0.9~5.3g이다.

(2) 개별 인정형 건강기능식품

1 정제오징어유

정제오징어유는 EPA와 DHA가 함유된 것으로 고시형 생선기름과 같이 중성지방의 합성을 저해하며, 혈행 개선에 도움을 주나 자료가 충분치 않아 기타 등급 Ⅱ에 해당한다.

일일 섭취량은 0.5~2g이다.

2 나토배양물과 나토배양분말

나토배양물과 나토배양분말은 피브린용해효소(fibrinolytic enzyme) 활성물질이 혈전 생성을 억제시키거나 혈전을 용해시키는 작용이 있어 혈압 및 혈행 개선에 도움을 줄 수 있는 것으로 인정되어 기타 등급 Ⅱ에 해당한다.

그림 4-24 낫토

일일 섭취량은 나토배양물은 133mg이고, 나토배양분말은 44~67mg이다.

3 프랑스해안송껍질 추출물

프랑스해안송껍질 추출물은 프랑스해안송껍질을 주정추출하여 농축·분리·건조하여 피크노제놀(pycnogenol)을 만든 것이다. 지표성분은 프로시아니딘(procyanidins)으로 60~80%로 표준화한다. 피크노제놀이라고 불리는 프랑스해안송껍질 추출물은 혈관이 좁아지거나 굳는 현상을 억제하고 혈관을 튼튼하게 하며 혈관과 세포 사이에 공간을 만들어 혈액에 산소와 영양분이 세포에 잘 전달되도록 하는 효과가 인정되어 기타 등급 Ⅱ에 해당한다.

일일 섭취량은 피크노제놀 0.1~0.3g이다.

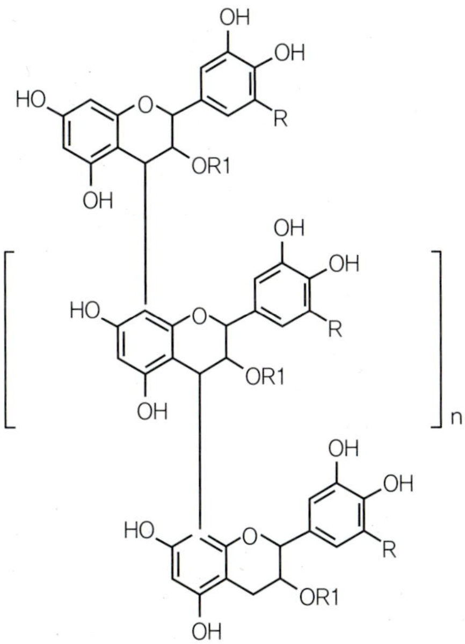

그림 4-25 피크노제놀 구조식

4 카카오분말

카카오분말은 발효시킨 카카오열매를 건조하여 분말화한 것이다. 혈전의 생성을 억제하고 혈전을 용해하여 혈관 이완하고 혈행 개선에 도움을 줄 수 있어 기타 등급 Ⅱ에 해당한다.

일일 섭취량은 2.8g이다.

그림 4-26 카카오열매와 카카오닙스

5 멜론 추출물

멜론 추출물은 산화 스트레스로부터 인체를 보호하며 혈관벽 두께의 증가를 억제하여 혈행을 개선하며, 자외선에 의한 피부홍반을 개선하여 피부 건강에 도움을 줄 수 있다. 멜론 추출물은 신체 내부의 자연 항산화 물질이자 방어 시스템인 SOD(superoxide dismutas: 과산화물제거효소)와 같은 항산화 효소를 증가시키며 DNA 손상을 보호하는 데 도움이 된다는 연구결과가 나와 있다. 기타 등급 Ⅱ에 해당한다.

일일 섭취량은 SOD 활성으로 500~1,000IU이다.

그림 4-27 멜론과 멜론 추출물 제품

6 L-아르기닌

L-아르기닌(L-arginin)은 자연계에 널리 존재하며, 어류 등의 정자단백질 내에 비교적 많이 함유되어 있는 천연형 아미노산이다. 가장 염기성이 강한 아미노산으로 수용액은 알칼리성이다. 비필수아미노산이지만 요소 합성 반응에서 중요한 역할을 하며 오르니틴 회로(ornithine cycle)에 관여한다. 식물 종자나 마늘 중에도 유리 상태로 함유되어 있고, 기타 등급 Ⅱ에 해당한다.

일일 섭취량은 L-아르기닌으로 6g이다.

표 4-9 혈행 개선 건강기능식품

원료	기능	일일 섭취량	등급
γ-리놀렌산 함유 유지	γ-리놀렌산	0.24~0.3g	고시형
영지버섯자실체 추출물	β-글루칸	3g	고시형
은행잎 추출물	플라보놀 배당체(flavone glycoside) (kaempferol, quercetin, isorhamnetin의 합)	0.12g	고시형
홍삼	① Rb1+Rg1 ② Rg3(S)	3g	고시형
정어리정제어유	① DHA ② EPA	0.5~2g	고시형
DHA 농축유지	① DHA ② DHA+EPA	0.9~5.3g	고시형
정제오징어유	① DHA ② EPA	0.5~2g	2
나토배양물	피브린 용해효소 활성	133mg	2
나토균배양분말	피브린 용해효소 활성	44~67mg	2
프랑스해안송껍질 추출물	procyanidin	0.1~0.3g	2
카카오분말	theobromine	2.8g	2
멜론 추출물	SOD	500~1,000IU	2
L-아르기닌	L-아르기닌	6g	2

출처: 식품의약품안전처.

5 CHAPTER

소화기계

소화(digestion)는 섭취한 음식물의 큰 조각이 흡수 가능한 작은 분자형태로 분해되는 과정을 말한다. 이 과정을 통하여 우리는 인체활동 및 유지에 필요한 에너지와 영양소를 얻게 되며 섭취한 음식물이 소화관으로 이동(motility)하면서 소화를 위한 소화액과 효소의 분비(secretion), 흡수(absorption)의 단계로 이루어진다. 인체에는 이와 같은 소화과정을 수행하는 다양한 기관이 있는데 식도(esophagus), 위(stomach), 소장(small intestine), 대장(large intestine)과 같은 소화관(gastrointestinal tract)과 침샘(salivary glands), 간(liver), 담낭(gall bladder), 췌장(pancreas)과 같은 부속기관을 포함한다(그림 5-1).

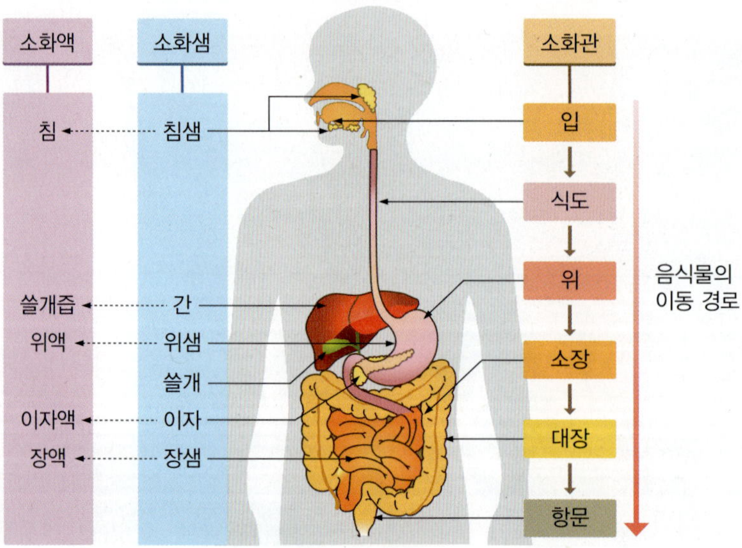

그림 5-1 사람의 소화계와 기능

소화는 음식물을 섭취하는 입에서 시작한다. 음식물은 입에서 저작(chewing)에 의해 잘게 부숴지며 동시에 타액에 있는 아밀라아제(amylase)의 작용을 받아 삼킬 수 있는 수준의 작은 분자형태로 잘라지게 된다. 삼킨 음식물은 식도의 근육 운동을 통하여 위로 이동한다. 위는 큰 주머니 모양의 기관으로 위산(gastric acid)이라는 매우 강한 산을 분비한다. 위산은 식도에서 내려온 음식물을 부분적으로 분쇄하고 혼합하여 반유동성 형태의 유미즙(암죽, chyme)으로 만들어 저장한다. 위에서 저장되었던 암죽은 연동작용에 의해 담즙과 췌장효소 등이 분비되는 소장으로 이동하여 본격적인 소화를 진행하게 된다. 소장에서는 탄수화물과 단백질의 소화를 지속하고 지방 소화를 비롯하여 모든 종류의 영양소가 흡수된다. 이용 가능한 영양소는 흡수되고 남은 물과 무기이온, 소화되지 않은 성분은 대장으로 이동하여 반고체 상태의 대변으로 배설되거나 장내 세균에 의해 분해되어 재흡수된다.

이상과 같이 인체의 생명을 유지하는 데 있어 소화기계는 매우 중요한 역할을 담당한다. 따라서 본 장에서는 소화기계 중 간과 위, 장의 기능과 중요성, 관련 질병, 건강하게 유지하고 개선하는 데 도움을 줄 수 있는 건강기능식품에 관해 알아보고자 한다.

1 간 건강

1) 간의 구조와 기능

(1) 구조

간은 인체에서 가장 큰 장기로 무게는 성인 기준으로 1~1.5kg이고 혈액이 풍부(체내 총 혈액량의 10~15% 보유)하고 암적갈색을 띤다. 위치는 복강 내 횡격막 아래에 있으며 뇌와 같이 복잡한 기능을 수행한다. 특히, 소화기계에서 간은 담즙 분비와 직접적인 연관이 있는데 담즙 생산을 담당하는 담낭(쓸개)은 간 아랫면의 우엽에 있는 홈에 부착되어 있다(그림 5-2).

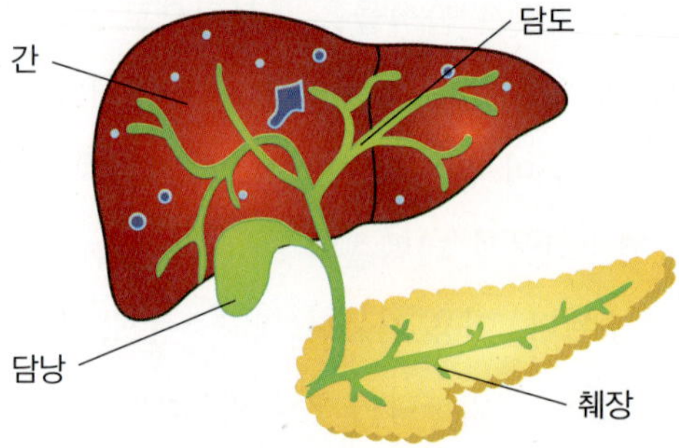

그림 5-2 간의 구조

출처: 질병관리본부 국가건강정보포털. http://health.cdc.go.kr/health/Main.do.

(2) 기능

1 내분비 및 외분비 기능

다양한 조직의 세포 분열을 촉진하는 성장호르몬 분비와 비타민 D 활성화 등의 다양한 호르몬 대사에 관여한다. 또한, 지방의 소화와 흡수에 필요한 담즙산염(bile salt)을 생산하여 분비하고, 아미노산으로부터 알부민(albumin), 지단백질 등 각종 단백질을 생산, 저장 및 분비하는 기능을 한다.

2 혈액응고

각종 혈액응고인자(프로트롬빈: prothrombin; 피브리노겐: fibrinogen)를 생산하고, 비타민 K의 장내 흡수에 필요한 담즙염을 생산한다.

3 유기물 대사

혈중 포도당(glucose)을 글리코겐(glycogen)과 트리아실그라이세롤(triacylglycerol)로 전환, 아미노산을 지방산으로 전환하여 트리아실그라이세롤 합성에 관여한다. 공복 시 글리코겐을 포도당으로 분해하거나 당신생작용을 통하여 혈당(blood glucose) 유지하고 아미노산 분해 마지막 산물인 요소(urea)를 생산한다.

4 콜레스테롤 대사

콜레스테롤 합성 및 분비와 혈중 콜레스테롤을 담즙염으로 전환한다.

5 방어 및 해독작용

비릴루빈(bilirubin)과 다른 색소성분을 담즙으로 분비, 내재성 또는 외부에서 유입된 유기분자를 배출, 노후된 세포나 적혈구를 파괴하여 식작용으로 무독화한다. 한편, 선천성 면역(innate immunity)에 관여하는 인자들을 합성하여 혈액으로 분비하는 중요한 기능을 담당한다.

2) 간 기능 저하 요인과 간질환

(1) 간염 바이러스와 급성 및 만성 간염

간염을 일으키는 바이러스를 간염 바이러스라고 하며 A, B, C, D, E의 5가지 유형이 있다. 간염 바이러스는 간세포에만 감염되는 특이성을 보이며, 직접적으로 간세포를 파괴하지 않고 기생하면서 3가지 형태로 작용한다. 면역계가 바이러스를 인지하지 못하는 경우에는 무증상성 보균자 상태로 바이러스와 간세포가 공생하게 된다. 한편, 면역계가 바이러스를 인지하여 급성 간염(acute hepatitis)을 유발하게 되면 간세포 손상으로 간 기능 저하와 함께 생명 유지에 어려움을 겪을 수도 있다. 급성 간염의 주요 바이러스는 A형으로 전체의 40~50%를 차지하며 간 기능 이상 징후 발병 후 3~4개월 이내에 회복 또는 완치가 가능하다. 마지막으로, 면역계가 일부 바이러스만 인지하면 만성 간염(chronic hepatitis)이 되고 간경변으로 이어질 수 있다. 만성 간염은 C형 바이러스가 주요 원인으로 약 70~80%를 차지하며 6개월 이상 간 기능 이상과 바이러스 감염상태를 보이는 경우로 구분할 수 있다.

간염은 간염 바이러스 외에도 알코올, 약물, 자가면역 및 대사질환 등에 의해 발병할 수 있고, A형 및 B형 간염은 각각 청결한 위생상태 유지와 간염백신을 통하여 예방이 가능하다.

(2) 지방간

정상간은 간 중량의 약 3%를 지질이 차지하고 있으나 중성지방이 간세포에 축적되어 5% 이상이 되면 지방간(fatty liver)으로 분류한다. 지방간은 비만, 당뇨, 알코올, 고칼로리 수액, 내분비질환, 저영양 등이 원인이 되어 발병한다.

지방간은 자각증상이 거의 나타나지 않지만 심하게 진행될 경우 피로, 식욕부진, 복부팽만, 간 비대 등의 증상이 나타난다. 지방간을 장시간 방치하면 간경변으로 진행될 수 있기에 체중 감량과 지방 섭취 제한, 운동 등의 생활습관 개선을 통한 예방이 중요하다(그림 5-3).

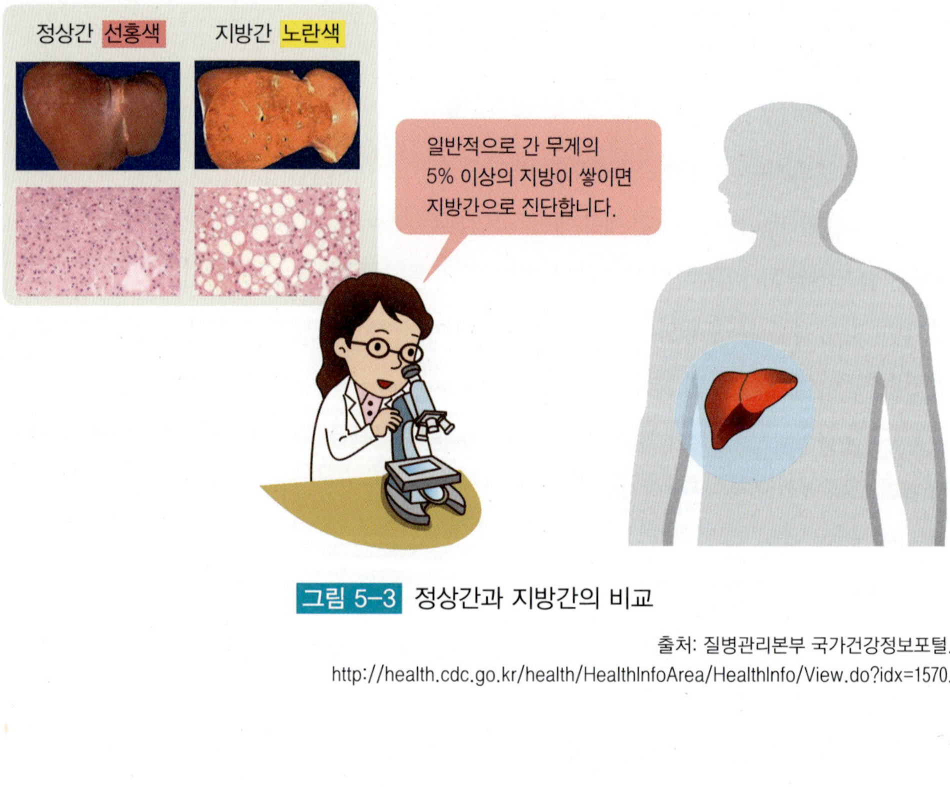

그림 5-3 정상간과 지방간의 비교

출처: 질병관리본부 국가건강정보포털.
http://health.cdc.go.kr/health/HealthInfoArea/HealthInfo/View.do?idx=1570.

(3) 간경변

간세포가 죽음과 재생을 반복하는 과정에서 염증이 지속되면 섬유화(fibrosis), 재생결절(regenerative nodule), 혈관구조의 변형 등이 발생한다. 이처럼 내부구조의 비가역적 변화로 간이 우둘투둘하고 단단하게 바뀌는 질환을 간경변(liver cirrhosis)이라 한다. 간경변은 간염 바이러스에 의한 것이 80% 이상이며, 알코올성 간염 10% 외에 산화스트레스와 같은 기타 원인으로 발병한다(그림 5-4).

자각증상이 미열, 피로, 권태, 식욕부진일 경우에는 임상적으로 경미한 간경변으로 분류하지만, 황달, 복수, 간뇌증 등의 증상을 보이면 간 기능 상실 치료가 필요한 경우로 매우 심각한 상황이 된다. 간경변은 간암, 소화관 출혈, 간 기능 상실 등의 합병증을 유발할 수 있기에 안정과 함께 적절한 단백질과 비타민 보급이 필요하다.

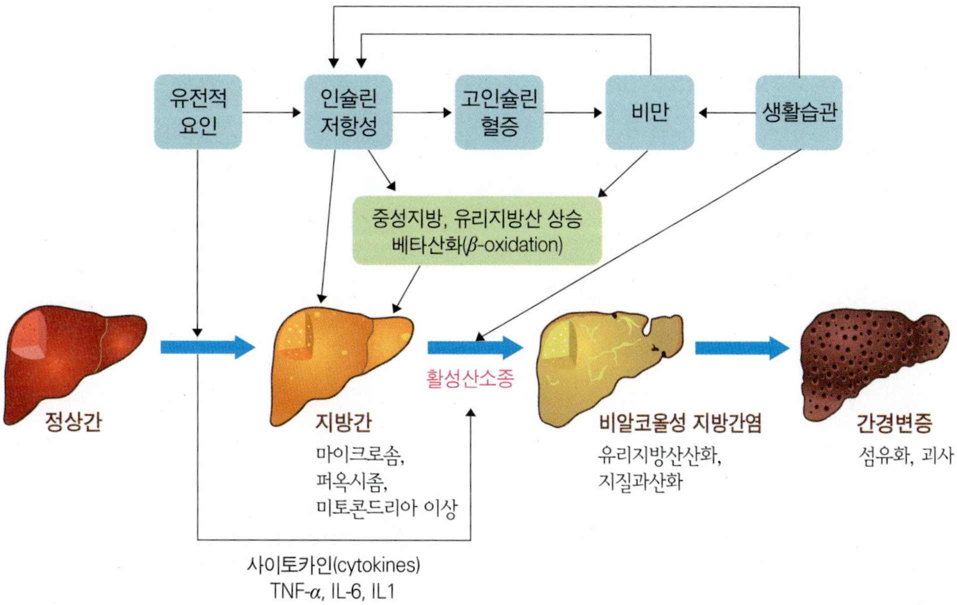

그림 5-4 산화 스트레스와 간경변 발병기전

출처: 식품의약품안전평가원(2015.12.). 건강기능식품 기능성 평가 가이드: 간 건강에 도움을 줄 수 있음.

(4) 간부전(간 기능 상실)

간세포의 죽음과 혈류동태가 파괴되면 간 기능이 저하되는데, 이때 잔존하는 간세포가 보상을 하면 기능 저하에 따른 증상은 나타나지 않지만, 간세포의 보상이 불가능한 경우에는 간부전(liver failure)이 나타난다. 증상은 의식장애, 황달, 복수, 소화관 출혈, 콩팥 기능 상실 등이 있다. 의식장애가 혼수상태로 이어지는 것을 간성혼수(hepatic coma)라고 한다.

(5) 간암

간에 생기는 모든 악성 종양을 간암(liver cancer)이라고 하며 '원발성'과 '전이성'으로 분류한다. 원발성 간암은 간세포암종, 쓸개관암종, 간모세포종 등으로 간암의 90%를 차지한다. 원발성 간암의 원인은 B형 및 C형 간염 바이러스에 의한 만성 간염과 간경변에서 진행되어 발생한다. 그 외에도 혈색소증, 당원병, 경구피임약 복용, 아플라톡신 감염, 알코올 섭취, 자가면역질환, 윌슨병 등이 원인이 된다. 간은 '침묵의 장기'라고 일컫는데, 병이 진행돼도 초기에는 자각증상이 거의 없어 발견하기 어렵기 때문이다. 간 손상에 따른 발열, 복통, 복강 내 출혈, 타 장기 증상(뼈로 전이됨에 따른 골절 등) 등이 나타날 때는 대부분 심각한 상황이다. 간염이나 간경변 등의 기저질환에 따른 간 기능 장애가 동반되기에 치료보다 예방이 필요하다.

간은 우리 체내의 혈액이 모이는 장기이므로 악성 종양의 전이가 용이하여 전이성 간암이 발생할 수 있다. 전이는 주로 위암이나 대장암으로부터 일어나며 폐암, 유방암, 쓸개암, 이자암 등으로부터 전이되는 경우도 있다. 전이성 간암은 원발성 간암과 달리 기저질환에 따른 질환이 아니기에 간 기능 장애가 가벼워 간절제 또는 화학요법 등으로 치료하게 된다.

3) 간 기능 시험 방법

간 기능은 시험관실험, 동물실험, 인체실험에서 확보할 수 있는 바이오마커를 기준으로 평가할 수 있으며 바이오마커를 측정하는 시험 방법의 기준이 정해져 있다. 간 건강을 평가하는 바이오마커는 간 기능 관련 효소나 생화학적 지표, 관련 대사산물 등에 대한 분석과 영상진단 및 조직병리학적 변화 등으로 판단한다(표 5-1).

표 5-1 간 기능 시험의 바이오마커와 시험 방법

구분	바이오마커		측정 가능한 연구 유형		
			시험관	동물	인체
간세포, 담도계 손상	간 기능 관련 효소	아미노전이효소: ALT, AST	○	○	○
		GGT(gamma glutamyltransferase)	○	○	○
		ALP(alkaline phosphatase)		○	○
		LDH(lactate dehydrogenase)		○	○
		5'-Nucleotidase		○	
	배설능	빌리루빈(bilirubin)		○	○
	단백질 합성능	알부민, 글로불린 등		○	○
		프로트롬빈 시간(prothrombin time)			○
		총 담즙산(total bile acids)		○	○
	간세포 사멸	Caspase	○	○	○
		Bcl-2, Bax, p-JNK, p-ERK, p-p38 protein 등	○	○	
	조직병리학적 변화	H&E 염색법		○	

구분	바이오마커		측정 가능한 연구 유형		
			시험관	동물	인체
간 지방 수준	영상진단	간 초음파(liver ultrasonography)			○
		CT(computed tomography)			○
		MRI(magnetic resonance imaging)			○
		MRS(magnetic resonance spectroscopy)			○
	실험실적 방법	지방구 염색법(oil-red O staining)	○	○	
		중성지방 정량	○	○	
간 섬유화 수준	영상 진단	TE(transient elastography)			○
	생화학적 지표	타입 I 콜라겐(type I collagen) 등		○	○
알코올 대사	혈중 알코올 수준 변화, 제거 속도			○	○
	혈중 알데히드 수준 변화, 제거 속도			○	○
	관련 효소	CYP2E1, ADH, ALDH		○	
생체 이물 배설	Phase I 반응효소			○	○
	Phase II 반응효소			○	○
인슐린 저항성, 포도당 대사	혈중 포도당			○	○
	포도당 대사 관련 호르몬	인슐린, 글루카곤 등		○	○
	C-펩타이드(C-peptide)			○	○
	당화혈색소(hemoglobin A1C)			○	○
	인슐린 저항성 지수	HOMA-IR 등			○
비만도	체중			○	○
	신체계측	체질량지수(BMI), 허리둘레 등			○
	체지방량, 복부지방량			○	○
지방 대사	지방합성 또는 분해 관련 효소			○	○
	지방합성 또는 분해 관련 전사인자			○	○
	혈중지질 수준	중성지방, 총 콜레스테롤, LDL 콜레스테롤, HDL 콜레스테롤, 유리지방산 등		○	○
	아디포네틴(adiponectin)			○	○

구분	바이오마커		측정 가능한 연구 유형		
			시험관	동물	인체
항산화, 염증 반응	지질 과산화물	hydroxynonenal, MDA 등	○	○	○
	효소적 항산화 체계	SOD, catalase 등		○	○
	비효소적 항산화 체계	환원형 글루타티온 등	○	○	○
	평균 적혈구 용적(mean corpuscular volume)				○
	사이토카인	TNF-α, IL-6 등	○	○	○
임상 증상 개선	다차원피로척도(multi-dimensional fatigue inventory)				○
	FSS(Fatigue severity scale) 설문지				○
	CIS(Checklist individual strength) 설문지				○
	만성피로증후군 설문(Chalder fatigue scale)				○

출처: 식품의약품안전평가원(2015.12.). 건강기능식품 기능성 평가 가이드: 간 건강에 도움을 줄 수 있음.

(1) 간세포, 담도계 손상

1 간 기능 관련 효소

간이 손상되면 간세포가 파괴되면서 아미노기전이효소인 알라닌 아미노전이효소(ALT: alanine aminotransferase)와 아스파르트산 아미노전이효소(AST: aspartate aminotransferase)가 혈액으로 분비되어 농도가 증가하게 된다. 따라서 간 기능을 평가할 때 혈액에 존재하는 두 종류의 효소 양을 측정하는 방법이 가장 간편하게 널리 사용되고 있다. γ-글루타밀 전이효소(γ-GTP: gamma-glutamyl transferase)는 알코올에 의해 생성이 촉진되므로 알코올 섭취량과 유의적인 관계가 있고 내부장기 지방, 지방간, 인슐린 저항성의 지표가 되기도 한다. 한편, 담도계에 문제가 발생하면 5′-nucleotidase 생성이 증가하는데 간의 배설 기능 장애를 판단하는 지표가 된다.

2 배설능

빌리루빈은 수명을 다한 적혈구가 파괴되면 생성되는데 간세포로 유입되어 수용성으로 변환되어 담관으로 배설된다. 따라서 간세포 손상이나 담관에 문제가 발생하면 수용성 빌리루빈이 배설되지 못하고 혈액에 증가하게 된다.

3 단백질 합성능

간에서만 합성되는 알부민은 간의 합성 기능을 판단하는 척도로 사용하는데 반감기가 15~20일이므로 간경변 등의 만성 간질환의 진단에 효과적이다. 또한, 간은 혈액응고인자를 합성하는데, 이들의 반감기는 1일 정도이므로 프로트롬빈 시간의 측정은 급성 간질환의 경과 확인 등 간세포 기능 평가에 유용하게 이용된다.

(2) 간 지방 수준

간 지방 수준은 주로 초음파, CT(computed tomography: 컴퓨터 단층촬영), MRI(magnetic resonance imaging: 자기공명영상촬영), MRS(magnetic resonance spectroscopy: 자기공명분광법) 등의 영상진단을 통하여 진행한다. 특히, 간 초음파는 안전하고 방사선 노출이 없어 낮은 민감도와 정량적 검사가 불가능하다는 단점에도 불구하고 지방간 여부를 선별할 때 가장 많이 사용한다.

(3) 알코올 대사

체내에 흡수된 알코올은 간세포의 알코올 탈수소효소(ADH: alcohol dehydrogenase)에 의해 아세트알데하이드로 신속하게 분해되고 알데하이드 탈수소효소(ALDH: aldehyde dehydrogenase)의 작용으로 이산화탄소와 물로 완전히 분해된다. 따라서 알코올을 과량 섭취하거나 만성적으로 섭취할 경우 이들 효소의 활성이 증가하게 된다.

(4) 생체이물 배설

간에서 생체이물은 phase Ⅰ과 phase Ⅱ라는 복잡한 대사과정을 거쳐 수용성 물질로 변환되어 소변이나 담즙을 통해 배설된다. 이때 관여하는 효소 중 시토크롬 P450 1A2 (CYP1A2: cytochrome P450 1A2), N-아세틸기 전달효소(NAT: N-acetyl transferase), 잔틴 산화효소(XO: xanthine oxidase)는 phase Ⅰ에 관여하는 효소이다. 한편, 글루타티온 S-전달효소(GST: glutathione S-transferase)는 phase Ⅱ 반응효소로 혈청이나 타액에서 활성 수준을 측정할 수 있다.

(5) 포도당 대사

혈액 중 포도당, 인슐린, 글루카곤의 농도를 측정하여 비알코올성 간 손상의 개선 정도를 평가할 수 있다. 한편, C-펩타이드는 췌장 β-세포에서 인슐린과 동량으로 생성되는 인자로 인슐린의 농도를 가늠할 수 있는 지표이다. 혈구가 생존하는 동안 헤모글로빈의 일부가 포도당과 결합하여 생성되는 당화혈색소(hemoglobin A1c)를 분석하여 포도당 대사 이상을 확인할 수 있다.

인슐린 저항성 또는 민감도 지수를 측정하는 인술린 저항성(HOMA-IR: homeostatic model assessment of insulin resistance)은 공복 시 인슐린 수치와 공복혈당의 곱을 22.5로 나누어 구할 수 있어 단순히 인슐린 수치로만 판단하는 방법보다 신뢰도가 높다.

(6) 지방 대사

비알코올성 간 손상은 지방 대사 이상을 동반하는 경우가 많아 개선 여부를 확인하기 위하여 지방 합성 또는 분해 관련 효소와 전사 인자, 혈중 지질 수준, 아디포넥틴(adiponectin) 등을 분석한다.

1 지방 대사 관련 효소

세포 내 에너지 결핍 시 활성화되는 아데노신 모노포스페이트 활성화 단백질 인산화효소(AMPK: adenosine monophosphate-activated protein kinase)는 지방합성효소를 억제하고 지방산 산화효소 활성을 증가시킨다. 한편, 지방합성효소인 지방산 합성효소(FAS: fatty acid synthase), 아세틸-CoA 카르복실라제(ACC: acetyl-CoA carboxylase),

스테아릴-CoA 불포화효소(SCD: stearoyl-CoA desaurase), 글라이세롤 삼인산 아실전이효소(GPAT: glycerol-3 phosphate acyltransferase) 및 지방분해효소인 카르니틴 팔미토일 전이효소(CPT: carnitine palmitoyl transferase), 지방산 전이효소(FAT: fatty acid translocase), 호르몬 감수성 라이페이스(HSL: hormone-sensitive lipase) 등의 발현 수준을 측정하기도 한다.

2 혈중 지질 수준

간에서는 지단백질 합성 및 대사가 이루어지므로 간에 문제가 발생하면 혈액 내 HDL 콜레스테롤이 감소하는 반면 중성지방과 총 콜레스테롤은 증가한다. 총 콜레스테롤, HDL 콜레스테롤, LDL 콜레스테롤, VLDL 콜레스테롤 함량을 측정하거나 LDL/HDL 콜레스테롤 비율이나 HDL/총 콜레스테롤의 비율을 통하여 개선 정도를 판단한다.

(7) 항산화 및 염증 반응

일반적으로 간 조직 내 지질과산화물인 4-hydroxyl-2,2-nonenal(HNE), 4-hydroxyl-2,3-alkenals(HAKs), MDA(malondialdehyde: 말론다이알데하이드) 등의 농도를 측정한다. 효소적 항산화 체계는 혈액 중 과산화물 제거효소(SOD), 카탈라제(CAT: catalase), 글루타티온 퍼옥시다아제(GPx: glutathione peroxidase)의 수준을 분석하거나 동물연구의 경우 간 조직에서의 항산화 효소 단백질 발현을 측정할 수 있다. 한편, 비효소적 항산화 체계는 간에서 생성되는 강력한 항산화 물질인 글루타티온의 수준을 통하여 분석한다. 간이나 혈액에 존재하는 총 글루타티온(산화형 및 환원형 글루타티온의 총합) 함량을 측정하거나 산화 스트레스 제거에 우수한 환원형 글루타티온의 수준이나 환원형/산화형의 비율에 따라 평가할 수 있다.

참고

식품과학(food science)은 건강기능성분을 풍부하게 함유하고 있는 식재료의 특성을 파악하고 고유의 생물학적 기능을 유지하면서 식품학적 기능성을 부여하기 위한 가공기술을 접목하는 데 목적이 있다. 최근 간 건강과 관련된 질환의 발병이 산화 스트레스와 깊은 연관이 있음이 밝혀지면서 항산화 식이 소재에 관한 관심이 급증하고 있다. 특히, 페놀화합물[phenolic compound: 퀘르세틴, 레스베라트롤(resveratrol), 타임(thyme), 로즈마리(rosemary), 커큐민(curcumin) 등], 카로티노이드[carotenoid: β-카로틴(beta-carotene), 라이코펜(lycopene) 등], 토코페롤(tocopherol)이나 비타민 A와 같은 비타민류의 기능이 다양한 연구로부터 입증되고 있다. 특히, 라이코펜은 간질환에 대한 효능이 세포실험, 동물 및 임상실험에서 모두 확인이 되어 앞으로 활용가치가 더욱 기대된다.

항산화제 구성성분	시험관실험	동물실험	인체실험	TUP
퀘르세틴	?	+/−	?	?
트랜스-레스베라트롤	+	+/−	?	+/−
실리마린(silymarin)	+	?	−	?
에스쿨레틴(esculetin)	?	+	?	?
타임, 로즈마리	?	+	?	?
α-토코페롤	+	?	+/−	+/−
β-카로틴	+	+	+/−	+/−
라이코펜	+	+	+	+

주) +: positive −: negative +/−: doubtful ?: to be better inverstigated

출처: Vitaglione, P., Morisco, F., Caporaso, N., & Fogliano, V. (2005). Dietary Antioxidant Compounds and Liver Health. *Critical Reviews in Food Science and Nutrition*, 44, pp. 7-8, pp. 575-586. DOI: 10.1080/10408690490911701.

4) 간 건강 기능성 식품 원료

간 건강에 도움을 줄 수 있는 기능성 원료는 식품의약품안전처장이 별도로 인정한 263종 원료 중 '간 건강에 도움'의 기능성을 인정받은 도라지 추출물, 밀크씨슬 추출물,

발효울금 외 5건, '알코올 손상으로부터 간 보호에 도움'의 기능성을 인정받은 유산균 발효다시마 추출물, 헛개나무과병 추출물이 있다(표 5-2).

표 5-2 간 건강기능식품

(1) 간 건강에 도움

원료명	기능(지표)성분	일일 섭취량	인정등급 (생리활성기능)
브로콜리스프라우트 분말	sulforaphane	–	3
표고버섯균사체 추출물	β-글루칸	표고버섯균사체 추출물 1.8g	2
밀크씨슬 추출물 [고시된 원료로 전환: 밀크씨슬(카르두스 마리아누스) 추출물]	silymarin	Silymarin 130mg	3
			2
표고버섯균사체	β-글루칸	표고버섯균사체 350mg	2
복분자 추출분말	ellagic acid	복분자 추출분말 3,150mg	2
발효울금	curcumin	발효울금 3g	3
도라지 추출물	platycodin D	도라지 추출물 3g	2
유산균발효마늘 추출물	cycloalliin	유산균발효마늘 추출물 1.5g	2

(2) 알코올성 손상으로부터 간을 보호하는 데 도움

원료명	기능(지표)성분	일일 섭취량	인정등급 (생리활성기능)
헛개나무과병 추출물	dihydromyricetin	–	3
	quercetin	헛개나무과병 추출분말2,460mg	2
유산균발효다시마 추출물	γ-aminobutyric acid	유산균발효다시마 추출물 1.5g	2

출처: 식품의약품안전처(2016.12.). 건강기능식품 기능성 원료 인정 현황.

2 위 건강

1) 위의 구조와 기능

(1) 구조

위는 식도와 소장 사이에 있는 주머니 모양의 기관으로 음식물의 저장, 용해, 부분 소화를 담당하고 섭취한 음식물이 소장으로 비워지는 속도를 조절한다. 특히, 두껍고 많은 주름이 잡혀 있는 위벽에는 3천 500만 개 이상의 분비선이 있어 하루 평균 2L 정도의 위액이 분비된다(그림 5-5).

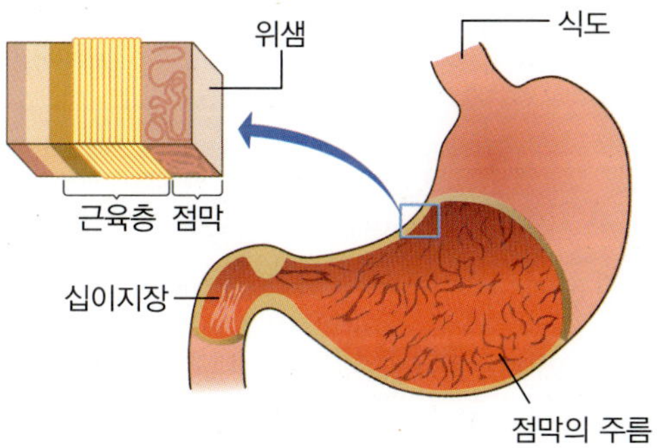

그림 5-5 위의 구조

(2) 기능

1 음식물 소화

위에서의 소화는 음식물과 위액의 섞기 운동에 의해 진행된다. 위에서 분비되는 위액은 위산이라고 칭하는 염산(hydrochloric acid)과 단백질 소화효소인 펩신(pepsin)으로 구성되며, 위액 중 0.4~0.5%를 차지하는 염산은 강산성(pH 0.3~1.7)으로 가스트린

(gastrin)에 의해 분비가 촉진된다. 염산은 펩시노겐(pepsinogen)을 펩신으로 활성화하고 위 내 산성 환경을 유지시켜 단백질을 소화시키는 작용을 한다.

2 음식물 저장 및 이동

위에서 소화가 이루어진 음식물은 유미즙 형태로 저장되어 있다가 연동운동에 의해 순차적으로 십이지장으로 이동하여 소장에서 소화된다.

3 음식물 살균

위액 중 염산은 음식물에 있는 세균과 이물질을 사멸하고, 위 내용물이 발효되고 부패되는 것을 방지하여 정상적으로 소화되도록 한다.

2) 위 건강

(1) 위궤양

궤양(ulcer)은 점막의 표면조직이 결손되는 상태로 점막근육판을 넘지 않는 결손은 미란(erosion), 그 이상 결손이 일어나서 장막을 초과하여 구멍이 생겨서 소화관과 복강이 연결되면 천공(perforation), 장막까지 구멍이 생겼으나 다른 장기로 막혀 있는 경우는 관통(penetration)이라 칭한다.

궤양은 점막방어기전의 불균형에서 오는데 방어 인자인 점액, 알칼리 분비, 세포재생, 점막혈류와 공격 인자인 *H. pylori*(*Helicobacter pylori*, 헬리코박터 파일로리), 염산, 펩신, 점막손상물질(알코올, 카페인, 활성산소 등) 간의 균형이 깨지면서 진행된다. 한편, 스트레스는 신경계와 내분비계의 균형을 방해하여 점막방어기전의 불균형을 초래하는데 이런 경우 급성 궤양(또는 스트레스성 궤양)을 일으킨다. 궤양의 증상은 오심, 구토, 토혈, 하혈 등이 있으며 식후 30~40분 후 통증은 위궤양, 공복 시 통증은 샘창자 궤양으로 통증을 느끼는 시기가 다르다.

(2) *H. pylori*(*Helicobacter pylori*) 감염증

한국인의 약 80%가 *H. pylori* 에 감염되어 있으나 모두가 질병으로 발병하지는 않는다. *H. pylori*는 요소분해효소(urease)를 생산하는 나선 모양의 세균으로 요소를 분해하여 암모니아를 만들기에 위산을 중화시키는 작용을 한다. 모든 감염자가 치료를 받아야 하는 것은 아니지만, 소화성 궤양 환자나 조기위암으로 절제수술을 한 환자 등의 경우에는 항생제 치료가 필요하다.

(3) 위염

위 점막에 발생하는 염증성 질환을 위염(gastritis)이라고 하며 발병 정도에 따라 급성과 만성으로 분류한다. 급성 위염(acute gastric mucosal lesion)은 갑작스러운 명치 부위의 통증과 함께 토혈, 하혈 등이 동반되는데 약물, 알코올, 스트레스가 3대 원인으로 위를 편안하게 금식을 하고 안정, 수액보충, 식사요법을 실시한다. 만성 위염(chronic gastric mucosal lesion)은 자가면역기전(대표적인 것은 악성빈혈)에 의한 A형과 *H. pylori*가 원인인 B형으로 분류하는데 B형이 압도적으로 많다. 만성 위염의 자가증상은 복부팽만, 구토, 오심, 상복부 통증 등이 있다.

(4) 위암

위 점막 상피세포에 발생하는 악성 종양을 위암(gastric cancer)이라 하며 50~60대 남성에게 많이 발생하고 약 60%가 위 몸통의 하부에서 발생한다. 종양은 증상이 진행된 정도에 따라 0형은 조기암, 1~4형은 진행암, 5형은 분류 불능형으로 나눈다. 조기암은 암의 침윤이 점막 밑층까지 진행된 상태이며, 고유근육층까지 도달하면 진행암으로 분류한다. 증상은 속쓰림, 소화불량, 식후 복부팽만감, 명치 부위 통증 등이 있으며 병이 진행이 되면서 구토, 토혈, 하혈, 체중 감소 등이 나타난다.

3) 위 기능 시험 방법

위 건강은 시험관실험, 동물실험, 인체실험에서 확보할 수 있는 바이오마커를 기준으로 평가할 수 있으며 바이오마커를 측정하는 시험 방법의 기준이 정해져 있다. 위 건강을 평가하는 바이오마커는 소화효소, 소화관 흡수능, 연동운동 등에 대한 소화과정에서의 기능성을 평가하는 방법과 *H. pylori* 감염과 면역 반응에 대해 평가할 수 있다(표 5-3).

표 5-3 위 기능 시험의 바이오마커와 시험 방법

구분	바이오마커		측정 가능한 연구 유형		
			시험관	동물	인체
소화 과정	소화효소 분비	아밀라아제(α-amylase) 활성	○	○	
		프로테아제 활성	○	○	○
		리파아제 활성	○	○	
	담즙산 분비	담즙산 농도		○	
	위산 분비	위산도		○	
		펩신 활성		○	
	호르몬 분비	가스트린		○	○
		gastric inhibitory peptide(GIP)		○	○
		peptide YY(PYY)		○	○
	소화관 흡수능	SBT(sucrose breath test)			○
		분변 내 총 지방 농도		○	○
	위/소장 운동	5-HT(hydroxytryptamine)$_4$ 수용체		○	
		dopamine-D_2 수용체		○	
		위배출능(gastric emptying)		○	○
		위/소장 운동능		○	

구분	바이오마커		측정 가능한 연구 유형		
			시험관	동물	인체
소화 과정	임상적 증상	FD-QoL(functional dyspepsia-related quality of life) questionnaire 24			○
		GIS(gastrointestinal symptom) questionnaire			○
		HKID(Hong Kong index of dyspepsia)			○
		PGA(patient's global assessment)			○
		삶의 질 개선(SF-36)			○
위 건강	위 점막 보호	혈장 히스타민 농도		○	
		히스타민 2 수용체	○	○	
		콜레시스토키닌 2 수용체	○	○	
		무스카린 아세틸콜린 수용체 M3	○	○	
		cAMP 농도	○		
		H^+ /K^+ ATPase 발현	○	○	
		뮤신	○	○	○
		프로스타글란딘 E_2		○	
		위 손상 억제율(%)		○	
		궤양 정도(%)		○	
		염증 지수		○	
		위산 분비 억제능(제산능)	○	○	
	H. pylori 감염	NADPH oxidase 활성	○		
		요소분해효소 활성	○		
		^{13}C-urea breath test(^{13}C-UBT)			○
		TLR(toll-like receptor) 발현	○	○	
		H. pylori cagA/vac A 유전자 감별			○
		펩시노겐 I 과 펩시노겐 II 비율			○

구분	바이오마커		측정 가능한 연구 유형		
			시험관	동물	인체
위 건강	*H. pylori* 감염	가스트린-17			○
		최소 억제 농도 (MIC: minimum inhibitory concentration)	○		
		H. pylori 균 수	○		
	H. pylori 면역 및 염증 반응	defensins	○	○	○
		NF-kB(nuclear factor-kB)	○	○	○
		인터페론(IFN-γ, Interferon γ)	○	○	○
		TNF-α(tumor necrosis factor-α)	○	○	○
		림프구아형(T 림프구, B 림프구)	○	○	○
		면역글로블린(immunoglobulin, Ig)A, IgG, IgM	○	○	○

출처: 식품의약품안전평가원(2016. 6.). 건강기능식품 기능성 평가 가이드: 위 건강/소화 기능 개선에 도움을 줄 수 있음.

(1) 소화 관련 바이오마커

위 건강을 평가하는 방법 중 소화 관련 인자로는 소화효소, 담즙산, 위산, 호르몬 등의 분비능과 소화관 흡수능 및 연동운동이 관여한다.

1 소화효소

3대 주요 영양소인 탄수화물, 단백질, 지방의 소화에 관여하는 아밀라아제(α-amylase), 프로테아제(protease), 리파아제(lipase)의 활성을 측정할 수 있다. 타액과 췌장에서 분비되는 아밀라아제는 전분을 덱스트린으로 분해한 후 맥아당(maltose), 말토트리오스(maltotriose), 올리고당 등으로 분해한다. 기질로 ρ-nitrophenyl-α-D-maltopentoglycoside(ρ-니트로페닐-α-D-말토펜토글리코사이드)를 사용하여 아밀라아제 효소 반응 후 405nm에서 흡광도를 측정하거나 실험동물의 췌장 내 효소활성을 분석한다. 단백질의 펩타이드 결합을 가수분해하는 프로테아제는 위에서 생성하는 펩신을 비롯하여 췌장 내 트립신, 엘라스티나아제(elastinase), 펩티다아제(peptidase) 등을 포함하는 것으로 활성 증가 시 단백질 소화가 증진된다. 아조카세인(azocasein) 용액을 기질로 효소 반응을 진행하여 TCA(trichloroacetic acid: 트리클로로아세트산)로 반응을 정지시킨 다음, 상등액에 존재하는 가수분해물의 농도를 440nm에서 측정한다. 한편, 중성지방을 지방산과 글리세롤로 가수분해하는 리파아제는 이소옥탄(isooctane)을 용해시킨 오일을 기질로 효소 반응을 진행하여 720nm에서 흡광도를 측정한다. 동물실험의 경우에는 소장 내용물을 취하여 얻은 상등액에 대하여 효소법으로 활성을 측정할 수 있다.

2 담즙산 분비

소화에 의해 생성된 유미즙이 십이지장에 가면 콜레시스토키닌(cholecystokinin)이 분비되어 담즙 분비를 촉진한다. 동물실험에서 담즙산 분비능은 유동식은 폴리에틸렌글리콜(PEG: polyethylene glycol), 고형식은 동위원소주사 ^{99m}TC sulfur colloid(175uCi)를 표지자로 사용하여 검사물 내 함량을 측정하여 십이지장 내 유량과 검사물 내 담즙산 농도의 곱을 구하여 측정한다.

3 위산 분비

위의 산도는 높게 pH는 낮게 유지하는 것이 중요한데 실험동물의 위액을 모아 페놀프탈레인 지시약으로 0.01 N NaOH 중화적정을 통하여 총 산도(μEq/mL)를 측정한 다음, 총 위산 분비량(μEq/6hr)을 계산하여 단위시간당 위산 분비액으로 환산한다. 위에서 분비되는 펩신은 단백질 소화에 관여하는데, 실험동물의 위액과 헤모글로빈 기질 용액을 반응시킨 후 Folin-ciocalteau's agent를 가하여 595nm에서 흡광도를 측정하여 활성을 구한다.

4 호르몬 분비

소화에 관여하는 호르몬으로 가스트린, 가스트린 저해 펩타이드(GIP: gastric inhibitory peptide), 펩타이드 YY(PYY: peptide YY)가 있다. 가스트린은 위액 분비 촉진과 위 운동을 강화하는 역할을 하며 405nm에서 흡광도를 측정하여 구할 수 있다. 가스트린 저해 펩타이드는 가스트린 생성 억제 및 위산 분비와 위 운동을 억제하는 성분으로, 십이지장 내의 포도당 또는 지방이 증가하거나 위산도가 높아지면 분비된다. 펩타이드 YY는 위산 분비 억제, 췌장 분비 기능 억제, 장 통과시간 지연 등에 관여하며 방사선 면역측정법으로 분석할 수 있다.

(2) 위 점막 관련 바이오마커

1 위 점막 보호

실험동물에게 위 손상을 유발하는 시험물질을 투여한 후 현미경으로 손상된 위의 길이나 면적을 측정하여 위 손상 억제율(%), 궤양 정도(%), 염증지수 등을 구한다. 생화학적 지표로는 혈장 내 히스타민 농도(효소면역법), 위벽 세포에서 히스타민 2 수용체, 콜레시스토키닌 수용체, 무스카린 아세틸콜린 수용체 등의 발현(RT-PCR)과 cAMP 농도의 증가 정도를 측정한다.

2 *H. pylori* 감염

시험물질의 항균능력을 최소억제농도(MIC: minimum inhibitory concentration)와 *H. pylori* 균체 수를 통하여 분석한다. 또한, *H. pylori* 감염 시 활성산소가 증가하면 NADPH 산화효소 활성이 증가하고, *H. pylori*에 의해 생성되는 요소분해효소 등의 활성을 측정하여 감염 여부와 개선 정도를 확인할 수 있다.

4) 위 건강 기능성 식품 원료

식품의약품안전처장이 별도로 인정한 263종 원료 중 위 건강에 도움을 줄 수 있는 기능성 원료는 4가지 기능성으로 분류된다. '헬리코박터균 증식 억제 및 위 건강에 도움'을 인정받은 감초 추출물, '위 불편감 개선에 도움'의 기능성을 인정받은 매스틱검, '위 점막을 보호하여 위 건강에 도움'으로 비즈 왁스 알코올, '담즙 분비를 촉진하여 지방소화에 도움'에 아티초크 추출물이 있다(표 5-4).

표 5-4 위 건강기능성 식품

원료명	기능(지표)성분	일일 섭취량	인정등급 (생리활성기능)
비즈 왁스 알코올	① 1-tetracosanol(C24) ② 1-hexacosanol(C26) ③ 1-octacosanol(C28) ④ 1-triacotanol(C30) ⑤ 1-dotriacotanol(C32) ⑥ 1-tetratriacontanol(C34)	비즈 왁스 알코올 50mg	2
아티초크 추출물	chlorogenic acid	아티초크 추출물 1.92g	2
감초 추출물	glabridin	감초 추출물 150mg	2
매스틱검	총 식이섬유	매스틱검 1,050mg	2

출처: 식품의약품안전처(2016.12.). 건강기능식품 기능성 원료 인정 현황.

3 장 건강

1) 장의 구조와 기능

(1) 구조

장(intestine)은 소장과 대장으로 구분되며, 사람의 소장은 위와 연결되어 길이가 6m 이상의 매우 긴 관의 형태이다. 소장은 십이지장(duodenum), 공장(jejunum), 회장(ileum)으로 구분되며 소장벽에는 무수히 많은 융모와 미세융모가 있어 넓은 표면적을 제공한다. 대장은 소장과 연결되는 소화관으로 길이가 1.5m 정도로 맹장(cecum), 결장(colon), 직장(rectum)으로 구분되어 복강의 상하좌우를 둘러싸고 있다(그림 5-6).

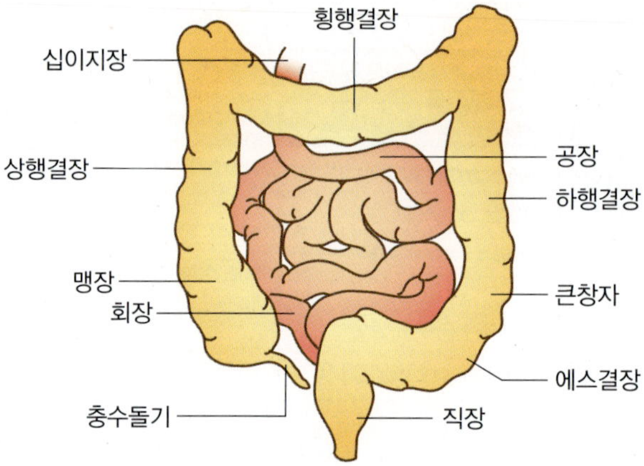

그림 5-6 장의 구조

출처: 식품의약품안전평가원(2015. 12.). 건강기능식품 기능성 평가 가이드: 장 건강에 도움을 줄 수 있음.

(2) 기능

체내에서 장의 역할은 섭취한 음식물을 효율적으로 소화하여 필요한 영양소를 흡수하고 불필요한 노폐물을 배설하는 것이다. 건강한 장의 정의는 정상적인 음식물의 소화와 흡수, 장내 분비기능이나 염증상태 등 비정상적인 질환 부재, 장내 미생물 군집의 정상적이고 안정적인 종류와 수의 유지, 면역체계 및 건강한 생활의 질적 유지 등이 포함된다(그림 5-7).

1 소화와 흡수

소장에서는 탄수화물과 단백질의 소화가 계속되고, 지방의 소화가 시작되며, 모든 영양소가 흡수된다. 본격적인 소화를 위하여 췌장(pancrease)과 소장에서 다양한 소화효소와 호르몬으로 구성된 췌액(pancreatic juice)과 장액(intestinal juice)을 생산하여 분비하면 소장에서 탄수화물과 단백질을 소화시켜서 영양소의 형태로 소장벽에서 흡수하는 작용을 한다. 한편, 간에서 생산한 담즙산염과 지방소화효소인 리파아제에 의해 지방이 지방산(fatty acid)과 글리세롤(glycerol)로 분해되고, 지용성 비타민과 함께 소장벽에 흡수된다. 한편, 대장에서는 소화되지 않은 식이섬유와 같은 물질을 대장 내 세균

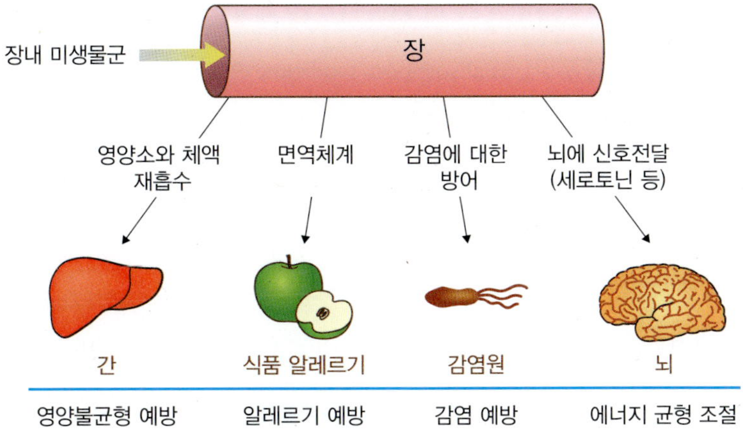

그림 5-7 장의 기능

출처: Bischoff, S. C. (2011). Gut health: a new objective in medicine?. *Bischoff BMC Medicine*, 9, 24-37.

이 발효시켜 생산한 단쇄지방산(short-chain fatty acid)과 미생물에 의해 합성된 비타민 K와 같은 소량의 비타민을 재흡수하는 기능을 한다.

2 노폐물 배설

소화가 끝난 음식물은 소장의 연동운동(peristalisis), 분절운동(segnenting movement), 진자운동(pendular movement)에 의해 대장으로 이동한다. 대장의 장액에는 소화효소는 없고 점액소가 있어 세균이나 자극성 물질로부터 대장벽을 보호하고 분변의 이동이 원활하게 이루어질 수 있게 한다. 대장에서는 음식물에 남아 있는 수분과 전해질을 흡수하고 소화가 되지 않고 남은 찌꺼기를 분변으로 배설한다.

2) 장 기능 관련 질환

(1) 흡수 불량

음식을 섭취하면 소화기 계통에서는 소화가 진행된다. 소화과정을 통해 커다란 음식물은 작은 영양소 단위로 분해된 후 흡수되며, 인체의 각 부위가 해당 역할을 할 수 있도록 돕는다. 따라서 소화와 흡수 중 하나라도 문제가 발생하면 영양소 결핍이 나타나는데 이를 흡수불량증후군(malabsorption syndrome)이라 한다. 자가증상은 체중 감소, 저단백혈증, 비타민과 무기질 부족에 따라 탈모, 구각염, 복부팽창, 빈혈, 근육소모, 골연화증, 신경장애, 부종 등으로 다양한 증상이 나타난다.

(2) 배변장애

사람마다 배변활동에 차이가 있지만 일반적으로 3~4일에 한 번 미만으로 배변을 하거나 두통, 식욕 저하, 구토, 복부팽만 등의 증상과 함께 잔변감이 있으면 변비(constipation)로 분류한다. 분변이 장기간 대장 내에 머무르게 되면 체내로 흡수되는 수분이 증가하면서 분변이 더욱 단단하고 건조하게 증상이 악화된다. 변비의 원인은 대장 운동의 감소와 함께 식사량 감소, 수분 섭취 감소, 불규칙한 배변 습관, 운동 부족, 노화, 임신 등이 있다. 특히, 최근 식습관의 변화로 식이섬유 섭취가 감소하여 분변량이 감소하는 것이 주요 원인이 되고 있다. 임상진단 방법으로 가장 널리 사용되는 것이 '로마 기준 Ⅲ(Rome Ⅲ criteria)'이다(표 5-5). 설사(diarrhea)는 변비와 반대로 배변횟수가 하루 4회 이상 증가하고 분변 내 수분포화도가 높아지면서 하루 분변량이 200g 이상이 되는 비정상적인 상태를 말한다. 설사의 원인은 세균이나 바이러스 감염, 장내 염증과 궤양 등의 질환 발병, 약물, 스트레스 등이 있다.

표 5-5 기능성 변비의 로마Ⅲ 진단기준

- 최근 3개월 동안 일주일에 3회 미만의 배변이 있는 경우
- 최근 3개월 동안 굳거나 덩어리진 변이 배변 4회 중 1회 이상인 경우
- 최근 3개월 동안 대변을 보기 위해 과도한 힘을 준 적이 배변 4회 중 1회 이상인 경우
- 취근 3개월 동안 배변 후 잔변감이 배변 4회 중 1회 이상인 경우
- 최근 3개월 동안 배변할 때 변이 나오지 않는 느낌이 배변 4회 중 1회 이상인 경우
- 최근 3개월 동안 배변을 완전히 보기 위해 손으로 항문 주위를 누르거나 대변을 제거한 경험이 배변 4회 중 1회 이상인 경우

출처: 식품의약품안전평가원(2015.12.). 건강기능식품 기능성 평가 가이드: 장 건강에 도움을 줄 수 있음.

(3) 과민대장증후군

복통과 경련, 변통 이상(설사형, 변비형, 설사변비교대형) 등의 배변활동 변화를 포함하는 대장의 기능 질환으로 아직까지 원인을 정확하게 알지 못하고 있지만 대장 근육 문제 또는 스트레스, 성격 등이 관여하는 것으로 알려져 있다. 나이와 무관하다고 하지만 사춘기 여성이나 40대 남성 등이 주로 발병한다.

(4) 대장게실

게실(diverticulum)은 대장 점막층이 작은 주머니 모양으로 근육막을 통하여 밖으로 튀어나와 생긴 것으로 주로 45세 이상의 남녀와 비만인에게 발생하며 60세 이상 환자가 전체의 1/3을 차지한다. 섬유소 부족으로 분변량이 적어지면 배변 시 장관 내 압력이 증가하여 게실을 초래하기에 식이섬유소 부족에 따른 질환이라고 볼 수 있다. 자가증상은 거의 없지만 복부팽만감이 있고 장에 가스가 차며 복통이 유발될 수 있다. 합병증으로 감염과 출혈이 발생하면 복통, 메스꺼움, 발열이 동반할 수 있다.

3) 장 기능 시험 방법

장 기능은 시험관실험, 동물실험, 인체실험에서 확보할 수 있는 바이오마커를 기준으로 평가할 수 있으며 바이오마커를 측정하는 시험 방법의 기준이 정해져 있다. 장 건강에 대한 평가는 소화·흡수 개선, 배변습관, 장관면역 조절, 장내 미생물 개선 등으로 판단한다(표 5-6).

표 5-6 장 기능 시험의 바이오마커와 시험 방법

구분	바이오마커			측정 가능한 연구 유형		
				시험관	동물	인체
소화, 흡수 개선	유당 호기 검사(lactose breath test)					○
	포도당 호기 검사(glucose breath test)					○
배변 습관 개선	변 중량				○	○
	변의 굳기 및 형태	변의 수분 함량			○	○
		변의 형태				○
	소화관 운동능	대장통과시간(intestinal transit time)			○	○
		장관 운동능			○	
	임상적 증상	배변 횟수, 변 굳기, 통변감 등				○
장관 면역 조절	점막 장벽 기능	장 투과성 검사(intestinal permeability test)			○	○
		장내 세균 전위 평가(bacterial translocation)			○	○
		점막 장벽 온전성(mucosal barrier integrity)			○	○
		뮤신 분비 및 유전자 발현			○	○
	과도한 염증 반응 억제	사이토카인	TNF-α, IL-1β 등		○	○
		면역작용	식균작용(phagocytic activity)		○	○
			Oxidative(respiratory) burst		○	○
			IgG, IgA		○	○
			림프구아형(lymphocyte subsets)		○	○
			T 세포 조절인자		○	○
		염증 반응 관련 인자	Leukotriene B_4		○	○
			Prostaglandin E_2		○	○
			C-Reactive Protein		○	○
			Inducible nitric oxide synthase		○	○
			NF-kB 발현		○	○
			Myeloperoxidase 활성		○	○

구분	바이오마커				측정 가능한 연구 유형		
					시험관	동물	인체
장관 면역 조절	조직 변화	조직학적 손상 정도 및 병변				○	
	지사 효과	설사 빈도, 완화 소요 시간 등				○	○
	임상적 증상	설사 수준(Visual analogue scale, Likert scale)					○
장내 미생물 개선	세균 동정 및 세균 수	유익균	비피더스균, 락토바실러스균 등		○	○	○
		유해균	병원성대장균, 황색포도상구균 등		○	○	○
	메타지노믹스(metagenomics)						○
	장내 세균에 의한 부패산물				○	○	○
	장내 유해효소 활성(β-glucuronidase)				○	○	○
	장내 pH				○	○	○
	단쇄지방산(short chain fatty acids)				○	○	○
	탄소원 이용능				○		
	Caco-2 세포에 대한 병원균 접착저해 활성				○		
장 불편감 개선	방귀 횟수						○
	불편감 수준: 복부통증, 복부 더부룩함 또는 복부팽만 등						○
	삶의 질						○

출처: 식품의약품안전평가원(2015.12.). 건강기능식품 기능성 평가 가이드: 장 건강에 도움을 줄 수 있음.

(1) 소화, 흡수 개선

소장에서 소화 및 흡수되지 못한 당은 결장에서 세균에 의해 발효되어 수소가스를 발생시켜 폐를 통해 배출시킨다. 따라서 12시간 이상 금식 후 유당 또는 포도당 용액의 섭취 전과 섭취 후 4시간 동안의 호기를 취하여 수소 농도가 20ppm 이상으로 증가하면 당류의 흡수장애로 진단할 수 있다.

(2) 배변습관 개선

대변의 양 증가, 대변 내 수분 함량, 대변의 형태 등을 관찰하여 배변습관 개선 정도를 분석할 수 있다. 한편, 소화관의 운동성 평가 방법에는 방사선 비투과물질을 섭취하여 대변으로 나올 때까지 걸리는 시간을 측정하는 대장통과시간(intestinal transit time)과 실험동물의 소화관 부위를 적출하여 근육절편의 수축력, 수축 빈도, 수축장력 값을 장관운동기록법(physio graph)으로 분석하는 방법 등이 있다.

(3) 장내 미생물 개선

장내 세균 증식 상태는 변을 취하여 균질화한 후 혐기적 및 호기적으로 배양하여 배양된 집락의 수를 확인하여 장에 서식하는 세균의 종류와 수를 판단한다. 한편, 다양한 장내 미생물을 동정하는 방법으로 PCR(중합효소연쇄반응)과 full bacterial sequencing 기법을 혼합한 메타지노믹스(metagenomics)가 활용될 수 있지만 고도의 기술을 요하므로 많이 사용되지 않는다. 이와 같은 직접적인 장내 세균을 분석하는 방법과 달리 유해균이 생성하는 부산물인 암모니아(ammonia), 아민(amine), 인돌(indole) 등을 분석하는 방법도 있다.

4) 장 건강 기능성 식품 원료

식품의약품안전처장이 별도로 인정한 장 건강에 도움을 줄 수 있는 기능성 원료는 '장내 유익균 증식 및 유해균 억제에 도움' 10건, '면역을 조절하여 장 건강에 도움' 1건, '배변활동 원활에 도움' 9건으로 3가지 기능성에 대해 총 20건의 원료가 인정받았다(표 5-7).

표 5-7 장 건강기능성 식품

(1) 장내 유익균 증식 및 유해균 억제에 도움

원료명	기능(지표)성분	일일 섭취량	인정등급 (생리활성기능)
이소말토올리고당	이소말토올리고당* * isomaltose, kojibiose, nigerose, isomaltotriose, panose, isomaltotetraose, isomaltopentaose 이소말토올리고당* * isomaltose, isomaltotriose, panose, isomaltotetraose, isomaltopentaose	이소말토올리고당 8~12g	2
대두올리고당	stachyose, raffinose	stachyose + raffinose 2~3g	2
라피노스 (고시된 원료로 전환)	lactulose	라피노스 3~5g	2
액상프락토올리고당 (고시된 원료로 전환: 프락토올리고당)	프락토올리고당 [1-케이스토스(GF2) + 니스토즈(GF3) + 프락토퓨라노실니스토즈(GF4)]	프락토올리고당 3~8g	2
구아검 가수분해물 (고시된 원료로 전환)	식이섬유	구아검 가수분해물 7~21g	2
커피만노올리고당 분말	만노올리고당*의 합 * mannobiose, mannotriose, mannotetraose, mannopentaose, mannohexaose	만노올리고당 1.0g	2
락추로스파우더	lactulose	락추로스파우더 650~3,000mg	2
자일로올리고당	자일로올리고당 (xylo-oligosaccharide)	자일로올리고당 0.7~7.5g	2
밀전분유래 난소화성 말토덱스트린	식이섬유	밀전분유래 난소화성 말토덱스트린 8~20g	2
갈락토올리고당	galactooligosaccharide	갈락토올리고당 2.1~8.4g	3

(2) 면역을 조절하여 장 건강에 도움

원료명	기능(지표)성분	일일 섭취량	인정등급 (생리활성기능)
프로바이오틱스 (VSL#3)	*Streptococcus thermophilus* *Lactobacillus acidophilus* *Lactobacillus delbrueckii ssp bulgaricus* *Lactobacillus casei* *Lactobacillus plantarum* *Bifidobacterium longum* *Bifidobacterium infantis* *Bifidobacterium breve*	프로바이오틱스 $1\times10^{8}\sim3\times10^{12}$CFU	2

(3) 배변활동을 원활하게 하는 데 도움

원료명	기능(지표)성분	일일 섭취량	인정등급 (생리활성기능)
목이버섯(고시된 원료로 전환: 목이버섯 식이섬유)	식이섬유	① 목이버섯 4g/회 ② 식이섬유 1.8g/회 이상	2
이소말토올리고당	이소말토올리고당* * isomaltose, kojibiose, nigerose, isomaltotriose, panose, isomaltotetraose, isomaltopentaose	이소말토 올리고당 8~12g	2
	이소말토올리고당* * isomaltose, isomaltotriose, panose, isomaltotetraose, isomaltopentaose		
대두 올리고당	stachyose, raffinose	Stachyose, raffinose의 합 2~3g	2
라피노스 (고시된 원료로 전환)	raffinose	라피노스 3~5g	2
분말한천 (고시된 원료로 전환)	총 식이섬유	분말한천 2~5g	2

원료명	기능(지표)성분	일일 섭취량	인정등급 (생리활성기능)
액상 프락토올리고당 (고시된 원료로 전환: 프락토올리고당)	프락토올리고당 [1-케이스토스(GF2) + 니스토즈(GF3) + 프락토퓨라노 실니스토즈(GF4)]	프락토올리고당 3~8g	2
커피만노올리고당 분말	만노올리고당* 의 합 * mannobiose, mannotriose, mannotetraose, mannopentaose, mannohexaose	만노올리고당 1.0g	2
자일로올리고당	자일로올리고당	자일로올리고당 0.7~7.5g	2
무화과 페이스트	식이섬유	신청 원료 300g	2

출처: 식품의약품안전처(2016. 12.). 건강기능식품 기능성 원료 인정 현황.

6 CHAPTER

신경계

1 뇌

1) 뇌 구조

뇌는 약 1000억 개의 뇌세포와 약 10조~100조 개의 신경 네트워크로 구성되어 인간의 모든 정신활동과 육체활동을 조정하는 기관이다. 신생아의 뇌 무게는 350g이며, 성인은 그 4배인 약 1,300g이다. 뇌는 호흡, 맥박, 체온과 같은 생명 현상부터 감정, 추리, 창조 등 인간의 모든 정신적 활동까지 통제한다.

1 대뇌

대뇌는 뇌 질량의 80%를 차지하고 주로 고차원의 정신 기능과 활동을 담당한다. 대뇌는 우반구와 좌반구로 구성되며 뇌량에 의해 연결되어 있고, 전두엽, 두정엽, 측두엽, 후두엽, 섬으로 구성되어 있다.

표 6-1 대뇌의 각 부위와 기능

부위	기능
전두엽	골격근 수의 운동 통제, 개성, 지적 활동, 구두 교신
두정엽	체성 감각, 정서, 생각을 표현하는 능력, 구조와 모양에 대한 해석
측두엽	청각 감각, 청각 및 시각 경험의 기억
후두엽	시각의 인지
섬	기억, 감각과 내장의 통합

2 소뇌

소뇌는 뇌에서 두 번째로 큰 구조이다. 소뇌는 운동학습과 운동 중 관절운동의 조정과 사지운동 시 타이밍을 맞추고 적절한 힘을 내게 하는 데 필요하다.

3 중뇌

중뇌는 간뇌와 뇌교 사이에 위치한다. 중뇌는 2개의 도파민 작동성 뉴런, 즉 흑질선조체계(nitrostriatal system)와 중변연계(mesolimbic system)로 되어 있다. 흑질선조체계는 운동협동에 필요하다. 만약 흑질선조체계의 신경섬유가 변성되면 파킨슨병에 걸리게 된다. 중변연계는 행동과 보상에 관여한다.

4 간뇌

간뇌는 시상, 시상하부, 뇌하수체의 일부분을 포함한다. 시상은 간뇌의 약 3/4을 구성하고, 냄새를 제외한 모든 감각정보를 대뇌에 전달한다.

시상하부는 간뇌의 가장 아랫부분에 있으며, 배고픔이나 갈증, 뇌하수체로부터의 호르몬 분비를 통한 대사 조절, 체온 유지 등을 관장하는 신경중추이다. 뇌하수체는 뇌의 기저부에서 시상하부에 연결된 내분비선으로 기능적으로 전엽과 후엽으로 구분된다. 전엽은 부신피질자극호르몬(ACTH: adrenocorticotropic hormone), 갑상선자극호르몬, 여포자극호르몬, 황체호르몬, 성장호르몬 등을 분비하고, 후엽은 시상하부에서 만들어진 옥시토신(oxytocin)과 항이뇨 호르몬을 분비한다.

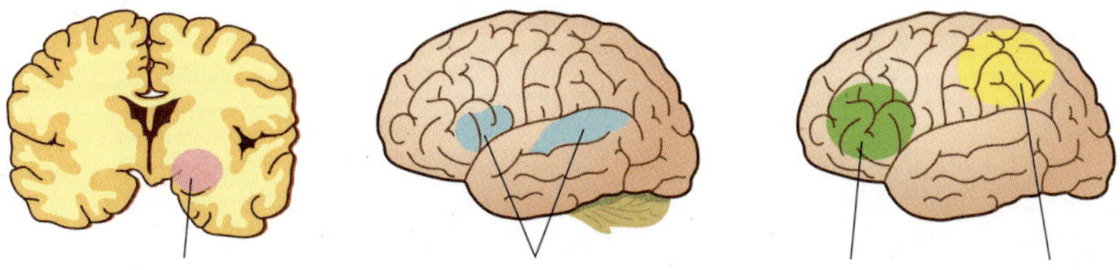

그림 6-1 뇌의 기능 및 역할

2) 기억력과 치매

(1) 기억력

기억은 정보를 저장, 유지, 회상하는 일련의 과정이다. 기억의 첫 번째 단계인 저장은 외부로부터 온 정보를 화학적, 물리적 자극의 형태로 감각기관을 통해 받아들인다. 두 번째 단계인 유지는 시간이 지나도 정보를 계속 유지할 수 있게 하는 과정이며, 회상은 저장된 정보를 찾아내서 의식 수준으로 끌어내는 것이다.

기억력은 필요한 정보를 받아들여 뇌 속에 저장했다가 필요할 때 꺼내어 사용하는 능력으로 학습에 의해 저장된 정보이며, 특성에 따라 감각기억, 단기기억, 장기기억으로 나눈다.

- 감각기억: 극히 짧은 시간에 기억되다가 순간적으로 사라지는 기억으로 시각적 자극은 0.5초 정도이며, 청각적 기억은 2초 정도이다.
- 단기기억: 새로운 정보를 장기적으로 저장하기 위해 거치는 단계로, 단기기억에 머무는 시간은 평균 3~5초이며 길어야 30초이다.
- 장기기억: 정보를 반복적으로 학습하면 정보가 장기적으로 전달되는데 장기기억은 거의 무한대의 용량으로 짧게는 몇 분 길게는 수십 년 동안 지속된다.

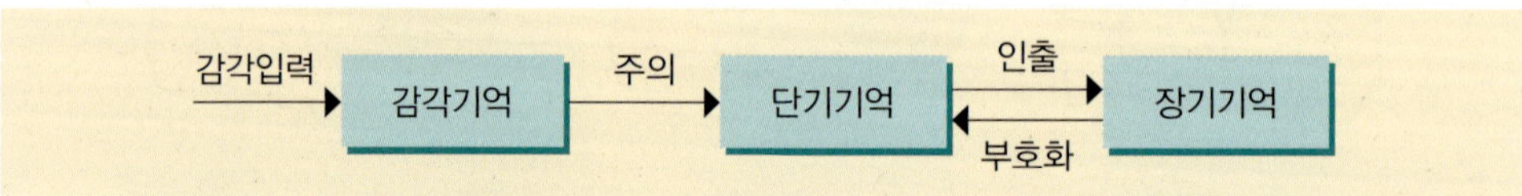

그림 6-2 앳킨슨-쉬프린의 중다기억모형(Atkinson-shiffrin's multi-store model)

기억력 감퇴의 원인

- 30세가 넘게 되면 뇌세포는 점점 감퇴하기 시작한다.
- 스트레스와 심한 긴장은 외세포의 피로도를 높여 기억력의 감퇴 원인이 될 수 있다.

- 수면 부족, 지나친 음주와 흡연, 신체적 피로는 기억력 감퇴를 촉진할 수 있다.
- 심한 경우 뇌가 위축되면서 뇌 신경세포가 파괴되어 기억력 장애가 올 수도 있다.
- 뇌세포가 감소하면 뇌세포를 구성하는 성분 중 포스파티딜세린(phosphatidylserine)※의 부족으로 기억력이 감퇴될 수 있다.

※ 포스파티딜세린

글리세롤 인지질의 일종으로 신경전달물질에 기여하는 요소로 포스파티딜세린 성분이 부족하게 되면 인지력의 저하 혹은 기억력 감퇴 등이 올 수 있다. 포스파티딜세린은 뇌세포막의 구성 성분으로 노화에 따라 급격히 줄어들 수 있으며 다른 인지질과 달리 체내에서 합성되지 않고 외부에서 공급해야 하는 중요한 인자이다.

(2) 치매

치매란 가벼운 기억장애, 전반적인 인지기능의 저하, 정서장애, 성격장애 및 행동장애 등으로 인해 직업활동과 사회생활, 대인관계에서 정상적인 생활을 할 수 없게 하는 질환을 말한다.

치매는 우리나라 65세 이상 노령인구의 약 8.2~10.8%에서 나타나는 흔한 질환으로, 인구의 급속한 고령화로 인해 심각한 사회문제로 대두되고 있다. 노년기에 후천적으로 지적 능력을 상실하고 인지장애, 행동 및 성격의 점진적 황폐화라는 임상 증상을 보이는 노인성 질환이자 퇴행성 질환이다.

1 이론적 배경 및 필요성

현대 사회에서 기하급수적으로 늘어나는 정보의 홍수 속에서 인지기능과 기억력은 청소년부터 노인에 이르기까지 중요한 관심의 대상이 되고 있다. 기억력 감퇴와 인지기능 장애는 정상적인 개인생활은 물론 사회생활 자체를 어렵게 하며, 사회적 비용의 증가를 유발한다. 특히, 치매 환자의 기억력 저하는 사회생활 가능 여부에 주된 영향을 미치므로 기억력 저하의 개선과 예방에 대한 연구가 현재 활발히 진행되고 있다.

국민생활 수준의 향상과 의학기술의 발달로 노인 인구가 증가하면서 인구의 고령화 현상이 두드러지고 있다. 인구의 고령화로 치매와 같은 퇴행성 질환의 발병률이 지속적으로 증가하여 예방 및 치료에 대한 수요도 크게 늘어나고 있다(그림 6-3). 최근에는 노인성 치매뿐 아니라 휴대전화나 PDA, 컴퓨터 등 다양한 디지털 기기에 의존한 나머지 기억력이나 계산능력과 같은 인지기능이 크게 감소한 디지털 치매가 젊은 사람에게도 흔히 나타나고 있다(그림 6-4).

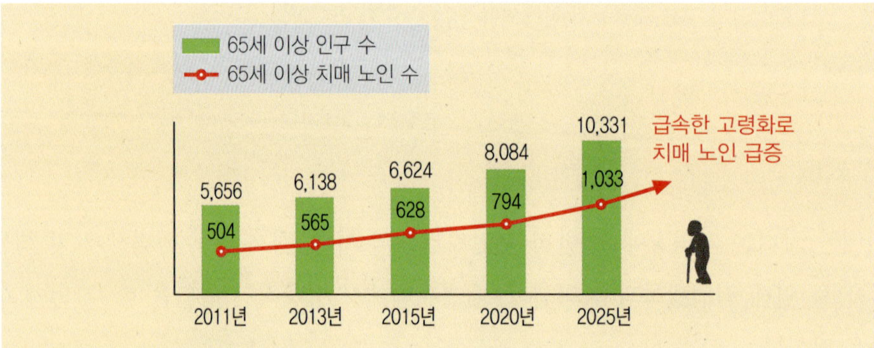

그림 6-3 치매 환자 현황 및 추이(2011~2025년)

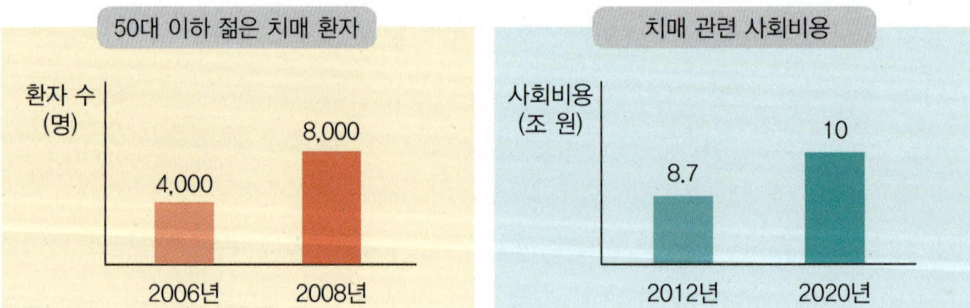

그림 6-4 젊은 층의 치매 유병률 및 치매 관련 사회비용

출처: KBS 9시뉴스(2012. 11. 30.).

2 치매의 종류

치매의 대표적인 질환으로는 알츠하이머병(Alzheimer's disease), 다발성 경화증(multiple sclerosis), 근위축성 측색경화증(amyotrophic lateral sclerosis), 파킨슨병(parkinson's disease), 뇌졸중(stroke), 허혈장애(ischemia) 등이 있다.

알츠하이머병

- 알츠하이머병은 서서히 뇌병변이 일어나는 퇴행성 뇌질환이며, 전체 치매의 50% 정도를 차지하고 남성보다 여성에게서 2~3배 더 많이 발생하는 것으로 보인다.
- 발병 원인이 명확하지는 않으나 일반적으로 콜린성 신경의 손상, 산화 스트레스(oxidative stress), 아밀로이드(amyloid) 침착, 염증성 인자, 스테로이드 호르몬(steroid hormone) 결핍, 흥분성 신경 독성 등이 나타나는 것으로 보고된다. 그중에서도 콜린성 신경의 손상이 가장 심각하며 알츠하이머 환자의 학습능력과 기억력, 인지력 저하에 깊이 관련되는 것으로 알려진다.
- β-아밀로이드(beta-amyloid)는 노인반(senile plaque)의 주요 성분으로 알츠하이머가 발생하는 중요한 원인으로 추정되고, 활성산소종(ROS: reactive oxygen species)을 발생시켜 산화 스트레스로 인한 신경세포 사멸을 유발하는 것으로 알려져 있다.
- 대뇌피질이나 해마에 생기는 뇌 위축과 노인반, 신경섬유다발(neurofibrillary tangles), 신경세포의 과립공포변성(granulovacuolar degeneration), 히라노체(Hirano body) 등의 조직학적 특징이 나타난다.
- 병리조직학적 소견은 세포 외 노인반(extracellular senile plaque)과 세포 내 신경섬유다발(intracellular neurofibrillary tangle), 특정 신경 부위 손상, 시냅스 퇴화(synaptic degeneration) 등을 특징으로 한다.
- 치매가 40~65세 사이에 발병하면 조기발병(early-onset) 또는 가족형 알츠하이머(familiy AD)로 65세 이상에서 발병되는 경우는 만기발병(late-onset) 또는 산발성 알츠하이머(sporadic AD)로 분류된다. 노화로 인한 신경퇴행성으로 발병하여 진행과정이 느린 경우를 노인성 치매(senile dementia)라고 한다.

3 기억력 개선 연구 방향

치매 치료제 개발을 위해 식품성분이나 천연 생약을 중심으로 많은 연구가 진행되고 있지만, 현재까지 치매를 근본적으로 치료할 수 있는 약물은 개발되어 있지 않으며,

발병을 늦추거나 증상 완화, 부차적 증상인 정신증상을 완화하는 약물이 있다.

콜린(choline)의 활성 감소로 기억력이 저하되기 때문에 시냅스의 기억력을 향상시키기 위하여 아세틸콜린(acetylcholine)의 작용을 활성화하는 콜린 작용제, 아세틸콜린 전구체, 아세틸콜린에스테라아제(acetylcholine esterase)를 억제하는 아세틸콜린에스테라아제 억제제를 사용한 연구가 많이 수행되고 있다.

그중 아세틸콜린에스테라아제 억제제인 타크린(tacrine), 도네페질(donepezil), 리바스티그민(rivastigmine), 갈란타민(galanthamine) 등이 알츠하이머병 치료제로 개발되어 왔으나 직접 손상된 뇌세포를 재생시키거나 자연적인 뇌세포 손상을 효과적으로 억제하기 어렵다. 그러므로 효과적인 인지기능 개선제의 개발은 치매 환자의 증상 호전뿐만 아니라 정상인의 기억력 증진제로 의미가 있다고 생각된다.

참고

아세틸콜린에스테라아제는 체내 부교감신경의 활성을 매개하는 신경전달물질 중 하나인 아세틸콜린을 아세테이트와 콜린으로 가수분해하는 효소로, 소포체 막에서 형성된 후 세포막으로 이동하여 그 기능을 수행한다. 아세틸콜린에스테라아제는 콜린신경과 그 주위, 특히 근신경접합부에 가장 많이 분포되어 있고 혈장과 간 외에 다른 조직에서도 발견된다. 일반적으로 아세틸콜린은 신경세포의 축삭 말단 막에서 시냅스간극(synaptic cleft)으로 분비되어 시냅스 후 뉴런 세포막의 수용체에 결합되어 활동 전위를 전달하는 물질이다. 이 물질은 작용 부위에서 신경의 흥분을 전달한 후, 아세틸콜린에스테라아제에 의해 콜린과 아세테이트로 분해된 후 세포 내로 흡수되어 재사용된다.

현재까지의 연구결과에 따르면, 많은 신체적·정신적 질환이 아세틸콜린의 합성과 분해 기작과 관련하여 발생하며, 비정상적인 아세틸콜린의 농도 감소와 깊은 관련이 있음이 밝혀졌다. 치매 환자의 뇌에는 전뇌 기전에 있는 마이네르트핵(basal nucleus of Meynert) 신경세포가 대부분 사멸하여 이 신경세포가 지배하는 시냅스와 대뇌피질과 연결이 퇴화되고, 기억에 중요한 역할을 하는 신경전달물질인 아세틸콜린의 생산량이 현저하게 감소되는 것으로 보고된다.

스코폴라민(scopolamine)은 체내 아세틸콜린 수용체에 대하여 항무스카린성 효과를 내는 약물로 아세틸콜린에스테라아제의 활성을 증가시켜 신경접합부에 있는 아세틸콜린을 분해하여 인지력을 감소시키는 약물로 새로운 항치매 약물의 평가를 위한 실험모델에 많이 사용되고 있다.

4 치매의 치료 방법

치매의 대표적인 치료 방법으로는 신경전달물질(neurotransmitters)인 아세틸콜린(acetylcholine)의 감소에 근거한 인지기능 개선을 위한 콜린에스테라아제 억제제(cholinesterase inhibitor)와 N-메틸-디-아스파테이트 수용체 길항제(NMDA: N-methyl-D-aspartate receptor antagonist) 등의 약물요법과 행동 · 심리증상의 치료를 위한 항우울제나 진정제 등을 사용하는 향정신성 약물요법, 심리 · 인지 · 행동 · 작업 · 재활 치료를 시행하는 비약물요법이 활용되고 있다.

약물치료에 의한 치매 치료는 뇌에서의 아세틸콜린 분해를 억제하여 아세틸콜린의 농도를 일정 수준으로 유지시키는 항-콜린에스테라아제(serum cholinesterase)인 타크린이나 아리셉트(aricept)와 같은 아세틸콜린 분해효소 저해제가 주로 사용되고 있다. 이 약물의 효력은 어느 정도 인정하나 장기간에 걸친 고용량 투여 시 근육통, 위장 장애로 인한 메스꺼움, 구토, 설사 및 식욕 부진과 함께 간 독성 등의 부작용이 크다는 문제점이 지적되고 있다. 이에 콜린 등의 아세틸콜린 전구체를 투여하여 아세틸콜린의 합성을 촉진시키는 대체 방안이 제시되었다. 그러나 이 물질은 뇌혈관 관문을 통과하지 못하여 효과가 충분하지 못하다는 단점이 있다. 현재는 여러 부작용이 따름에도 불구하고 타크린과 같은 아세틸콜린에스테라아제 저해제를 사용하여 아세틸콜린의 가수분해 작용을 억제하는 약물요법이 주로 이용되고 있다.

- 항-콜린에스테라아제: 뇌에서의 아세틸콜린 농도를 높게 유지시키면 환자의 기억력이 크게 회복된다는 연구결과에 따라, 현재 임상 분야에서는 치매 치료제로 아

세틸콜린의 분해를 가역적으로 억제하여 아세틸콜린의 농도를 일정 수준으로 유지시키는 항-콜린에스테라아제의 사용이 선호되고 있다.

- 부티릴콜린에스테레아제(butyrylcholinesterase): 아세틸콜린에스테라아제와 기능 및 유전자 형태가 유사한 단백질로, 부티릴콜린(butyrylcholine)을 가수분해하면서 아세틸콜린도 가수분해할 수 있어 치매의 병태 생리학 및 증상학에서 중요한 역할을 하는 것으로 알려져 있다. 뇌 속의 부티릴콜린에스테라아제의 양은 나이가 듦에 따라 증가하는 반면, 아세틸콜린에스테라아제의 양은 줄어드는 경향을 보인다. 따라서 부티릴콜린에스테라아제의 저해는 나이 든 사람의 콜린성 신경전달에 더욱 큰 영향을 미칠 것으로 사료된다.

3) 인지능력

(1) 인지능력의 개념

인지(cognoscere)[1]란 정보를 가공하는 과정 지식을 적용하는 것과 적용사례를 바꾸는 능력으로 정의될 수 있으며, 사용하는 분야에 따라 인지력의 의미가 달라진다. 그 예로 심리학과 인지과학에서 인지는 개인의 정보처리 능력을 의미한다.

인지능력(cognition)은 뇌의 지능(intelligence)을 이용하여 문제를 인식하고 해결할 수 있는 방법 또는 과정을 생각해 내는 능력이다. 문제를 해결하는 방법을 생각해 내기 위해서는 과거의 체험 등을 응용하게 되는데, 이때 과거의 체험을 기억해 낼 수 있는 기억력(memory)이 필요하게 된다. 사물을 분별하는 인지능력을 유지하는 것은 기억력이나 집중력을 저하시킬 수 있는 여러 요인을 조절하여 정상적인 뇌의 기능을 유지하는 것으로 이해할 수 있다.

---

1) cognoscere: 라틴어로 아는 것, 개념화하는 것, 인식하는 것을 의미한다.

(2) 인지능력에 영향을 미치는 요인

1 에너지 공급

뇌는 사람 몸무게의 2%밖에 되지 않지만, 하루 에너지 소모량의 20%를 소모한다. 뇌와 무게가 같은 다른 근육과 비교하면 혈액과 산소를 10배 정도 더 사용한다. 뇌는 혈관을 통해 공급되는 포도당만을 연료로 쓰며 간이나 근육과 달리 당분을 저장할 장소가 없기 때문에 에너지 공급이 충분하지 않으면 신경질과 짜증이 나고 안절부절못하거나 집중력과 기억력이 떨어지게 된다.

2 아세틸콜린

해마에서 신경전달물질이 필요한 양만큼 존재해야 뇌세포 간에 신호가 원활히 이루어질 수 있는데 인지능력이 저하된 상태에서는 신경전달물질의 활동이 감소한다. 콜린성 신경세포의 퇴화에 따른 아세틸콜린의 부족이 인지기억 저하의 주원인이다.

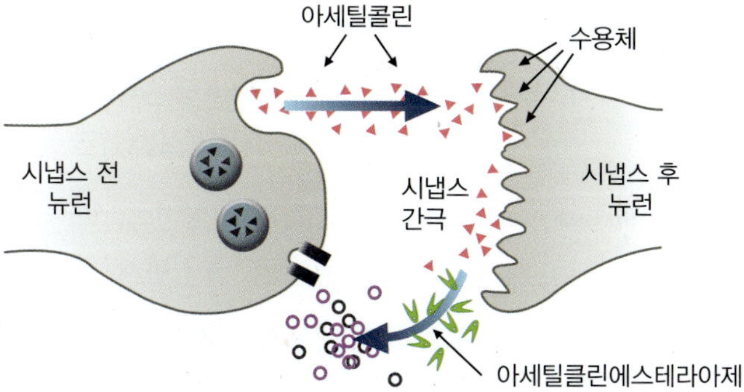

그림 6-5 아세틸콜린에스테라아제의 작용

아세틸콜린은 중추신경계의 뉴런과 신경근 접합부(neuromuscular junction)의 체성운동뉴런(somatic motor neuron)에 의해 흥분성 신경전달물질로 이용된다. 아세틸콜린은 콜린 전달효소(choline acetyltransferase)에 의해 뇌신경세포 내에서 생산되고 시냅스 간극으로 방출된 후 시냅스 후 뉴런의 아세틸콜린 수용체에 붙어 콜린성 신경전달

(cholinergic neurotransmission)을 일으키는데 시냅스 간극에 있는 아세틸콜린에스테라아제에 의해 분해되어 작용을 마치게 된다. 인지기억 저하는 아세틸콜린에스테라아제의 증가로 더욱 심화된다.

3 β-아밀로이드

알츠하이머병 환자에게서 공통적으로 보이는 단백질로 신경세포 바깥쪽에 비정상적으로 쌓여 덩어리를 형성한다. 이는 신경세포에서 독성을 나타내며, 신경섬유다발, 시냅스 손상, 신경세포 사멸, 흥분성 독성, 염증, 미토콘드리아 손상과 산화 스트레스를 초래하여 알츠하이머병을 유발한다. β-아밀로이드(beta-amyloid)는 기억력과 인지기능에 중요한 뇌 영역인 해마에서 신경세포의 점진적인 퇴화와 사멸을 유도한다.

4 뉴로트로핀

뇌의 활성인자로서 뉴로트로핀(neurotrophin)은 대뇌피질과 피질하부의 세포 성장에 관여하는 대표적인 조절 인자다. 신경성장인자(NGF: nerve growth factor), 뇌 유도 신경영양인자(GDNF: glial-derived neurotrophic factor), 뉴로트로핀-3(NT-3), 뉴로트로핀-4(NT-4/5) 등이 있다. 뉴로트로핀은 신경세포의 생존과 분화를 결정짓는 인자로서 중추신경에서는 연접활동의 신경조절인자로, 말초신경에서는 영양인자로 작용한다. 축삭돌기의 방향성(axonal guidance), 수상돌기의 성장(dendritic growth), 신경전달물질의 분비, 새로운 신경연접의 형성, 신경연접부의 가소성을 조절하는 역할을 담당하고, 신경 재생과 통증, 공격성, 우울증 등의 행동과 신경활동에도 큰 영향을 준다. 특히, BDNF(brain-derived neurotrophic factor: 뇌 신경 성장유도인자)는 해마에서 직접적으로 뇌세포를 생성하는 대표적인 인자이다.

(3) 인지능력 개선 기능성 확인을 위한 바이오마커

1 세포 변화

- **뇌 신경세포 생존율**: 신경세포는 신경계를 구성하는 주된 세포이다. 세포(SH-SY5Y cell, PC12 cell 등)에 시험물질을 처리하여 세포 생존율을 측정함으로써 시험물질을 평가할 수 있다. 세포 생존율을 측정하는 방법으로는 MTT[3-(4,5-dimethylthiazol-2-yl)-2,5-diphenyltetrazdium bromide] 방법이 있다.
- **젖산탈수소효소**(LDH: lactate dehydrogenase): L-젖산(L-lactic acid)을 탈수소화하여 L-피루브산(L-pyruvic acid)으로 만드는 반응을 촉매하는 효소로, 대부분의 조직에 존재한다. 조직이 손상된 경우 세포 내 효소가 이탈하여 젖산탈수소효소도 유리된다. 젖산탈수소효소의 농도가 높으면 일반적으로 세포가 손상된 것으로 여긴다.

2 생리학적 지표

- **아세틸콜린**: 콜린과 아세트산(acetate)의 에스테르로 뇌 조직의 모든 신경세포에서 발견되는 신경전달물질이다. 뇌 신경계의 특정 부위에서 아세틸콜린이 시냅스 전 말단에서 분비되면 그것이 시냅스 후 수용체와 결합하여 신경세포 사이에 자극을 전달한다.
- **아세틸콜린에스테라아제**: 신경의 시냅스에 분포하여 아세틸콜린을 아세테이트와 콜린으로 가수분해하는 효소이다. 아세틸콜린에스테라아제가 증가하면 아세틸콜린은 감소한다.
- **콜린 아세틸트랜스퍼라아제**(choline acetyltransferase): 콜린과 아세틸-CoA(acetyl-CoA)가 아세틸콜린과 CoA로 변환하는 반응을 촉매하는 효소이다. 콜린 아세틸트랜스퍼라아제의 증가를 의미한다.
- **BDNF**: 주로 뇌에 존재하는 신경영양인자의 일종으로 학습, 기억, 고차원적인 사고 시 중요한 역할을 담당하는 해마, 피질, 소뇌, 전뇌 기저부(basal forebrain)에서 활성화된다. 특히, 장기기억에 매우 중요한 역할을 하며 신경세포 생성을 자극한

다. BDNF 증가는 뇌신경세포 보호 및 활성의 증가를 의미한다.

- CREB(cAMP response element-binding protein): 프로모터(promoter) 부위에 cAMP 반응전사(CRE: cAMP response element)를 포함하는 신경세포의 분화에 필요한 유전자들의 전사를 조절한다. CREB는 신경세포 생존과 장기기억의 암호화와 관련된다. 또한, 해마의 공간 기억 형성에 중요한 역할을 한다. 실제로 기억 증진을 위해 고안된 약물들은 CREB 활성화를 목표로 한다.
- β-아밀로이드: 알츠하이머병 환자에게서 공통적으로 보이는 단백질로 신경세포 바깥쪽에 비정상적으로 쌓여 덩어리를 형성한다. 이렇게 쌓여 만들어진 신경반(neuritic plaque)과 신경섬유다발은 기억력과 인지기능에 중요한 뇌 영역인 해마에서 신경세포의 점진적인 퇴화와 사멸을 유도한다.
- fMRI(functional magnetic resonance imaging: 기능적 자기공명영상촬영): 뇌가 활성화되는 부분을 측정하는 기술로 혈액의 산소량을 측정하는 방법을 사용한다. 다른 부위보다 활성화된 뇌 부위에 시냅스의 활동이 활발해져 혈액이 몰리게 된다. 이때 혈액 속에 함유된 산화헤모글로빈의 레벨, 즉 혈액의 산화 레벨의 차이를 자기공명장치를 사용해서 측정함으로써 알 수 있다.
- MRS(자기공명분광법): MRS를 이용하여 특정 뇌 기능과 연관된 뇌 내 생화학 대사물질의 농도를 측정하는 기술이다. 뇌 MRI는 비침습적으로 동물실험 시 뇌의 생화학적 정보를 얻을 수 있게 해 주므로 임상적으로 굉장히 유용한 인지기능 지표가 된다. 또한, 다양한 핵종을 대상으로 할 수 있으나, 체내에 다량으로 존재하는 수소(H: hydrogen)와 인(P: phosphorus)이 포함된 물질을 측정할 수 있는 ^{1}H-MRS(수소핵뇌자기공명분광법)와 ^{31}P-MRS(인핵뇌자기공명분광법)를 가장 광범위하게 사용한다. ^{1}H-MRS과 ^{31}P-MRS로 측정한 뇌 내 생화학 물질의 절대적인 농도 또는 농도비율을 통하여 신경세포 기능과 에너지 대사를 유추할 수 있다.

3 인지행동학적 시험

- **모리스 수중미로 시험**(Morris water maze test): 실험동물의 공간학습능력과 그에 대한 기억능력을 검사하기 위해서 실시하는 행동실험으로 인지기능을 평가하기 위해 가장 많이 이용하는 방법이다. 이 방법은 목적 있는 훈련을 통해 인지기능을 강화하고 측정하는 방법으로도 널리 이용된다.

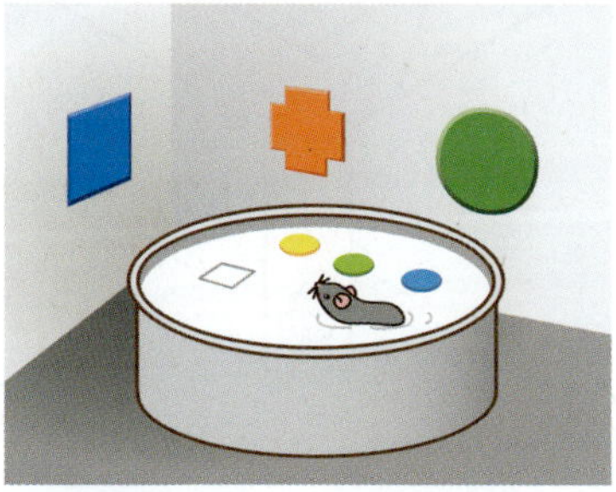

그림 6-6 모리스 수중 미로 시험

출처: Front Psychol(2012. 8.).

- **수동회피 시험**(passive avoidance test): 실험동물의 기억능력을 검사하기 위해서 실시하는 행동실험이다. 주변 환경을 인식할 수 있는 방에 실험동물을 넣고 해로운 자극(예 전기자극)을 가한다. 이때 실험동물이 그곳에 가지 않으면 그 상황을 기억했음을 확인할 수 있는 시험 방법이다.

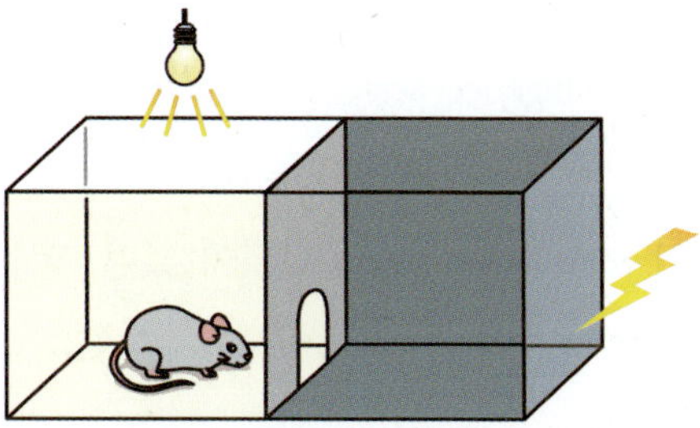

그림 6-7 수동회피 시험

출처: CRC Press(2006). *Animal Models of Cognitive Impairment*.

- Y-미로 검사(Y-maze test): 실험동물의 단기기억 형태의 순간공간기억 평가를 위해서 많이 이용되는 방법이다. Y자형 미로에서 일정 시간 동안 자유롭게 움직이게 하고 들어간 통로(오른쪽, 왼쪽, 중앙)의 순서를 기록한다. 직전에 들어가지 않았던 새로운 통로에 들어가는 비율로 변경행동력(alternation behavior)을 측정한다.

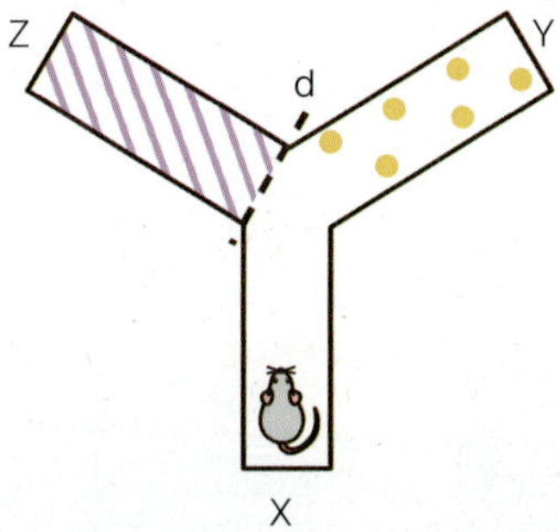

그림 6-8 Y-미로 시험

출처: Am J Physiol Heart Circ Physiol(2013. 10. 5.).

- Novel object recognition test: 실험동물의 기억능력을 검사하기 위해서 실시하는 행동실험이다. 실험동물을 2개의 동일한 물체가 담긴 불투명 상자에 배치하고 물체를 탐색하는 소요시간을 측정한다. 그다음, 물체 중 하나를 새로운 물체로 대체한 후, 다시 각 물체를 탐색하는 데 걸리는 시간을 측정한다.

4 신경인지기능검사

- WAIS(Wechsler adult intelligence scale): 웨슬러(Wechsler) 등이 고안한 것으로 16~64세 성인을 대상으로 한 개인용 지능검사이며 다양한 버전이 있다. 10개의 핵심 소검사와 5개의 보충 소검사로 구성되어 있다. WAIS-IV는 전체 지능지수(FSIQ: full scale IQ)뿐만 아니라 언어이해지수(VCI: verbal comprehension index), 지각추론지수(PRI: perceptual reasoning index), 작업기억지수(WMI: working memory index), 처리속도지수(PSI: processing speed index)를 산출한다.

- MMSE(mini-mental state examination): 폴스테인(Folstein) 등이 고안한 것으로 임상에서 가장 널리 사용되고 있는 기본적인 인지기능을 평가하는 검사이다. 시간 및 장소지남력, 기억 등록, 주의집중 및 계산, 기억 회상, 언어능력, 그리기로 항목이 구성되며 총점은 30점이다. MMSE는 인지기능 장애의 정도를 정량적으로 평가할 수 있고 반복적인 측정으로 인지기능의 변화를 관찰할 수 있는 장점이 있다. 중등도와 중증치매 환자의 선별에 주로 사용되고 있다.
- ADAS-Cog(Alzheimer's disease assessment scale-cognition): 모스(Mohs) 등이 고안한 것으로 알츠하이머병을 가진 환자의 인지기능과 행동 변화의 진행을 평가할 때 가장 많이 사용되는 척도이다. 11가지의 항목으로 인지기능을 평가할 수 있도록 구성되어 있다. 평가 항목은 기억력(단어 회상, 단어 재인, 검사 지침 기억하기), 실행(구성능력과 연속 행위), 언어(명령, 사물과 손가락 이름 대기, 언어 표현력, 이해력, 낱말 찾기 어려움), 지남력으로 구성된다. 총점은 70점으로 점수가 낮을수록 인지기능이 잘 보존되어 있음을 의미한다.
- 스트룹 과제(Stroop tasks): 스트룹(Stroop)이 고안한 것으로 스트룹 과제는 색을 나타내는 단어(예 파랑)가 그 의미와 일치하지 않는 색(예 빨강)으로 쓰인 상황에서 단어의 의미는 무시하고 단어의 색을 말하는 것이다. 이때 색 단어의 의미에 의해 간섭이 일어나 색을 말하는 데 시간이 더 걸린다. 반대로 단어의 의미와 일치하는 색으로 쓰인 글자(파란색으로 쓴 파랑이라는 글자)의 색에 대한 보고 시간은 짧아져 촉진효과를 나타낸다.
- 그 외 신경인지기능검사에는 몬트리올 인지평가(Montreal congnitive asseement), CANTAB(Cambrige neuropsychological test automated battery), GDS(geriatric depression scale), 전산화 신경인지기능 검사(CNT: computerized neurocongnitive function test) 등이 있다.

4) 뇌 건강에 좋은 음식 및 집중력을 높이는 방법

1 블루베리

블루베리는 기억력을 장기간 유지해 주는 효과가 있다. 블루베리의 플라보노이드(flavonoid) 성분은 기억력 개선이나 인지기능을 강화하는 데 도움을 준다고 알려졌으며, 건강에 해를 끼치고 기억력을 악화할 수 있는 유리라디칼로부터 뇌를 보호한다. 다양한 동물실험을 한 결과, 블루베리는 활성산소에 의한 뇌 손상을 막는 것으로 나타났다. 노화와 관련된 질병인 알츠하이머병이나 파킨슨병 등 치매를 예방하고 걸릴 위험을 감소시키는 것으로 조사되었다.

2 생선

뇌 기능과 발달에 꼭 필요한 오메가-3 지방산이 풍부하게 들어 있다. 오메가-3 지방산은 두뇌의 기능을 증가시키고 치매와 뇌졸중의 위험을 줄인다. 기억력을 향상하는 데 중요한 역할을 하는 것으로 여러 연구결과에 나타났다.

- 와일드연어: 뇌는 70%가 지방으로 구성되어 있다. 뇌가 적절히 기능하려면 필수 지방산인 오메가-3 지방산이 필요하다. 연어는 어류 중에서도 오메가-3 지방산을 많이 포함하고 있어 뇌력을 높이는 데 좋은 음식이다. 알츠하이머병 발병 예방에 좋은 DHA(docosahexaenoic acid)를 많이 포함하고 있다.

3 견과류

견과류와 씨는 산화방지 효과가 있는 비타민 E가 풍부하게 들어 있다. 비타민 E는 세포 노화를 막고 세포막을 유지하며, 항산화 물질로 활성산소를 활성화한다. 단, 호두, 아몬드, 땅콩 등 견과류와 해바라씨 등의 일일 섭취량은 1온스(약 28g) 정도가 적당하다.

- 호두: 사고력을 높이고 기억력을 향상하는 효과가 있다. 호두는 견과류 중 오메가-3 지방산을 가장 많이 포함하고 있다. 호두는 뇌의 혈관을 통과하는 산소 및 영양소의 흐름을 개선하며 뇌와 몸의 노화 방지와 염증 억제의 효과가 있다.

4 커피 · 초콜릿

카페인이 든 음료나 식품은 집중력과 활동력을 높인다. 카페인이 든 커피, 초콜릿, 에너지 음료 등은 활기를 돋우는 효능이 있으나 과도한 카페인 섭취는 초조함과 불안을 유발하므로 적당량을 섭취한다.

5 비타민 · 미네랄 보조류

두뇌 활동을 증진시킨다. 비타민 B, C, E와 β-카로틴, 마그네슘을 보충제로 섭취하면 좋다. 연구결과에 따르면, 인삼, 은행, 허브 함유 식품 등도 두뇌에 좋은 것으로 나타났다.

6 달콤한 음료

몸의 대사작용을 통해 설탕과 탄수화물에서 얻게 되는 포도당은 두뇌에 좋은 에너지원이다. 달콤한 음료를 마시면 짧은 시간이지만 기억력과 정신력, 사고력이 향상된다. 그러나 과도한 당분 섭취는 오히려 기억력에 손상을 준다는 연구결과도 있다.

7 녹차(그린티)

녹차에 들어 있는 플라보노이드, 카테킨 등의 성분이 활성산소를 적절하게 조절하여 신경세포의 손상을 줄여 주어 뇌 기능을 적절하게 유지해 준다는 연구가 보고되고 있다. 녹차에서 추출한 물질이 뇌 속 신경전달회로의 기능을 높이고 인지기능을 강화할 수 있어 치매 치료에 도움이 되며, 녹차를 자주 마시는 사람이 그렇지 않은 사람보다 더 기억력이 좋고 높은 집중력을 가지게 된다고 보고하였다.

8 시금치

시금치는 다량의 칼륨을 포함하고 있다. 칼륨은 뇌의 신경전달회로 기능을 유지하고 기억이 유지되는 기간을 연장하며 기억량을 늘리는 데 도움을 준다. 시금치의 항산화 물질은 뇌세포 손상을 막아 준다. 또한, 시금치와 같은 푸른 잎채소에는 치매 예방에 도움이 되는 엽산, 마그네슘, 비타민 E, 비타민 K 등이 많이 포함되어 있다.

9 브로콜리

브로콜리는 뇌유래 신경성장인자(BDNF)를 공급할 뿐만 아니라 세포 스트레스로부터 보호작용도 하기 때문에 뇌 활동을 향상시키는 수퍼푸드이다. 브로콜리의 비타민 및 무기질은 새로운 뇌 세포의 성장을 촉진하고 신경 연결을 강화하며, 치매 및 기억력 문제의 위험을 낮춘다. 브로콜리는 뇌의 세포막을 보호하며 동시에 뇌의 기능도 향상시키는 영양소인 콜린을 많이 함유한다.

10 울금

미국 로스앤젤레스 알츠하이머병 연구센터에서 울금이 능력 유지에 도움이 되는 것을 발견하였다. 울금은 알츠하이머병 예방에 효과가 있는 화합물로 '커큐민(curcumin)'을 풍부하게 포함하고 있다. 커큐민의 항산화 작용은 알츠하이머병의 진행을 늦춘다. 혈관의 염증이나 뇌 혈류에 영향을 주는 혈중 콜레스테롤을 저하하는 등 뇌를 보호한다고 알려져 있다.

11 토마토

토마토는 기억력을 강화하는 기능이 있다. 토마토에 포함된 라이코펜의 항산화 능력은 치매, 특히 치매의 원인이 되는 유리라디칼을 공격해서 뇌세포를 보호한다. 일상에서 자주 라이코펜을 섭취하는 사람은 섭취하지 않은 사람보다 기억력이 더 좋다. 뇌중풍에도 효과가 있다.

12 다크초콜릿

항산화 물질이 매우 풍부한 다크초콜릿은 몸의 건강뿐 아니라 뇌 건강에도 매우 중요하다. 다크초콜릿은 카페인을 많이 포함하고 있어 정신의 안정을 도와주고 뇌의 혈류를 개선하는 효과가 있으며, 플라보노이드도 많이 포함하고 있다.

웨스트버지니아 주 호아링그 예수회 대학에서 실시된 연구에 따르면 다크초콜릿은 집중력 개선, 기억력 개선, 응답시간의 향상 등에 효과가 있는 것으로 확인되었다.

⑬ 도토리스쿼시(도토리 호박)

겨울 호박의 한 종류로 도토리와 비슷하게 생겨 도토리 호박이라 불리며, 다량의 엽산을 함유한다. 『랜싯(*Lancet*)』지의 2007년 조사에 따르면, 엽산은 인지기능을 향상하는 데 도움이 되며, 신경세포를 통해서 정보전달을 증가시키는 데 중요한 역할을 한다. 또한, 비타민 B_{12}와 함께 신경손상 및 뇌의 수축을 방지하는 것으로 보고되고 있다.

5) 기억력과 인지능력 개선 기능성 원료 인정 현황

(1) 기억력 개선

기억력 개선과 관련된 건강기능식품은 유해 물질을 조절하여 인지능력의 유지에 도움을 준다. 에너지를 만드는 과정에서 생긴 활성산소나 β-아밀라아제라는 독성물질은 뇌세포를 공격하여 손상시키는 물질 중 하나인데, 참당귀 주정추출분말 등을 함유한 건강기능식품은 이런 유해 물질을 조절하여 뇌세포가 손상되지 않도록 보호하는 데 도움을 준다.

(2) 인지능력 개선

뇌의 신경전달물질을 조절하여 저하된 인지능력을 개선하는 데 도움을 준다. 기억력은 대뇌의 피질, 특히 해마와 관련이 있다. 해마에서 필요한 양만큼 신경전달물질이 존재해야 뇌세포 간에 신호가 원활히 이루어질 수 있는데 인지능력이 저하된 상태에서는 신경전달물질의 활동이 느려지는 것을 볼 수가 있다. 녹차에 있는 테아닌은 신경전달물질을 조절하여 저하된 인지능력을 개선하는 데 도움을 준다.

(3) 뇌 기능을 유지

뇌의 신경세포나 뇌 기능에 필요한 물질로 뇌 기능을 유지하는 데 도움을 줄 수 있다. 뇌세포는 다른 세포보다 인지질(레시틴, 포스파티딜세린 등)이 많이 함유되어 있다.

인지질은 세포를 보호하는 막을 구성하여 뇌세포가 기능을 원활히 수행할 수 있도록 도와준다. 특히, 달걀 노른자에 있는 레시틴은 신경전달물질인 아세틸콜린의 원료가 되므로 뇌 기능 유지에 도움을 줄 수 있다.

표 6-2 기억력 개선에 도움을 주는 기능성 원료별 인정 현황

원료	항목	내용	항목	내용
테아닌 복합추출물	인정번호	제2004-3호	인정등급	생리활성기능 3등급
	기능(지표)성분	① L-theanine ② GABA		
	일일 섭취량	테아닌 등 복합추출물 210mg		
피브로인효소 가수분해물	인정번호	제2005-6호	인정등급	생리활성기능 2등급
	기능(지표)성분	'Gly-Ala-Gly-Ala-Gly-Tyr'의 아미노산 서열을 가지는 펩타이드		
	일일 섭취량	피브로인효소 가수분해물 200~400mg		
원지 추출분말	인정번호	제2009-12호	인정등급	생리활성기능 2등급
	기능(지표)성분	TCMA(trimethoxy cinnamic acid)		
	일일 섭취량	원지 추출분말 300mg		
홍삼농축액 (고시된 원료로 전환 홍삼)	인정번호	제2009-29호	인정등급	생리활성기능 2등급
	기능(지표)성분	Rg1과 Rb1의 합		
	일일 섭취량	Rg1과 Rb1 0.16~5.6mg		
인삼가시오갈피 등 혼합추출물	인정번호	제2009-79호	인정등급	생리활성기능 3등급
	기능(지표)성분	① ligustlide ② eleutheroside ③ ginsenoside Rg1과 Rb1의 합 ④ baicalin		
	일일 섭취량	인삼가시오갈피 등 혼합추출물 5.2g		
은행잎 추출물 (고시된 원료로 전환)	인정번호	제2010-22호/제2010-31호/제2010-56호/제2010-57호/제2010-58호/제2010-63호/제2010-64호/제2010-65호/제2010-66호/제2010-67호/제2010-68호/제2011-13호/제2011-19호/제2012-29호/제2012-34호		
	인정등급	생리활성기능 2등급		

<table>
<tr><td rowspan="2">은행잎 추출물
(고시된 원료로
전환)</td><td>기능(지표)성분</td><td colspan="3">플라보놀배당체(flavonol glycosides)(kaempferol, quercetin, isorhamnetin의 합</td></tr>
<tr><td>일일 섭취량</td><td colspan="3">은행잎 추출물 120mg</td></tr>
<tr><td rowspan="3">녹차 추출물/
테아닌 복합물</td><td>인정번호</td><td>제2010-51호</td><td>인정등급</td><td>생리활성기능 3등급</td></tr>
<tr><td>기능(지표)성분</td><td colspan="3">① 카테킨 ② L-테아닌</td></tr>
<tr><td>일일 섭취량</td><td colspan="3">녹차 추출물/테아닌 복합물 1,680mg</td></tr>
<tr><td rowspan="3">당귀 등
추출복합물</td><td>인정번호</td><td>제2011-3호</td><td>인정등급</td><td>생리활성기능 2등급</td></tr>
<tr><td>기능(지표)성분</td><td colspan="3">① 데쿠르신(decursin) ② 사우치논(sauchinone)
③ 쉬잔드린(schizandrin)</td></tr>
<tr><td>일일 섭취량</td><td colspan="3">당귀 등 추출복합물 800mg</td></tr>
</table>

출처: 식품의약품안전처.

<table>
<tr><td rowspan="3">EPA 및 DHA
함유 유지
(오메가-3 지방
산 함유 유지)
고시된 원료로
전환</td><td>인정번호</td><td colspan="3">제2014-10호/제2014-36호/제2014-37호/제2014-41호/
제2014-42호/제2014-54호/제2014-55호/제2014-63호/
제2015-3호/제2015-8호/제2015-21호/제2016-4호/
제2016-5호/제2016-7호/제2016-9호/제2016-12호/
제2016-14호/제2016-17호/제2016-19호/제2016-20호/
제2016-21호/제2016-22호</td></tr>
<tr><td>인정등급</td><td colspan="3">생리활성기능 2등급</td></tr>
<tr><td>기능(지표)성분</td><td colspan="3">'건강기능식품의 기준 및 규격' 제3.2.2-16 오메가-3 지방산
함유 유지 적용</td></tr>
<tr><td rowspan="3">비파엽 추출물</td><td>일일 섭취량</td><td colspan="3">DHA와 EPA의 합 0.9 ~2g</td></tr>
<tr><td>인정번호</td><td>제2014-46호</td><td>인정등급</td><td>생리활성기능 2등급</td></tr>
<tr><td>기능(지표)성분</td><td colspan="3">quercetin</td></tr>
<tr><td rowspan="4">구기자 추출물</td><td>일일 섭취량</td><td colspan="3">비파엽 추출물 1.5g</td></tr>
<tr><td>인정번호</td><td colspan="3">제2014-51호</td></tr>
<tr><td>인정등급</td><td>생리활성기능 2등급</td><td>기능(지표)성분</td><td>Betaine</td></tr>
<tr><td>일일 섭취량</td><td colspan="3">구기자 추출물 1,425mg</td></tr>
</table>

원료	항목	내용	항목	내용
천마 등 복합추출물	인정번호	제2015-17호	인정등급	생리활성기능 2등급
	기능(지표)성분	• gastrodin • ellagic acid	• salvianolic acid B • spicatoside A	
	일일 섭취량	천마 등 복합추출물(HX106) 1.1g		

출처: 식품의약품안전처.

표 6-3 인지능력 향상에 도움을 주는 기능성 원료별 인정 현황

원료	항목	내용	항목	내용
참당귀뿌리 추출물	인정번호	제2004-4호	인정등급	생리활성기능 2등급
	기능(지표)성분	① decursinol ② decursin		
	일일 섭취량	참당귀뿌리 추출물 800mg		
포스파티딜세린 (고시된 원료로 전환)	인정번호	제2006-6호	인정등급	생리활성기능 2등급
	기능(지표)성분	L-α-diacylphospha-tidyserin		
	일일 섭취량	포스파티딜세린 300mg		
	인정번호	제2006-9호/제2008-71호/제2009-8호		
	인정등급	생리활성기능 2등급	기능(지표)성분	포스파티딜세린
	일일 섭취량	포스파티딜세린 300mg		
도라지 추출물 (DRJ-AD)	인정번호	제2013-13호	인정등급	생리활성기능 3등급
	기능(지표)성분	platycoside E, platycodin D의 합		
	일일 섭취량	도라지 추출분말 3g		
L. helveticus 발효물	인정번호	제2013-36호		
	인정등급	생리활성기능 3등급	기능(지표)성분	젖산
	일일 섭취량	L.helveticus 발효물 1g		
참당귀 추출분말	인정번호	제2014-44호		
	인정등급	생리활성기능 2등급	기능(지표)성분	데커신(decursin)
	일일 섭취량	참당귀 추출분말(nutragen) 800mg		

출처: 식품의약품 안전처.

2 피로 개선

1) 피로

피로란 육체적, 정신적 능력이 감소되는 현상이다. 지속적인 활동이나 자극 후 세포, 근육, 기관의 힘이나 민감도가 일시적으로 감퇴된 상태를 말한다. 대부분 충분한 휴식을 취하면 피곤함이 덜어지는데, 휴식을 취해도 1개월 이상 피로가 계속된다면 지속성 피로, 6개월 이상 지속될 시 만성피로라 불린다.

(1) 피로의 분류

피로는 병리적 피로, 생리적인 피로, 심리적인 피로로 분류할 수 있다.

① 병리적 피로: 피로 감각이 생겨 간 기능 저하 당뇨병 위장병 등 질병까지 발생되는 것

② 생리적인 피로: 혈액 속에 피로물질이 축적됨에 따라 피로감을 느끼는 것

③ 심리적 피로: 감정적인 갈등, 불안 또는 권태감에서 생기는 피로를 의미함

2) 피로의 발생 원인 및 신체적 변화

(1) 피로의 발생 원인

근육 내 포스포크레아티닌 부족, 근육 내 프로톤 축적(산성혈중), 근육 내 글루카곤 부족, 혈당 농도 감소, 혈장 내 특정 아미노산 비율의 증가 등으로 인하여 피로가 발생되어 말초신경과 중추신경이 피로하게 된다. 중추피로의 경우 골격근의 활동이 줄어들며, 말초피로는 신경근 접합부를 변화시킨다.

(2) 만성피로증후군

만성피로증후군(chronic fatigue syndrome)은 심한 피로감을 특징으로 하는 증상군을 말한다. 피로는 사람들에게 가장 흔한 증상이지만, 만성피로증후군은 단순한 만성피로와는 구별되는 병태를 보인다. 즉, 만성피로증후군 환자는 이때까지 경험한 어떤 종류의 피로보다 피로감이 심도 있기 때문에 일상생활에 영향을 준다. 주요 증상으로 인지능력 감소, 수면 장애, 통증, 집중력 저하 등이 나타나며, 이와 관련된 문제로 근막통증증후군과 근육의 특정 부위 압통이 있다.

(3) 피로 관련 대사 조절

1 젖산회로(혐기성)

해당과정에서 산소가 충분하지 않을 경우 젖산탈수소효소에 니코틴아마이드(NADH)의 2개 수소원자를 피루브산에 전이시켜 젖산으로 환원시킨다. 포도당이 젖산으로 전환되는 대사를 혐기성 호흡이라 하며 골격근의 과격한 운동 시 과량의 젖산이 생성되고 근육의 피로가 생겨 결과적으로 근육이 손상된다.

- 젖산탈수소효소: 무산소상태에서 피루브산으로부터 젖산 형성을 촉매하는 효소로서 고강도 운동 시 그 활성이 증가되며 근육 피로에 있어서 중요한 인자로 알려져 있다. 과격한 운동을 할 경우 과량의 피루브산이 생성되어 젖산 형성이 촉진되고 피루브산을 젖산으로 전환시키는 과정을 촉매하는 활성도 증가된다.

2 해당작용과 시트르산 회로(호기성)

- 해당작용: 총 10단계 반응으로 이루어졌으며, ATP(adenosine triphosphate: 아데노신 삼인산) 투자단계와 ATP 수확단계로 나눈다. 투자단계에서 ATP 2분자를 사용하고 수확단계에서 4ATP가 생성되어 결과적으로 2분자의 ATP가 생성된다.
- 헥소키나아제(HK: hexokinase): 포도당 기질은 한 짝의 포스포릴화(phosphorylation) 반응에서 헥소키나아제 효소에 의해 인산화가 된다. 헥소키나아제는 운동

시 필요한 에너지원 생성에 관여하고 있다.

- **시트르산 회로**: 탄수화물, 지방, 단백질에서 방출된 아미노산의 최종 분해단계이며 만약 TCA 회로(tricarboxylic acid cycle: 트라이카르복실산 사이클)가 원활하게 돌아가지 않는다면 혈중 젖산이 축적되어 피로를 유발할 수 있다.
- **시트르산합성효소**(CS: citrate synthase): 시트르산합성효소는 TCA 회로의 첫 단계에서 합성을 촉매하는 효소로서 일반적으로 유산소성 운동에 의해 증가된다.
- **숙신산탈수소효소**(SDH: succinate dehydrogenase): 숙신산염(succinate)이 푸마레이트(fumarate)로 산화되는 과정에서 숙신산탈수소효소가 촉매작용을 한다. 플라빈 아데닌 디뉴클레오티드(FAD: flavin adenine dinucleotide) 산화제는 이 단계에서 환원된다.

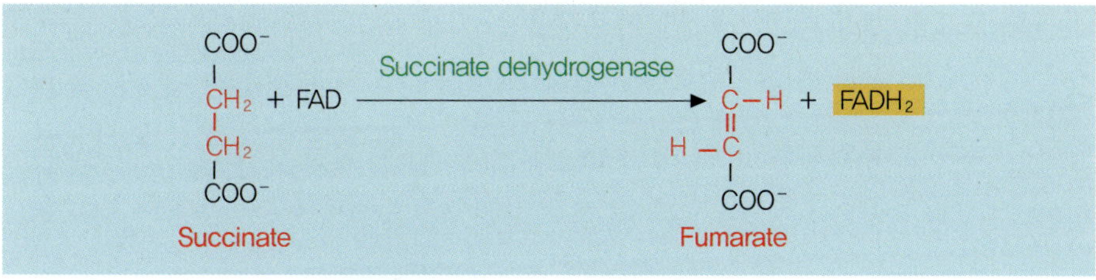

그림 6-9 숙신산탈수소효소

- **말산탈수소효소**(MDH: malate dehydrogenase): 시트르산 회로의 마지막 단계인 탈수소화 효소는 NAD^+를 NADH로 환원 반응시킨 다음 말레이트(malate)를 옥살아세테이트(oxaloacetate)로 산화 반응을 촉매하는 작용을 한다.

3 호르몬

- **코르티코스테론**(CORT: corticosterone): 부신은 양측 신장의 위를 덮고 있는 한 쌍의 기관으로 피질과 수질로 구성되어 있다. 부신수질은 신경절전 교감신경섬유에 의한 자극에 반응하여 카테콜아민 호르몬(catecholamine hormone)을 혈액으로 분비한다. 그러나 부신피질은 신경성 자극을 받지 않고 호르몬의 자극을 받으며 스

테로이드호르몬을 분비한다. 종류로는 염류코르티코이드(mineralocorticoid), 당질코르티코이드(glucocorticoid), 성 스테로이드(steroid)가 있다. 그중 당질코르티코이드는 코티솔(cortisol)로 분비되며 이는 뇌하수체 전엽의 부신피질자극호르몬에 의해 촉진된다. 당질코르티코이드의 증가는 스트레스와 연관이 있다. 장장기간 운동 시 스트레스로 인해 뇌하수체 전엽에서 부신피질자극호르몬(ACTH) 분비를 증가됨으로써 부신피질의 당질코르티코이드 분비가 증가해 피로가 발생된다.

(4) 피로 개선 관련 인자

1 혈중 대사물질 및 효소 농도

① 혈당 농도

혈중 포도당 농도가 감소하면 피로감을 느끼게 되고 지구력 운동수행 능력을 저해하는 결과가 초래된다. 즉, 운동 후반부에 근육의 글리코겐 함량이 감소하면 혈중 포도당이 근육으로 유입되는 양이 증가하는데 이로 인해 혈중 포도당이 고갈되는 현상이 생긴다.

② 혈중 젖산(lactate) 농도

세포에 산소가 충분히 공급되는 상황에서는 TCA 회로가 원활히 진행되므로 혈중 젖산 농도가 0.56~2.00mmol/L의 범위로 유지되고, 그 이상으로 축적되지 않는다. 그러나 해당작용과 TCA 회로의 대사적 연계가 당량비로 진행되지 못하고 해당작용이 상대적으로 활발한 상황이거나 세포에서 요구되는 산소량보다 산소 공급이 부족한 상황에서는 근육 내에 젖산이 생성하게 된다. 또한, 고강도 운동 시 산소 공급량이 근육의 산소 소모량에 미치지 못하게 되면 근육 조직의 젖산 농도가 증가하게 되고, 이때 생성된 젖산은 혈액으로 확산되어 심장 및 간에서 처리하게 되어 젖산이 축적되면 체내 산성화를 초래하여 피로를 유발한다. 운동 중 당질 대사에 관여하는 포스포릴라아제 활성이 감소하여 결과적으로 무산소상태에서 운동에너지의 급원이 되는 당신생이 억제된다.

③ 혈중 암모니아 농도

아스파르트산은 근육 내에서 푸린 뉴클레오타이드(purine nucleotide) 회로의 주요 구성 성분으로 극심한 고강도 운동 중에 풀(pool)을 재생시켜 근육에 에너지를 제공하고, 이 과정에서 유리 암모니아를 형성한다. 운동의 강도나 시간에 따라 아미노산의 분해 결과로 생성된 암모니아는 근육에서 혈액으로 방출되고 혈중 암모니아는 뇌에 전달되어 중추피로를 증가시킨다. 한편, 근육세포 내에 축적된 암모니아는 근육의 통증 감지와 관련이 있는 구심성신경을 자극하고 TCA 회로 및 당신생작용을 저해하며 젖산 생성을 초래함으로써 근육의 피로를 유발한다.

④ 혈중 MDA 농도

조직손상의 지표로 사용되는 산화물로 다중불포화지방산이 과산화되면서 계속적인 분열과 재배열 과정을 거쳐 상대적으로 더 안정한 카르보닐기(carbonyl)의 형태의 생성물로 가게 되는 과정에서 생기는 알데하이드 생성물 중 하나이다. 생성된 지질과산화물은 세포막을 손상하고 파괴하며 혈소판의 응집과 혈관 수축을 초래한다. 또한, 과산화지질혈전은 말초의 여러 조직에 장애를 유발하여 세포를 노화시키는 것으로 알려져 있다. 운동 시 운동에 따른 스트레스로 MDA가 증가하여 근 조직에 손상을 준다.

⑤ 혈중 SOD 농도

수퍼옥사이드(superoxide)를 산소와 과산화수소(H_2O_2)로 전환되는 반응을 촉매하는 항산화 효소로 혈중에서 유리라디칼을 제거하는 역할을 한다. 혈중 SOD의 증가는 근육 내 피로감을 감소시킨다.

⑥ 혈중 글루타티온 퍼옥시다아제(GPx) 농도

셀레노엔자임으로 구성된 항산화 바이오마커이다. 격한 운동 시 산소 소비량이 증가되면서 유리기의 생성이 증가되고, 과잉 생성된 유리기와 지질과산화물은 단백질의 산화 손상을 일으킨다. 이에 글루타티온 퍼옥시다아제가 인체의 산화적 손상으로부터 보호하는 역할을 한다.

⑦ 혈중 유리지방산 농도

운동 시 지방세포로부터 혈중으로 방출되어 순환하는 유리지방산이 가장 중요한 에너지원으로 알려져 있다. 따라서 유리지방산은 당생산과정을 거쳐 에너지원으로 이용되어 피로도를 감소시킨다.

⑧ 혈중 무기인산 농도

운동 중인 근육은 반복되는 근육 수축에 의해 미오신(myosin)과 액틴(actin)의 친화력을 높이는 단계에서 ATP가 가수분해되고 이로 인해 혈중 무기인산 농도가 급격히 증가하게 된다. 일반적으로 운동 중에 혈청 무기인산 농도가 급격히 증가하면 근섬유의 교차결합(cross-bridge)이 약화되면서 힘 생성이 저하된다.

⑨ 사이토카인

사이토카인은 표적세포의 세포막에 존재하는 특이한 수용체와 결합하고 신호전달경로를 활성화하여 궁극적으로 효소 활성이나 유전자의 발현을 변화시킨다. 운동에 의해 증가된 사이토카인은 근조직의 염증 반응을 일으킬 수 있다.

2 근육 중 대사물질 및 효소 농도

① 근육 글리코겐 함량

근육에 저장된 글리코겐은 고강도의 지구력 운동 시 가장 주요한 에너지원으로 운동 중 혈중 포도당 농도가 감소되고 감소된 양을 근 글리코겐 양으로 보충할 수 없을 때 피로가 유발된다. 따라서 운동 후 회복 기간 동안 근육 내에 글리코겐을 효율적으로 재충전하는 것은 다음 운동수행의 향상을 위해 중요하다.

② 근육 크레아틴인산효소(CK: creatine kinase) 활성

근육에 많이 존재하는 효소로 근육세포가 손상될 때 이 효소는 혈액으로 방출되어 에너지원을 생성한다. 크레아틴인산효소는 운동 중인 근육세포에서 무산소 시 ATP 재합성[ADP(아데노신 이인산)과 인산크레아틴(phospohocreatine)으로부터 ATP를 합성하는 과정]에 필요한 크레아틴 인산염(creatine phosphate)를 합성하는 역할을 한다.

③ 미오글로빈(myoglobin) 함량

산화적 인산화를 통한 ATP 공급은 충분한 산소의 공급을 위해 모세혈관의 발달과 미오글로빈의 높은 함량을 요구하게 된다. 미오글로빈은 산소를 근육세포 내의 에너지를 생성하는 세포 소기관인 미토콘드리아로 이동시켜 에너지원 생성에 이용된다.

3 뇌조직 중 대사물질 및 효소 농도

① 세로토닌(serotonin) 활성

5-히드록시트립타민(5-HT: 5-hydroxytryptamine)이라고 불리며, 뇌간의 정중선에 따라 위치한 봉선핵을 갖고 있는 뉴런에 의해 신경전달물질로 사용된다. 장기간 운동으로 인하여 지방분해가 활성화되면 혈중 유리지방산의 농도가 증가하게 되고 알부민과 트립토판의 결합률 감소에 따라 혈장 유리트립토판의 농도가 증가하게 된다. 이때 세로토닌의 전구물질인 트립토판이 뇌 유입을 증가시켜 피로를 유발한다.

② 도파민(dopamine) 활성

신경전달물질로 사용하는 뉴런을 도파민 작동성 뉴런이라고 하며 도파민 작동성 뉴런의 세포제는 중뇌에 다량으로 존재한다. 이 뉴런의 축삭은 2개의 시스템으로 나누어지는데 운동 통제에 관여하는 흑질선조체 도파민 시스템과 정서적 보상에 관여하는 중대뇌변연계 도파민 시스템이다. 흑질선조체 도파민 시스템 세포체는 멜라닌 색소를 갖고 있기 때문에 흑질이라고 부르고 중뇌에 있다. 흑질의 뉴런은 신경섬유를 선조체에 보내고 줄무늬 모양 때문에 흑질선조체계라고 부른다. 이 부분이 바로 기저핵이고 골격 운동에 관련된 대뇌 속 깊이 있는 뉴런 세포체의 큰 덩어리이다. 도파민의 합성은 티로신의 활성에 의존하며, 운동 시 도파민 신경전달의 감소는 피로를 유발한다.

3) 피로 개선 기능성 바이오마커

(1) 육체적 피로 관련 지표

피로 개선 관련 기능성이란 피로 해소를 통해 신체 리듬을 정상상태로 유지하는 데 도움을 주는 것을 말한다.

1 혈당

혈중 포도당 농도가 감소하고 산소 부족으로 인해 당생성과정이 저해될 경우 젖산 생성이 증가하여 피로감을 느끼게 되고 지구력 운동수행 능력이 저해된다.

2 젖산

강도 높은 운동 시 근육에 대한 산소 공급이 해당과정 속도를 따라갈 수 없을 때 피루브산이 젖산탈수소효소에 의해서 젖산이 생성된다. 젖산의 축적으로 인체가 산성화되면 세포 내 pH를 떨어뜨리게 되고, 효소의 활성이 감소하게 되어 미토콘드리아의 산화 및 근육의 이완과 수축활동이 억제된다. 따라서 갑자기 심한 운동을 하면 세포 내 pH가 낮아져 근육통이 초래될 수 있다.

3 젖산탈수소효소

젖산탈수소효소는 근육활동 중 무산소해당계에 의해 ATP를 생산하는 필수 효소로, 피루브산과 젖산의 반응을 촉매하는 효소로 주로 적혈구와 근세포에 존재한다. 심한 육체 운동에 의해 직접적인 세포막이 파괴되고 조직이 괴사되어 스트레스에 따른 지질과산화 등으로 세포막 투과성이 증가되면 세포질 내의 젖산탈수소효소가 혈중으로 방출되며, 혈중 농도는 근 손상의 지표로 사용된다.

4 암모니아

암모니아는 아데닌 뉴클레오타이드[adenine nucleotide: ATP(아데노신 삼인산), ADP(아데노신 이인산), AMP(아데노신 일인산)]가 이노신 일인산(IMP: inosine monophosphate)으로 분해되는 과정에서 발생한다. 암모니아가 다량으로 축적되면 기면상태, 경련, 운동실조, 혼수상태 등을 일으킬 수 있으며 운동 시 갑자기 증가된 암모니아로 중추신경세포 내 pH, 세포 내·외의 전해질 농도, 신경전달물질 농도 등이 변화되어 운동 기능의 장애와 피로가 발생할 수 있다.

5 MDA, SOD 등 항산화적 지표

산화 스트레스는 근육조직에서 근육 내 피로감을 야기하는 주요 물질이며, 이를 평가하는 지질과산화물인 MDA는 운동 시 활동 근육의 산소 소비 증가로 인해 유리라디칼이 생성된다. 이 외에도 산화 스트레스와 관련된 항산화 효소로는 SOD, 글루타티온 퍼옥시다아제 등이 있다. SOD는 초과산화이온을 산소와 과산화수소로 바꿔 줌으로써 독성으로부터 세포를 방어하며 글루타티온 퍼옥시다아제의 경우 셀레노엔자임(selenoenzyme)으로 구성된 항산화 효소이다.

6 유리지방산

지방세포에 저장되어 있는 중성지방으로부터 분해된 유리지방산은 운동 시 에너지원으로 이용된다. 혈중으로 유리된 유리지방산은 알부민이 결합된 형태로 간과 골격근으로 운반된다. 간으로 운반된 유리지방산은 중성지방 합성의 기질로 이용되고, 근육에서는 에너지원으로 사용된다. 따라서 에너지원인 유리지방산 사용의 증가는 피로도 감소를 의미한다.

7 무기인산

강한 강도의 운동 시 빠른 포스포크레아틴 가수분해는 무기인산(inorganic phosphorus)의 축적을 유발한다. 무기인산의 증가는 근육의 힘 생성을 위한 교차결합의 비율을 감소시켜 힘 생성의 저하를 야기한다.

8 사이토카인

사이토카인은 세포 사이의 신호전달을 매개하는 단백질로, 인터루킨(IL: interluekin), 인터페론(IFN: interferon), 종양괴사인자(TNF: Tumor necrosis factor) 등이 있다. 운동 시 증가된 사이토카인은 독성 활성과 관련이 있다. 이러한 변화는 근육 분해에 의해서 유발되는 염증성 반응에 영향을 미치며, 조직 손상 감염 및 염증을 유발한다.

9 세포 생존율(cell survival rate)

최초 세포 개체 수에 대해 세포에 시험물질을 처리한 후의 생존 개체 수의 비율을 나타낸 값이다.

10 헥소키나아제

해당과정에서 포도당을 포도당 인산으로 인산화하는 효소로 포도당을 분해하여 피부르산과 ATP 생성에 관여하는 효소이다.

11 시트르산합성효소

시트르산합성효소는 TCA 회로의 첫 단계에서 합성을 촉매하는 효소로, TCA 회로가 원활하게 돌아가지 않는다면 혈중 젖산이 축적되어 피로의 원인이 된다.

12 숙신산탈수소효소

숙신산염을 푸마레이트로 산화 촉매작용을 한다. 이 단계에서 플라빈 아데닌 디뉴클레오티드 산화제는 환원된다. TCA 회로가 원활하게 돌아가지 않는다면 혈중 젖산이 축적되어 피로의 원인이 된다.

13 말산탈수소효소

시트르산 회로의 마지막 단계에서 말산을 NAD^+에 의해 가역적으로 탈수소하여 옥살로아세트산과 NADH를 생성하는 반응을 촉매작용한다. TCA 회로가 원활하게 돌아가지 않는다면 혈중 젖산이 축적되어 피로의 원인이 된다.

14 글리코겐

글리코겐은 간(2~10%)과 골격근(1~2%)에 저장되며 간에 저장된 글리코겐은 주로 뇌, 신장 등에서 사용된다. 고강도의 지구력 운동 시 간의 글리코겐이 고갈되면 근육 글리코겐이 에너지원이 된다. 따라서 에너지원인 글리코겐의 증가는 피로도 감소를 의미한다.

15 크레아티닌인산효소

크레아티닌인산효소는 크레아틴과 ATP에 의하여 크레아틴인산을 생성하는 반응을 촉매하는 효소이다. 근육에 많이 존재하고 인체 세포가 직접적으로 사용하는 에너지원인 ATP를 생성한다. 또한, 근조직이 손상되면 세포막 투과성이 증가하고 크레아틴인산효소가 세포간질액으로 이동하여 혈중 농도가 높아진다. 혈중 크레아틴인산효소 농도는 근 손상을 평가하는 지표로 사용된다.

16 미오글로빈

미오글로빈은 근세포 속에 있는 적색을 띤 헴단백질로 생체 내 역할은 근조직 속에 산소를 확보하는 저장체이다. 성질, 헴 함량, 입체 구조 등이 헤모글로빈과 비슷하나 헤모글로빈보다 산소에 대해 친화성이 크다. 산소를 포함한 미오글로빈의 증가는 피로 감소를 의미하며, 크레아틴인산효소와 함께 근 손상을 평가하는 지표로 사용된다.

(2) 정신적 피로 관련 지표

1 코르티코스테론

스트레스 발생 시 뇌하수체 전엽에서 부신피질자극호르몬의 분비를 증가시켜 부신피질의 당질코르티코이드 분비가 증가된다. 이는 기관과 물리적 변화를 일으키며 항상성 유지를 저해시킨다.

2 세로토닌

세로토닌은 5-히드록시트립타민이라고 불리며, 뇌간의 정중선을 따라 위치한 봉선핵을 가진 뉴런에 의해 신경전달물질로 사용된다. 운동을 통한 세로토닌 농도의 증가는 뇌에서의 중추피로를 유발하여 운동을 지속하려는 의지를 상실시킨다.

3 도파민

도파민은 신경전달물질의 하나로 노르에피네프린과 에피네프린의 전구물질이다. 운동 중 도파민은 심리적 각성상태를 유지시켜 줌으로써 중추피로를 억제한다. 즉, 신체적 운동 시 도파민 신경전달의 감소는 피로를 유발한다.

4) 피로 개선 기능성 원료 인정 현황

(1) 정상상태 유지에 도움을 줌

피로 개선 관련 기능성이란 피로 해소를 통한 신체 리듬을 정상상태 유지에 도움을 주는 것으로 정의한다. 피로 개선과 관련된 건강기능식품은 부신세포의 카테콜아민 분비 조절과 심장을 보호하는 작용을 하며, 피로물질인 젖산 농도를 감소시켜 준다. 일반적으로 혈중 카테콜아민은 스트레스에 의해 증가되는데 인삼은 혈중 카테콜아민 농도를 적당하게 조절하여 항스트레스 효과를 나타낸다.

(2) 심장 기능의 보호 및 신경보호작용

심장 기능을 보호하고 라디칼에 의해서 유발되는 과산화와 신경세포 내 과량의 칼슘 유입을 막아 주어 신경보호작용을 하는데 이러한 심장 기능을 보호하고 신경보호 및 신경보호작용에 의해 피로 해소의 효과가 나타난다. 구연산은 인체에서 포도당이 에너지로 대사되는 과정에서 젖산의 생성을 억제하여 피로를 해소시키고 정신을 안정시키며 칼슘의 체내 흡수율을 높인다.

표 6-4 피로 개선에 도움 주는 기능성 원료별 인정 현황

<table>
<tr><td rowspan="3">헛개나무과병
추출분말</td><td>인정번호</td><td colspan="3">제2008-55호</td></tr>
<tr><td>인정등급</td><td>생리활성기능 2등급</td><td>기능(지표)성분</td><td>quercetin</td></tr>
<tr><td>일일 섭취량</td><td colspan="3">헛개나무과병 추출분말 2,460mg</td></tr>
<tr><td rowspan="3">홍경천 추출물
(고시된 원료로
전환)</td><td>인정번호</td><td colspan="3">제2009-78호/제2010-55호/제2011-31호/제2011-32호/
제2011-33호/제2011-34호/제2011-35호/제2011-36호/
제20112-1호/제2012-2호/제2012-10호/제2013-7호/
제2013-27호/제2014-21호</td></tr>
<tr><td>인정등급</td><td>생리활성기능 2등급</td><td>기능(지표)성분</td><td>Rosavin</td></tr>
<tr><td>일일 섭취량</td><td colspan="3">홍경천 추출물 200~600mg</td></tr>
<tr><td rowspan="3">발효생성
아미노산
복합물</td><td>인정번호</td><td>제2010-21호/
제2011-40호</td><td>인정등급</td><td>생리활성기능 2등급</td></tr>
<tr><td>기능(지표)성분</td><td colspan="3">① L-Leucine ② L-Isoleucine ③ L-valine</td></tr>
<tr><td>일일 섭취량</td><td colspan="3">발효생성아미노산 복합물 4.7~5.0g</td></tr>
</table>

출처: 식품의약품안전처.

CHAPTER 7

대사계와 면역계

대사증후군(metabolic syndrome)은 복부비만, 혈압, 혈당, 중성지방 등 5가지 지표(허리둘레, 혈압, 공복혈당, 혈액 내 중성지방, HDL-콜레스테롤) 중 3가지 이상이 정상치를 벗어나는 상태로 생활습관병과 밀접한 관계를 갖고 있으며 대사증후군을 그대로 방치하면 당뇨병, 심장병 등 심혈관질환과 뇌졸중 등인 뇌혈관질환 등과 같은 치명적인 질환으로 이어질 가능성이 매우 높다. 이 장에서는 건강기능식품의 기능성 중 대사증후군과 관계있는 항산화, 체지방 감소와 혈당 감소, 면역 기능 개선 등과 관련된 개념과 기전, 바이오마커와 효능 평가, 기능성 원료 및 건강기능식품에 대해 알아보고자 한다.

1 항산화

1) 활성산소

호흡을 통하여 체내로 들어온 산소는 미토콘드리아의 에너지(ATP) 생성 대사과정에서 사용되는데, 이때 흡입한 산소 중 일부는 자연적으로 활성산소(ROS)로 전환된다(그림 7-1). 활성산소는 활성산소종, 유해산소, 유리(자유) 라디칼(free radical)이라고도 하며 이러한 활성산소는 대단히 불안정하여 주변의 세포를 공격하고 손상을 줄 수 있다. 과도한 활성산소의 원인은 일반적으로 과식, 과도한 운동, 자외선, 과도한 음주 및 흡연, 스트레스, 환경오염 등이며 나이가 들어감에 따라 활성산소를 제거하는 능력이 감소되는 것과도 관계가 있다.

이러한 활성산소에 의해 공격받는 세포는 정상적인 기능을 발휘하지 못하게 되어 주요 질환의 원인이 된다. 즉, 활성산소가 체내 방어체계에 의해 제거되지 못하면 생체분자들과 반응하여 단백질의 변성, 생체막의 지질과산화, DNA 손상 등을 일으켜 각종 만성 질환과 노화를 유발한다(그림 7-2). 생체 내에서 형성되는 유해한 활성산소를 억제하여 활성산소로 초래될 수 있는 신체손상을 억제하는 기능을 항산화라고 한다.

$$O_2 \xrightarrow[H^+]{e^-} HO_2\bullet \xrightarrow[H^+]{e^-} H_2O_2 \xrightarrow[H^+]{e^-} \bullet OH \xrightarrow[H^+]{e^-} H_2O$$

그림 7-1 활성산소종의 생성 경로

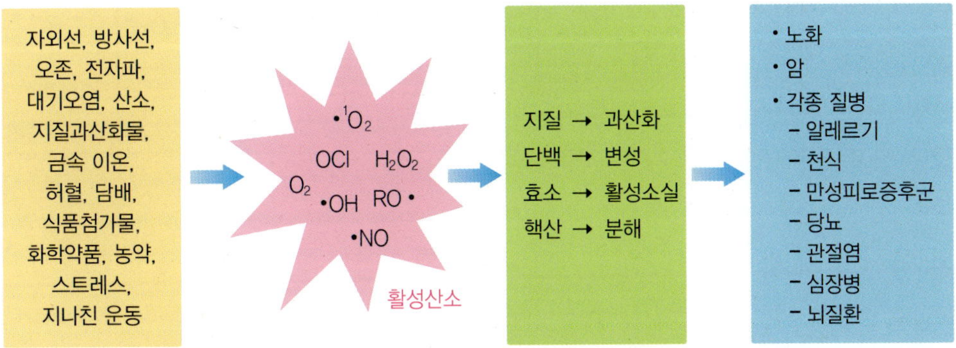

그림 7-2 활성산소의 생성 원인과 관련 질병

(1) 활성산소의 종류

활성산소의 종류로는 수퍼옥사이드(초과산화물) 라디칼($O_2^-\bullet$), 과산화수소(H_2O_2), 하이드록시 라디칼($OH\bullet$), 일중항산소($^1O_2$), 퍼옥실 라디칼($ROO\bullet$) 등이 있다(표 7-1).

① 수퍼옥사이드 라디칼(superoxide radical): $O_2 + e^- \rightarrow O_2^-\bullet$

② 과산화수소(hydrogen peroxide): $O_2^-\bullet + 2H^+ \rightarrow H_2O_2$

③ 하이드록시 라디칼(hydroxy radical): $H_2O_2 + Cu^+ \rightarrow OH\bullet + OH^- + Cu^{2+}$

④ 일중항산소(singlet oxygen): $^3O_2$ + energy(22.5kcal/mol) $\rightarrow {}^1O_2$

⑤ 퍼옥실 라디칼(peroxyl radical): $RH + {}^1O_2 \rightarrow ROOH \rightarrow ROO\bullet$

표 7-1 활성산소의 종류

라디칼형		비라디칼형		
수퍼옥사이드 라디칼 (superoxide radical)	$\cdot O_2^-$	오존 (ozone)	O_3	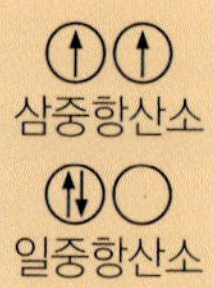
하이드록시 라디칼 (hydroxyl radical)	$\cdot OH$	일중항산소 (singlet oxygen)	$^1O_2$	
하이드로퍼옥시 라디칼 (hydroperoxy radical)	$HO_2 \cdot$	차아염소산 (hypochlorous acid)	HOCl	
알콕시 라디칼 (alkoxyl radical)	$RO \cdot$	과산화수소 (hydrogen peroxide)	H_2O_2	
퍼옥시 라디칼 (peroxyl radical)	$RO_2 \cdot$			

2) 항산화 체계

인체는 불가피하게 생성되는 활성산소에 의해 세포가 손상되는 것을 차단 또는 억제할 수 있는 항산화 체계를 갖추고 있다. 생성된 활성산소는 이러한 항산화 체계에 의해 제거되어 체내의 산화적 손상을 방지하지만, 활성산소가 증가하게 되어 활성산소의 생성 속도와 제거 속도의 균형이 깨지게 되면 산화 스트레스가 발생한다. 인체의 항산화 체계는 효소가 관여하는 효소적 항산화 체계와 항산화 물질이 작용하는 비효소적 항산화 체계로 구분할 수 있다.

(1) 효소적 항산화 체계

효소적 항산화 체계의 효소는 SOD, 카탈레이스, 글루타티온 퍼옥시다아제, 글루타티온 환원효소, 글루타티온 S-전이효소 등이 있다.

1 SOD(superoxide dismutase)

SOD는 활성산소인 수퍼옥사이드 제거 효소로 수퍼옥사이드 라디칼(O_2^- •)로부터 과산화수소와 산소를 생성하는 반응을 촉매하는 효소이다(그림 7-3). SOD는 구리와 아연을 함유한 CuZn-SOD, 망간을 함유한 Mn-SOD, 세포 외부에 있는(extracelluar) EC-SOD인 세 종류가 존재한다. SOD 활성이 증가할수록 활성산소 제거 능력이 증가하는 것을 의미한다.

$$O_2^- \bullet + H^+ \rightarrow H_2O_2 + O_2$$

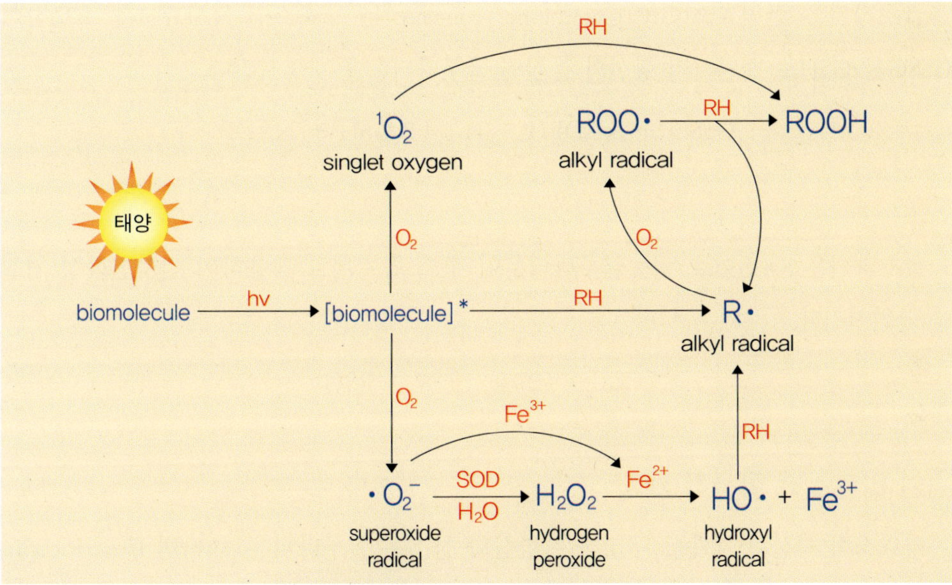

그림 7-3 SOD의 항산화 작용 기전

2 카탈레이스

카탈레이스는 SOD가 생성한 과산화수소를 물과 산소로 분해하는 반응을 촉매하는 효소로 헴(heme)을 함유하고 있다. 카탈레이스는 퍼옥시좀에 존재하며 과산화수소로부터 세포를 보호하고 세포 내에 과산화수소가 축적되는 것을 방지한다.

$$H_2O_2 \rightarrow H_2O + 1/2O_2$$

3 글루타티온 퍼옥시다아제

글루타티온 퍼옥시다아제는 셀레늄(Se)을 함유한 효소로 과산화수소나 과산화유기물을 물 또는 알코올로 환원시킨다. 이때 환원형 글루타티온(GSH)은 산화형 글루타티온(GSSG)으로 전환된다.

$$H_2O_2 + 2\ GSH \rightarrow 2\ H_2O + GSSG$$

$$ROOH + 2\ GSH \rightarrow ROH + H_2O + GSSG$$

4 글루타티온 환원효소

글루타티온 환원효소(GR: glutathione reductase)는 조효소인 NADPH를 소모하여 GSSG를 GSH로 전환시켜 항산화 물질인 글루타티온을 재생시킨다.

$$GSSG + NADPH + H^+ \rightarrow 2\ GSH + NADP$$

5 글루타티온 S-전이효소

글루타티온 S-전이효소는 글루타티온이 수소 공여체로 작용하여 전자친화성 기질을 환원시킨다.

$$RX + GSH \rightarrow HX + RSG$$

(2) 비효소적 항산화 체계

비효소적 항산화 체계를 구성하는 항산화 물질은 글루타티온, 비타민 E(α-tocopherol), 비타민 C, β-카로틴 등이 있다.

1 글루타티온

글루타티온(GSH: glutathione)은 γ-글루타밀시스테이닐글라이신(gamma-glutamylcysteinylglycine: Glu-Cys-Gly)의 트라이펩타이드로 수용성의 항산화 물질이다. 정상상태의 세포는 높은 GSH/GSSG 수준을 유지한다. 글루타티온은 수퍼옥사이드 라디칼(O_2^-•), 하이드록시 라디칼(OH•) 등과 반응하여 무독화시키며 글루타티온 퍼옥시다아제와 글루타티온 S-전이효소 반응에도 관여한다.

$$O_2^{-}\cdot + H^{+} + 2\ GSH \rightarrow GSSG + H_2O_2$$

$$OH\cdot + GSH \rightarrow GS\cdot + H_2O$$

2 비타민 E

비타민 E는 지용성의 항산화 물질로 세포막에서 활성산소가 유발시키는 지질과산화를 방지한다. 비타민 E에는 각각 4종류의 토코페롤과 토코트리에놀(tocotrienol)이 존재하고 가장 활성이 높은 것은 α-토코페롤이다(그림 7-4). 비타민 E 라디칼(vitamin E•)은 비타민 C에 의해 환원형의 비타민 E로 재생된다(그림 7-5).

$$\text{vitamin E} + LOO\cdot \rightarrow \text{vitamin E}\cdot + LOOH$$

토코페롤

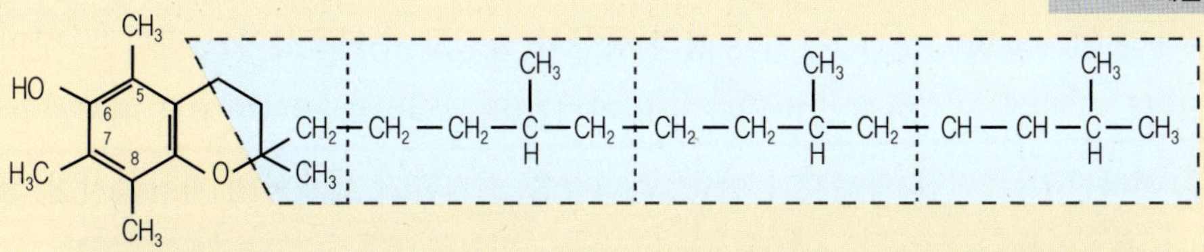

tocopherol	C-5	C-7	C-8	tocopherol	C-5	C-7	C-8
α(alpha)-tocopherol	CH_3	CH_3	CH_3	γ(gamma)-tocopherol	-	CH_3	CH_3
β(beta)-tocopherol	CH_3	-	CH_3	δ(delta)-tocopherol	-	-	CH_3

토코트리에놀

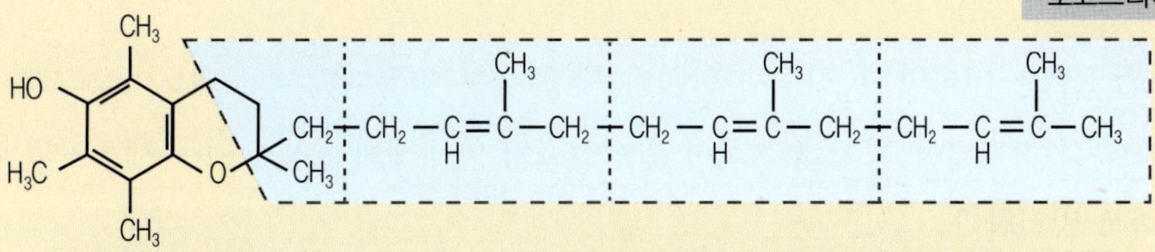

tocotrienol	C-5	C-7	C-8	tocotrienol	C-5	C-7	C-8
ζ(zeta)-tocotrienol	CH_3	CH_3	CH_3	η(eta)-tocotrienol	-	CH_3	CH_3
ε(epsilon)-tocotrienol	CH_3	-	CH_3	8-methyl-tocotrienol	-	-	CH_3

그림 7-4 토코페롤과 토코트리에놀의 종류

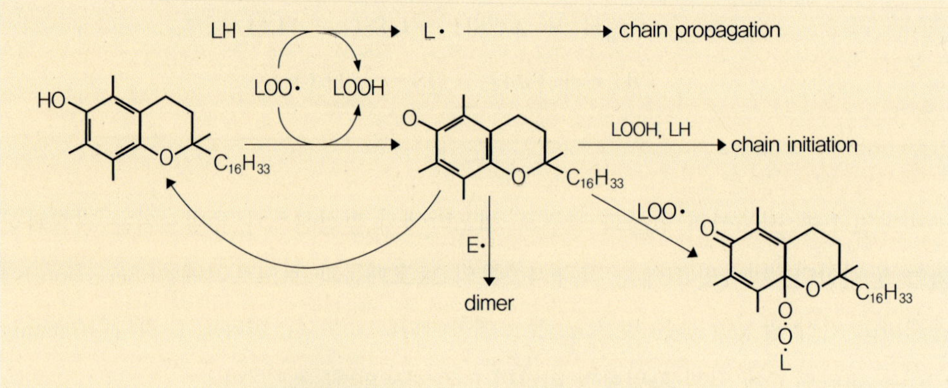

그림 7-5 비타민 E의 항산용 작용기전

3 비타민 C

비타민 C(ascorbate, AH^-)는 수용성의 항산화 물질로 수퍼옥사이드 라디칼, 하이드록시 라디칼 등을 무독화시키며 비타민 E 라디칼을 환원형의 비타민 E로 재생시킨다. 또한, 비타민 C는 직접 라디칼과 반응, 라디칼을 소거하여 세포막의 과산화지질 생성을 막는다.

$$AH^- + R\cdot \rightarrow AH\cdot + R^-$$

$$AH\cdot + AH\cdot \rightarrow AH^-(\text{ascorbate}) + A(\text{dehydroascorbate}) + H^+$$

4 β-카로틴

β-카로틴은 비타민 A 전구체 활성이 가장 높은 지용성의 카로티노이드(50% retinol)로 유리 라디칼을 직접 소거하여 활성산소가 체내에서 유발시키는 세포막의 지질 과산화를 방지한다.

$$\beta\text{-carotene} + ROO\cdot \rightarrow ROO\text{-}\beta\text{-carotene}$$

3) 항산화 관련 바이오마커 및 효능 평가

식품의약품안전처 기준 항산화 관련 주요 바이오마커는 조직과 혈액의 글루타티온 및 글루타티온 전구체인 시스테인 농도, 그리고 항산화 효소인 SOD, 카탈레이스, 글루타티온 퍼옥시다아제, 글루타티온 환원효소 등이 있다.

식품성분에 대한 항산화 효능의 평가 방법은 생체 조건 밖에서 측정하는 시험관실험 방법(*in vitro*), 생체 조건 내에서 측정하는 동물실험 방법(*in vivo*), 인체적용시험 방법 등이 있다. 주요 항산화 측정 방법은 항산화 효소 활성 측정, 항산화 물질 측정, 지질과산화 측정, 총 산화라디칼 제거능(TOSC) 측정, 유리(자유)라디칼의 일종인 DPPH 소거능 등이 있다.

4) 항산화 작용 건강기능식품

활성산소 감소에 도움을 주는 건강기능식품의 기능성 원료는 고시형과 개별인정형 원료가 있다. 고시형 건강기능식품은 클로렐라, 스피루리나, 프로폴리스 추출물, 비타민 C, 비타민 E, 엽록소 함유 식물, 스쿠알렌이 있다(표 7-2). 개별인정형 건강기능식품은 대나무 잎 추출물, 멜론 추출물, 복분자 추출물, 비즈왁스 알코올, 코엔자임 Q_{10}, 토마토 추출물, 포도씨 추출물, 프랑스해안송껍질 추출물, 고농도 녹차 추출물 등이 있다(표 7-2).

표 7-2 항산화 기능성 원료

원료명	기능(지표)성분	일일 섭취량	인정등급 (생리활성기능)
고농도 녹차 추출물 (고순도 녹차 EGCG 90%)	(-)-epigallo catechin gallate (EGCG)	EGCG 300~330mg	2
포도씨 추출물	① 프로안토시아닌 ② 총 폴리페놀	포도씨 추출물 200~300mg	2
멜론 추출물	SOD(superoxide dismutase)	SOD 500~1,000U	2
복분자 주정추출물	ellagic acid		3
비즈왁스 알코올	① 1-tetracosanol(C24) ② 1-hexacosanol(C26) ③ 1-octacosanol(C28) ④ 1-triacosanol(C30) ⑤ 1-dotriacosanol(C32) ⑥ 1-tetratriacosanol(C34)	비즈왁스 알코올(BWA: bees wax alcohol) 50mg	2
토마토 추출물	(all-trans)lycopene	lycopene 5.7~15mg	2
프랑스해안송껍질 추출물	프로시아니딘	피크노제롤 100~300mg	2
대나무 잎 추출물	① 트리신 ② 파라쿠마르산	① 대나무 잎 추출물 300~600mg ② 트리신 0.345~2.07mg ③ 파라쿠마르산 1.095~6.57mg	3
코엔자임 Q_{10}	코엔자임 Q_{10}	코엔자임 Q_{10} 90~100mg	2
홍삼 농축액	진세노사이드 Rg1 & Rb1	진세노사이드 Rg1 & Rb1 2.4~80mg	2

출처: 식품의약품안전처.

2 체지방 감소

1) 체지방

체지방(body fat)은 체내에 존재하는 지방으로 크게 피하지방과 내장지방으로 구분한다. 피하지방은 피하조직에 저장되어 있는 지방이고 내장지방은 복강 안쪽의 내장 사이에 저장되어 있는 지방이며 복부지방은 복부의 내장지방과 피하지방의 총칭이다. 키와 체중을 이용해 비만 정도를 평가하는 체질량지수(BMI)는 체중(kg)을 신장제곱(m^2)으로 나눈 값(kg/m^2)으로 25 이상을 과체중, 30 이상을 비만으로 정의한다. 체지방률은 전체 체중에서 지방 무게가 차지하는 것을 백분율(%)로 표시한 것이며 남성의 경우 25% 이상, 여성의 경우 30% 이상이면 비만으로 판정한다.

체지방의 과도한 축적 요인으로는 과식, 운동 부족 등 환경적 요인, 비만 유전자 등 유전적 요인, 섭식중추와 포만중추장애나 부신피질호르몬 과잉분비 등 내분비성 요인, 불안과 스트레스에 의한 폭식 등 정신적 요인 등 다양하며 이들 요인의 복합적인 작용에 의해서도 일어난다.

비만은 결국 섭취 열량과 소모 열량의 에너지 불균형으로 발생하는 대사성 질환으로 단순한 체중 증가가 아닌 지방조직의 증가로 정의한다. 과도하게 축적된 체지방을 감소시키면 혈압이 낮아지고 인슐린 저항성이 감소되며 혈중 지질이 개선된다. 또한, 혈전 생성이 감소되고 각종 염증지표도 낮아지게 되어 건강에 도움을 주며 결국 사망률을 낮추는 효과가 있다.

2) 지방의 분해와 합성대사

지방의 분해는 에피네프린(epinephrine)이 분비로 시작하며 세포막 바깥쪽에 있는 에피네프린 수용체(receptor)와 결합하면 세포막 안쪽의 아데닐산 고리화 효소(adeylate cyclase)가 활성화된다. 이때 생성된 cAMP가 단백질 인산화 효소(AMPK: cAMP-activated protein kinase)를 활성화시키고 이 효소에 의해 활성화된 호르몬 감수성 라이페이스(HSL: hormone-sensitive lipase)가 지방을 유리지방산과 글리세롤로 분해한다. 이 유리지방산은 아실-CoA(acyl-CoA)로 활성화되고 카니틴(carnitine)을 통해 세포질에서 미토콘드리아로 운반되어 지방산 사슬의 4가지 연속적인 분해과정(산화, 수화, 산화, 분해)인 β-산화를 거쳐 아세틸-CoA(acetyl-CoA)를 생성한다. 아세틸-CoA가 TCA 회로와 전자전달계를 거치면 많은 ATP 분자가 만들어진다.

지방의 합성은 인슐린(insulin)이 관여하며 지방산과 글리세롤로부터 합성된다. 먼저 지방산의 생합성은 식사 후에 과잉의 포도당이 세포 내로 유입되면서 과잉 생산된 아세틸-CoA가 지방산 생합성의 주요 효소나 오탄당인산 경로의 시작 효소인 포도당-6-인산 탈수소효소(Glc-6-ⓟ DH: glucose-6-ⓟ dehydrogenase)의 활성이 증가하면서 시작한다.

지방산은 β-산화 경로와는 다른 경로를 통하여 아세틸-CoA로부터 합성된다. 지방산 생합성은 세포질에서 일어나는데, 지방산 합성효소 복합체(FAS: fatty acid synthetase)로 알려진 큰 다중효소 복합체가 관여한다. 먼저, 아세틸-CoA 탄산화 효소(ACC: acetyl-CoA carboxylase)에 의해 아세틸-CoA로부터 말로닐-CoA(malonyl-CoA)가 형성되고, 이어서 축합, 환원, 탈수, 그리고 두 번째의 환원 반응 등을 거치며 탄소 사슬은 탄소수가 16개의 길이가 될 때까지 연장된다. 그다음, 새로 합성된 지방산은 지방산-CoA 형태로 복합체로부터 분리된다. 한편, 글리세롤의 전구체인 글리세롤 인산(glycerol-3-ⓟ)은 해당과정을 거쳐 포도당으로부터 생성된다. 적절한 지방산이 세포 내에서 형성되면, 지방은 아실글리세롤 아실트랜스퍼레이스(acylglycerol acyltransferase)에 의해 글리세롤 인산과 지방산-CoA를 이용하여 합성할 수 있다.

3) 체지방 감소 기전

체지방의 축적을 감소시키는 기전은 지방분해(산화)를 촉진시키거나 지방합성을 저해시키는 기전이다.

(1) 지방분해 촉진기전

지방분해 촉진기전은 지방분해 및 β-산화에 관여하는 관련 효소의 활성을 촉진시켜 체지방을 감소시키는 것이다(그림 7-6).

- 아데닐산 고리화 효소(adenylate cyclase): ATP로부터 cAMP를 합성하는 효소로 지방분해를 촉진하는 효소이다.

$$\text{ATP} \rightarrow \text{cAMP} + \text{ppi}$$

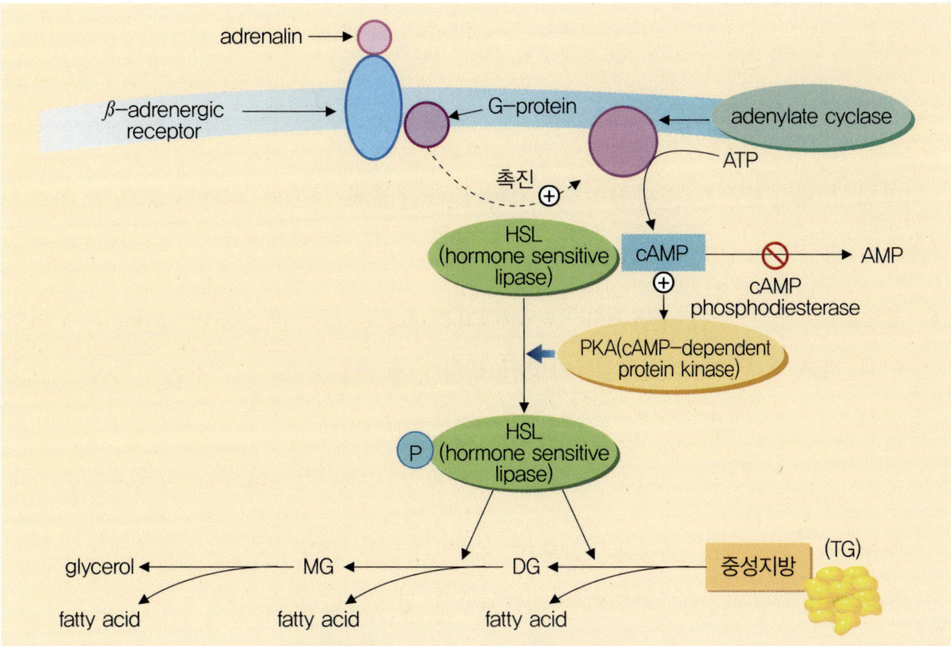

그림 7-6 지방분해과정 및 주요 효소

- cAMP 포스포다이에스터레이스(cAMP phosphodiesterase): cAMP를 AMP로 분해하는 효소로 이 효소의 활성이 높을수록 지방분해를 저해한다.

cAMP → AMP

- 호르몬 감수성 라이페이스(HSL: hormone-sensitive lipase): 지방을 최종적으로 지방산과 글리세롤로 분해하는 효소이다.

triacyl glycerol(TG) → fatty acid + glycerol

- 아실-CoA 합성효소(ACL: acyl-CoA synthetase): 지방산을 활성화하기 위하여 지방산으로부터 아실-CoA를 형성하는 효소이다.

fatty acid + CoA + ATP → acyl-CoA + ppi

- 카니틴 아실트랜스퍼레이스(CAL: carntine acyltransferase): 활성화된 지방산을 새포질에서 미토콘드리아로 운반하는 효소이다.

acyl-CoA + carntine → acyl-carntine + CoA

(2) 지방합성 저해기전

지방합성 저해기전은 지방합성 및 지방산 생합성에 관여하는 관련 효소의 활성을 저해시켜 체지방을 감소시키는 것이다(그림 7-7).

- 포도당-6-인산 탈수소효소(Glc-6-ⓟ DH: glucose-6-ⓟ dehydrogenase): 오탄당 인산 경로의 첫 단계 효소로, 지방산 생합성에 필요한 NADPH를 생성하는 효소이다.

glucose-6-ⓟ → ribose-5-ⓟ + CO_2 + NADPH

- 아세틸-CoA 탄산화효소(ACC: acetyl-CoA carboxylase): 지방산 생합성의 첫 단계 효소로 아세틸-CoA로부터 말로닐-CoA를 형성하는 효소이다.

acetyl-CoA + CO_2 + ATP → malonyl-CoA + ADP + pi

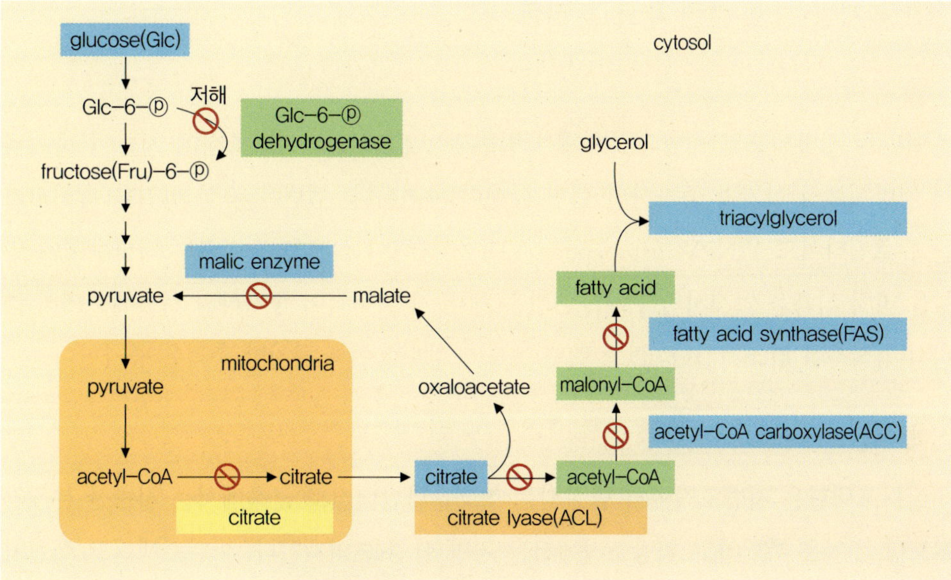

그림 7-7 지방합성과정 및 주요 효소

- 지방산 합성효소(FAS: fatty acid synthetase): 다중효소 복합체로 아세틸-CoA와 말로닐-CoA로부터 지방산을 생성하는 효소이다.

$$\text{malonyl-CoA} \rightleftarrows \text{malonyl-ACP},\ \text{acetyl-CoA} \rightleftarrows \text{acetyl-ACP}$$

$$\text{malonyl-ACP} + \text{acetyl-ACP} \rightarrow \text{acetoacetyl-ACP} \rightarrow \rightarrow \text{fatty acid}$$

4) 체지방 감소 바이오마커 및 효능 평가

체지방 감소 주요 바이오마커는 체지방 축적 지표인 지방합성 관련 효소와 에너지 소비 지표인 지방분해 관련 효소, 그리고 에너지 대사 조절 지표인 분비호르몬 등이 있으며 주요 호르몬으로는 렙틴, 아디포넥틴, 그렐린 등이 있다.

(1) 체지방 감소 관련 주요 호르몬

1 렙틴(leptin)

렙틴은 지방세포의 비만유전자에서 발현되는 단백질로 지방조직에 지방이 축적되어 지방세포의 크기가 증가하면 렙틴 합성이 촉진된다. 렙틴은 음식 섭취를 촉진시키는 뉴로펩타이드 Y(NPY: neropeptide Y)를 저해하여 식욕을 조절하는 뇌하수체에 영향을 미쳐 식욕을 억제시킨다. 즉, 렙틴은 체내 지방 축적이 증가하면 지방세포에서 분비되어 식욕을 감소시킨다. 혈중 렙틴 농도가 감소할수록 체지방 축적은 증가한다.

2 아디포넥틴(adiponectin)

아디포넥틴은 지방조직에서 발현되는 혈액순환단백질로 근육에서는 지방산 분해와 포도당 유입을 촉진하고 지방조직에서는 지방 합성을 억제한다. 아디포넥틴도 렙틴처럼 혈중 농도가 감소하면 체지방이 과도하게 축적된다.

3 그렐린(ghrelin)

그렐린은 음식 섭취나 체내 영양상태 신호를 시상하부에 전달하는 신경전달물질로 성장호르몬의 분비를 촉진시킨다. 분비된 성장호르몬은 복부지방을 감소시킨다. 혈중 그렐린 농도가 감소하면 체지방이 과도하게 축적한다.

주요 체지방 감소와 관련된 효능 평가는 지방합성 및 지방분해 관련 효소, 신호전달물질, 대사산물 등의 활성과 유전자, 세포의 발현 정도, 체지방, 체질량지수, 복부비만 측정에 유용한 허리둘레와 허리-엉덩이둘레 비율(WHR) 측정 등이 있다.

5) 체지방 감소 건강기능식품

체지방 감소에 도움을 주는 건강기능식품의 고시형 원료는 녹차 추출물, 공액리놀레산, 가르시니아 캄보지아 추출물이 있다(표 7-3). 개별인정형 건강기능식품은 대두배아 추출물 등 복합물, 레몬밤 추출물 혼합분말, 중쇄지방산 함유 유지, 콜레우스 포스콜리 추출물, 히비스커스 등 복합추출물, 깻잎 추출물, L-카르니틴 타르트레이트, 돌외잎 주정추출분말, 락토페린, 키토산/키토올리고당, 보이차 추출물, 발효식초 복합물, 와일드망고종자 추출물, 그린커피빈 추출물, 풋사과 추출 폴리페놀 등이 있다(표 7-3).

표 7-3 체지방 감소 기능성 원료

원료명	기능(지표)성분	일일 섭취량	인정등급 (생리활성기능)
히비스커스 등 복합추출물	① 키토산(chitosan) ② (+)-allo-hydroxy citric acid lactone ③ L-carnitine	히비스커스 등 복합추출물 2,079mg	2
그린 마테 추출물	① chlorogenic acid ② triterpene saponin	그린마테 추출물 3g	2
깻잎 추출물	ursolic acid	깻잎 추출물 2.7g	2
대두 배아 추출물 등 복합물	① daidzin + glycinin + genistin ② L-carnitine	대두배아 추출물 등 복합물 700mg	2
레몬밤 추출물 혼합 분말	① 레몬밤(rosmarinic acid) ② 뽕나무잎(1-deoxynojirimycin) ③ 인진쑥(6,7-dimethylesculein)	레몬밤 추출물 혼합분말 1,380mg	2
콜레우스 포스콜리 추출물 (forslean)	포스콜린(forskolin)	콜레우스 포스콜리 추출물 500mg	2
L-카르니틴 타르트레이트	L-카르니틴	L-카르니틴 2g	2
녹차 추출물	카테킨	카테킨 0.3~0.5g	2
가르시니아 캄보지아 추출물	총 (-)-hydroxy citric acid(HCA)	(-)-HCA 750~2800mg	1
공액리놀레산	① 공액리놀레산(CLA) ② cis-8, trans-11 CLA + trans-10, cis-12 CLA	공액리놀레산 1.7~4.0g	2
키토올리고당	키토올리고당	키토올리고당 3g	3

출처: 식품의약품안전처.

3 혈당 감소

1) 혈당 유지

혈당은 문맥정맥을 제외한 동정맥의 포도당 농도, 즉 혈액의 포도당으로 혈청 농도(mg/dL)로 표시한다. 인체가 생명 유지하고 정상적으로 기능하기 위해서는 혈당이 항상 일정 범위의 농도 수준으로 유지되는 혈당의 항상성이 반드시 필요하다. 혈당의 항상성은 인슐린, 글루카곤 등 여러 호르몬에 의해 유지되며 포도당을 에너지원으로 쓰는, 특히 적혈구와 뇌세포의 중요한 에너지원이다. 식사 후에 섭취된 탄수화물은 대부분 체내에서 최종적으로는 소장에서 포도당으로 소화 및 흡수되어 혈액으로 방출된다. 이때 혈당이 상승하면 인슐린이 분비되어 혈당을 말초조직으로 들어가게 하여 혈당을 낮추게 한다. 이렇게 체내에 공급된 혈당은 호기적 해당과정을 통해 완전 산화되어 혈액, 뇌, 신경계 등에 에너지를 공급한다. 그다음, 혈당은 간과 근육에서 글리코겐으로 저장되며, 마지막으로 과잉 혈당은 지방조직에서 지방으로 저장된다.

이와 반대로, 공복상태가 되면 글루카곤이 분비되어 간에 저장된 글리코겐 분해를 촉진하고 혈액으로 포도당을 방출하여 혈당을 상승시킨다. 만일, 이러한 공복상태가 지속되어 간 글리코겐이 고갈되면 저혈당이 일어날 수 있는데, 저혈당은 중추신경계 장애뿐만 아니라 혼수상태와 사망을 초래할 수 있으므로 혈당 유지가 필수적이다. 이처럼 지속적인 혈당 공급을 위해 젖산, 글리세롤, 아미노산 등 비탄수화물 전구체로부터 당신생합성을 통하여 포도당을 생성하고 혈당을 상승시킨다.

2) 혈당 조절 호르몬

(1) 인슐린

인슐린은 51개의 아미노산으로 구성된 펩타이드로 혈중 포도당 농도가 증가하면 췌장(이자)의 랑게르한스(Langerhans)섬의 β-세포에서 분비 · 생성된다. 인슐린은 포도당을 간, 근육이나 지방세포로 신속하게 이동시켜 글리코겐이나 지방합성을 촉진시키며, 아미노산 흡수와 단백질 합성도 촉진시킨다. 인슐린은 포도당을 세포 내로 신속하게 들어가게 도와주는데, 만일 인슐린 분비가 제대로 되지 않거나 인슐린에 대해 말초조직에서 저항이 일어나면 체내의 혈당을 감소시키지 못하여 당뇨병성 고혈당이 일어난다. 인슐린 저항성의 주요 원인으로는 체중 증가 및 비만, 운동 부족, 유전, 노화 등이 있다.

(2) 글루카곤

글루카곤은 29개의 아미노산으로 구성된 펩타이드로 혈중 포도당 농도가 감소하면 췌장의 랑게르한스섬의 α-세포에서 분비 · 생성된다. 글루카곤은 간에 저장된 글리코겐을 포도당으로 분해하여 혈중 포도당 농도를 증가시켜 혈당을 조절한다. 또한, 글루카곤은 단식 시 혈중 포도당 농도가 감소할 때 지방을 분해시켜 생성된 유리지방산을 혈액으로 방출시켜 β-산화와 케톤체 생성을 거쳐 에너지를 공급하게 한다. 이처럼 글루카곤은 단식 상태에서 체내 항상성을 유지하는 데 중요한 호로몬이다.

(3) 기타 호르몬

에피네프린(epinephrine)과 코티솔(cortisol)은 혈중 포도당 농도가 감소하면 부신수질에서 분비 · 생성된다. 특히, 에피네프린과 코티솔은 스트레스 상태에 분비되며 혈중 포도당과 지방산 농도를 증가시켜 뇌에 포도당을 공급하고 에너지원으로 지방산을 제공한다. 뇌하수체 전엽에서 생성되는 성장호르몬(growth hormone)도 수면, 스트레스, 운동, 저혈당 시 분비되며 공복 시 혈당 유지를 돕는다. 에피네프린, 코티솔, 성장호르몬은 글루카곤처럼 인슐린 분비를 억제하는 인슐린과 길항작용을 한다.

3) 당뇨병과 혈당의 범위

(1) 당뇨병(diabetes mellitus)

인체는 정상적인 상태에서는 식사 후 일시적으로 상승한 혈당이 인슐린에 의해 다시 정상 수준으로 내려간다. 그러나 췌장에서 인슐린 분비가 잘 되지 않거나 체내에서 인슐린이 제대로 기능하지 못하면 식사 후 혈당이 정상 수준으로 내려가지 못한다. 이처럼 식사 후 체내에서 포도당을 이용하지 못하고 밖으로 배출하는 질병을 당뇨병이라 하며 크게 인슐린 의존성과 비의존성으로 구분한다.

1 인슐린 의존성 당뇨병

제1형 당뇨병이라고도 하며 췌장의 β-세포가 파괴되면서 인슐린 생산이 결핍되어 발생하는 질환이다. 이 병은 유전적 또는 환경적 요인으로 췌장의 β-세포가 손상되어 인슐린을 생산할 수 없어 발생하는 인슐린 결핍으로, 인슐린 투여가 필수적이다. 전체 당뇨병의 10% 정도를 차지하며, 주로 유전적 요인으로 어린 나이에 발생하는 소아당뇨병이 여기에 해당한다.

2 인슐린 비의존성 당뇨병

제2형 당뇨병이라고도 하며 체내에서 인슐린 분비 및 작용의 결함으로 발생하는 질환이다. 이 병은 체내에서 인슐린 저항성이 높아 인슐린을 효과적으로 이용할 수 없어 발생하는 질환이다. 인슐린 비의존성 당뇨병은 인슐린 의존성 당뇨병보다 일반적이며, 전체 당뇨병의 90% 정도를 차지한다. 주요 발병 원인으로는 과체중, 비만, 운동 부족, 노화 등이며 인슐린 의존성 당뇨병의 증상과 유사하나 분명하지 않아 진단하는 데 어려움이 있다.

(2) 혈당의 범위

- 정상 혈당: 공복혈당이 6.1mmol/L(110mg/dL) 미만, 식후 2시간 혈당이 7.8mmol/L (140mg/dL) 미만으로 규정한다.
- 공복혈당 조절장애(IFG: impaired fasting glucose): 공복혈당이 6.1~6.9mmol/L (110~125mg/dL)인 경우에는 공복혈당 조절장애로 규정한다.
- 내당능 장애(IGT: impaired glucose tolerlance): 공복혈당 7.0mmol/L(126mg/dL) 이상, 식후 2시간 혈당이 7.8~11.1mmol/L(140~200mg/dL) 이상인 경우에는 내당능 장애로 규정한다.
- 당뇨병 혈당: 공복혈당 7.0 mmol/L(126mg/dL) 이상, 식후 2시간 혈당 11.1mmol/L (200mg/dL) 이상은 당뇨병으로 규정한다.

4) 혈당 감소 바이오마커 및 효능 평가

혈당 감소에 도움을 주는 바이오마커는 크게 혈당 지표와 인슐린 관련 지료로 구분한다. 혈당 지표에는 공복 혈장혈당, 식후 2시간 혈장혈당, 내당능, 당화혈색소 등이 있고 인슐린 관련 지표는 공복 혈장 인슐, 공복 혈장 C-펩타이드 농도, β-세포의 인슐린 함유 및 mRNA 발현 정도 등이며, 그 외에 포도당 수송체(glucose transporter)인 GLUT의 발현, α-글루코시데이스의 활성 억제 등이 있다.

주요 효능 평가로는 혈당, 내당능, 당화혈색소, 인슐린과 C-펩타이드, α-글루코시데이스의 활성 등의 측정이 있다.

(1) 혈당 감소 관련 주요 효능 평가

1 혈당 측정

글루코스 옥시데이스(glucose oxidase: glucose + $O_2 \rightarrow$ lactone + H_2O_2) 법을 이용한 간이 혈당 측정법은 육안으로 색의 변조에 따라 측정이 가능하다. 혈당 분석기(glucose analyzer)를 이용한 측정법은 정확하게 측정이 가능하지만 일상적이고 지속적으로 측정하기 어려운 단점이 있다.

2 내당능

내당능(glucose tolerance)은 글루코스 내성으로 인체의 글루코스 처리 능력이다. 내당능 검사는 최고 혈당 농도와 180분 후의 혈당 농도로 판단하며 포도당의 투여 경로에 따라 경구 당부하검사, 정맥주사 당부하검사, 복강주사 당부하검사로 구분하는데, 인체실험의 경우는 경구 당부하검사로 실시한다. 내당능의 저하는 인슐린의 분비 또는 작용의 장애나 길항호로몬의 과잉을 의미한다.

3 당화혈색소

당화혈색소(HbA1c: glycated hemoglobin)는 적혈구의 혈색소에 당이 결합된 형태로 혈당이 증가하면 당화혈색소 수치도 증가한다. 당화혈색소는 3개월 정도의 평균 혈당 수치를 반영하는 것으로 지난 수 주 동안의 혈당 농도를 추정할 수 있으며, 장기간의 혈당 조절 정도를 파악하는 데 유용하다. 당화혈색소 측정 방법은 면역 측정법, 전기영동법, HPLC법 등이 있다.

4 인슐린과 C-펩타이드

인슐린은 췌장의 β-세포에서 분비하는 호르몬으로 ELISA(enzyme linked immunoabsorbant assay) 방법 등으로 측정이 가능하며 정상 혈청 농도는 0~20uU/mL이다. C-펩타이드는 인슐린 전구체인 프로인슐린(proinsulin)의 분해과정에서 인슐린과 같은 비율로 생성하는데 이러한 C-펩타이드를 측정하면 인슐린의 분비 정도를 알 수 있다.

5 α-글루코시데이스

α-글루코시데이스(α-glucosidase)는 다당류를 가수분해하는 효소로 말테이스(maltase)처럼 비환원 말단의 (α 1→4) 글리코사이드(glycoside) 결합을 분해하여 α-형 포도당을 생성한다. 만일, α-글루코시데이스의 활성을 저해시키면 소장 내 포도당의 흡수를 방해하여 혈당이 감소된다. 대표적인 α-글루코시데이스의 저해제인 아카보스(acarbose)는 혈당을 감소하는 효과가 있다.

5) 혈당 감소 건강기능식품

혈당 감소에 도움을 주는 건강기능식품의 고시형 원료는 구아검/구아검 가수분해물, 귀리, 밀 식이섬유, 옥수수겨, 이눌린/치커리 추출물, 호로파 종자, 구아바잎 추출물, 바나나잎 추출물, 탈지달맞이꽃종자 추출물, 난소화성 말토덱스트린이 있다(표 7-4). 개별인정형 건강기능식품은 동결건조누에 분말, 마 주정추출물, 솔잎 증류농축액, PMO 알부민, 인삼 가수분해 농축물, 지각상엽 추출혼합물, Nopal 추출물, 쥐눈이콩펩타이드 복합물, 콩발효 추출물, 타가토스(tagatose), 피니톨(pinitol), 홍경천 등 복합 추출물, 실크단백질효소 가수분해물, 상엽 추출물, 아라비노스(L-arabinose), 계피추출분말, 하이드록시프로필 메틸 셀룰로오스 등이 있다(표 7-4).

표 7-4 혈당 감소 기능성 원료

원료명	기능(지표)성분	일일 섭취량	인정등급 (생리활성기능)
난소화성 말토덱스트린	난소화성 말토덱스트린	난소화성 말토덱스트린 4.6~9.8g	2
바나나 주정추출물	코로소린산(corosollic acid)	바나나 주정추출물 50~100mg	2
피니톨	피니톨	피니톨 1.2g	2
홍경천 등 복합추출물	① 홍경천 추출물(살리드로사이드) ② 계피 추출물(계피산)	홍경천 등 복합 추출물 900mg	2

원료명	기능(지표)성분	일일 섭취량	인정등급 (생리활성기능)
구아바잎 추출물	총 폴리페놀	총 폴리페놀 120~123.5mg	2
탈지달맞이꽃종자 추출물	① 총 폴리페놀 ② penta-o-galloyl β-D-glucose	탈지달맞이꽃종자 추출물 200~300mg	2
솔잎 증류농축액	① 3-carene ② limonene ③ terpinolene	솔잎 증류 농축액 1,350mg	2
콩발효 추출물	① α-glucosidase 활성 억제능 (IC50) ② tris(2-amino-2-hydroxy methyl-1,3-propanediol)	콩발효 추출물 900mg	2
PMO 알부민	알부민	PMO 알부민 1.2~1.5g	2
Nopal 추출물	수용성 식이섬유	수용성 식이섬유 4.3g	2
동결건조누에 분말	1-deoxynojirimycin	동결건조누에 분말 2.7g	2
지각상엽 추출혼합물	① 나린진(naringin) ② 아스트라갈린(astragalin)	지각상엽 추출혼합물 2.8g	2
쥐눈이콩펩타이드 복합물	① 아지닌(arginine) ② 류이신(leucine)	쥐눈이콩펩타이드 복합물 4.5g	3
타가토오스	D-tagatose	D-tagatose 5~7.5g	2
마 주정추출물	allantoin	마 주정추출물 900mg	3
인삼 가수분해 농축물	진세노사이드 Rg1	인삼 가수분해 농축물 960mg	2
실크단백질효소 가수분해물	① 세린(serine) ② 글라이신(glycine) ③ 알라닌(alanine)	실크단백질효소 가수분해물 6g	3

출처: 식품의약품안전처.

4 면역 기능 개선

1) 면역력 증진

면역(immunity)이란 라틴어 'immunitas'에서 유래된 것으로 '질병으로부터 보호'를 의미하며, 면역 반응은 생체 내 자기방어체계로 외부 침입인자에 대한 면역세포와 분자들의 상호 협동적인 반응이다. 면역계는 흉선, 림프절, 비장, 골수 등의 기관으로 구성된 복잡한 시스템으로 서로 상호작용을 통하여 체외의 비자기(non-self)를 인식해서 제압하고 체내의 자기(self)를 인식해서 보호한다.

인체의 외부항원에 대한 면역은 초기의 선천적 면역인 내재면역과 후기의 후천적 면역인 적응면역으로 구분한다(그림 7-8). 면역 기능 개선은 저하된 면역력을 증진시키는 것과 과도한 면역 반응에 의한 신체 이상을 완화시키는 과민면역 반응 개선으로 구분한다.

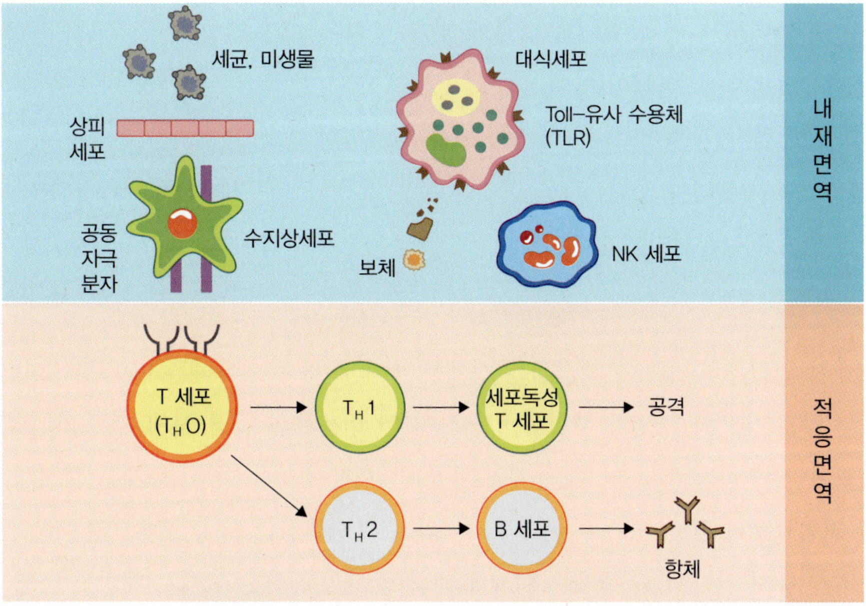

그림 7-8 선천적(내재) 면역과 후천적(적응) 면역

(1) 선천적 면역

선천적 면역은 누구나 가지고 태어나는 자연면역으로 일차적인 외부방어체계와 이차적인 내부방어체계를 가지고 있다. 선천적 면역의 특징은 항원에 대해 신속하고 빠르게 일어나는 면역 반응이지만 지속성이 낮고 항원에 대한 특이성이나 면역발생과정에 대한 기억인 면역기억이 없다. 외부방어체계는 피부, 털 및 섬모, 점막, 분비물 등으로 이루어지며 내부방어체계는 NK 세포(natural killer cell, 자연살해세포), 대식세포, 사이토카인 등이 수행하는 방어작용이다.

NK 세포는 미생물에 감염된 세포나 암세포에 나타난 세포 표면의 변화된 구조를 인식하며 직접 결합하여 표적세포를 죽인다. 대식세포는 미생물이 침입하면 탐식작용으로 탐식하여 제거한다. 또한, 대식세포는 사이토카인을 분비하여 사이토카인 수용체 세포들을 활성화시켜 염증 반응을 유도하고 보체 활성화를 유발하여 미생물을 용해시킨다. 선천적 면역은 후천적 면역인 적응면역 활성화에 중요한 역할을 한다.

(2) 후천적 면역

후천적 면역은 선천적 면역과 다르게 특정 항원에 대해 감염되어 유도되고 특이적으로 반응하는 특이 면역이며 이러한 특이적인 면역 반응을 통해 획득하므로 획득 면역이라고도 한다. 적응 면역은 항원에 처음 노출되면 평생 유지되는 면역성이 주어지는 면역기억의 특성이 있다. 적응 면역은 항원 유형과 세포에 따라 체액성 면역과 세포성 면역으로 구분한다(그림 7-9).

1 체액성 면역

체액성 면역은 B 세포가 생산하는 항체를 매개로 하여 일어나는 면역 반응이다. 이 항체는 주로 세포외 미생물 항원을 인식하여 이 미생물의 감염 억제, 독소의 중화, 탐식세포에 의한 인식 촉진 및 세균 제거 등 여러 가지 기능을 한다. 항체는 체액에 존재하며 면역글로불린(Ig: immunoglobulin)이라는 당단백질로, 종류로는 IgA, IgD, IgE, IgG, IgM 등이 있다. IgG 항체는 인체에 가장 많이 존재하는 항체로 태반을 통해 전달되는 유일한 항체이다.

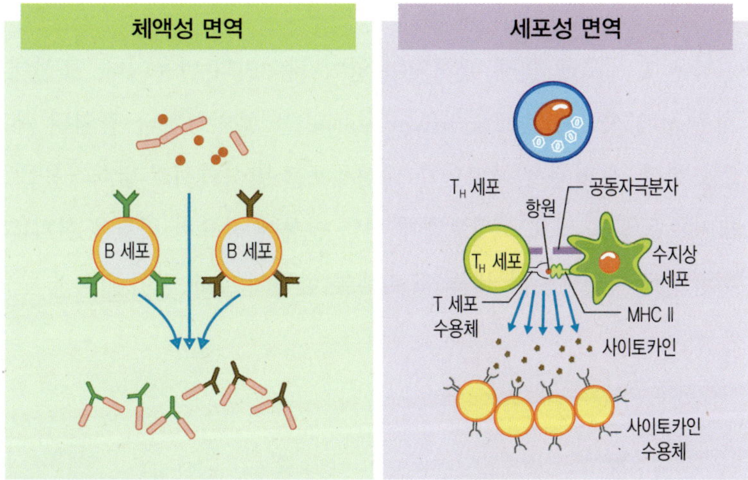

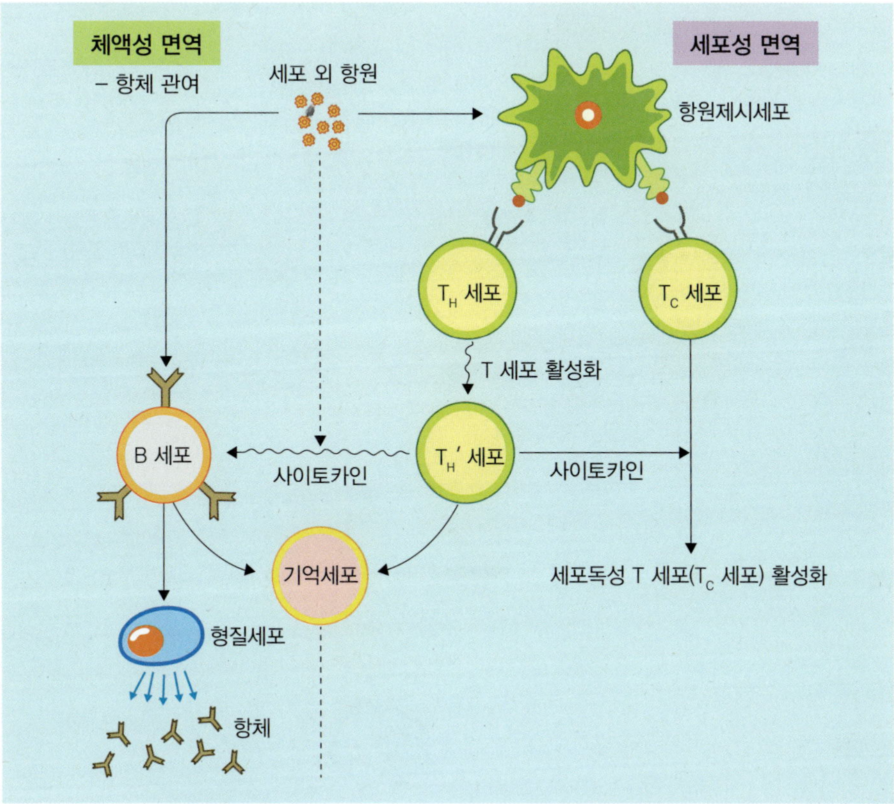

그림 7-9 체액성 면역과 세포성 면역의 특성과 면역 반응

2 세포성 면역

세포성 면역은 T 세포에 의해 매개되어 일어나는 면역 반응이다. 흉선에서 유래한 T 세포가 항원을 인식하여 림포카인(lymphokine)을 분비하거나 감염된 세포를 직접 죽이는 역할을 한다. 분비된 림포카인은 대식세포를 활성화시켜 탐식작용을 도우며 조력 T 세포와 세포독성 T 세포도 세포매개 면역 반응에 중요한 역할을 한다(그림 7-10). 세포성 면역은 주로 바이러스나 세포 내 미생물 항원에 대해 방어 작용을 수행한다.

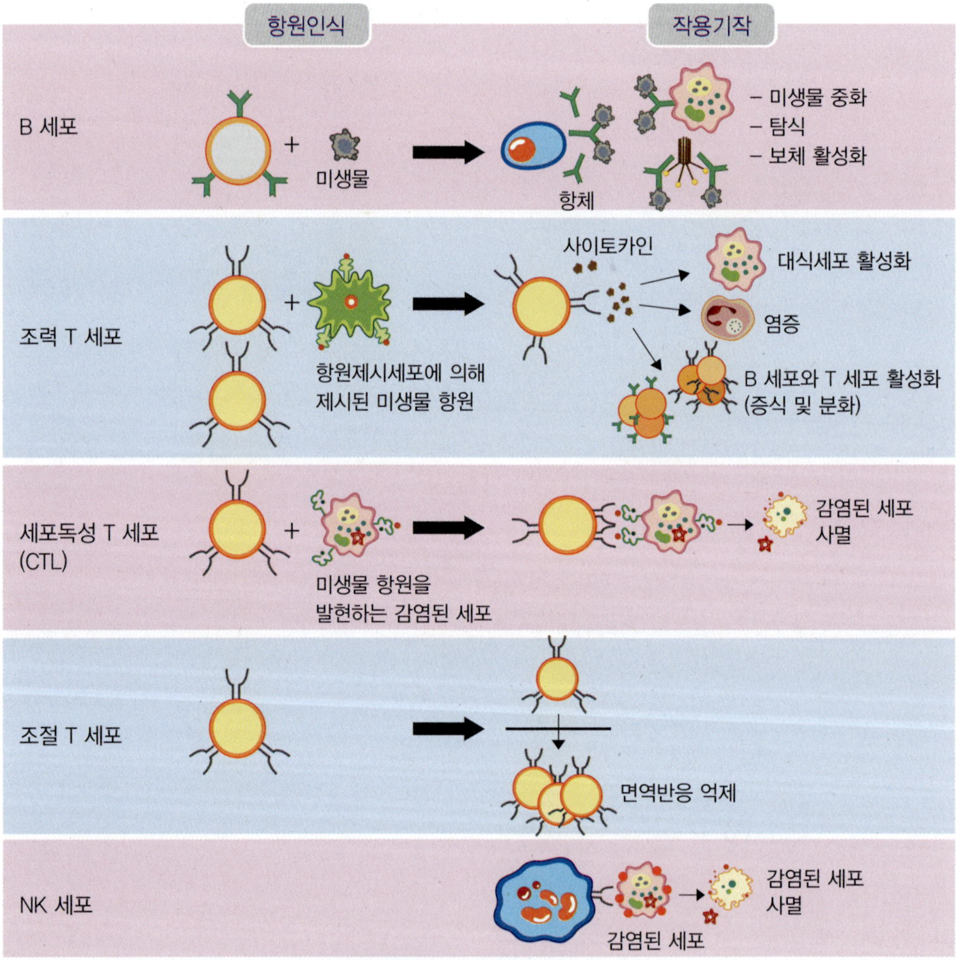

그림 7-10 면역세포의 종류

2) 과민면역 반응 개선

알레르기(allergy)란 그리스어 'allos'에서 유래된 것으로 '변형된 것'을 의미한다. 이물질에 대한 신체의 잘못 변화된 능력이나 다양하고 무해한 항원에 대한 면역계의 반응으로 발생하는 질병으로 정의한다. 알레르기는 과민 반응(hypersensitivity reaction)이라고 하는 면역계 반응의 4가지 유형 중의 하나이다. 유형 Ⅰ, Ⅱ, Ⅲ은 항원과 항체와의 상호작용에 의해 일어나는 '즉시형' 반응이며 유형 Ⅳ는 림프구의 표면에 결합한 수용체가 관여하고 경과 시간이 길기 때문에 '지연형'이라 한다. Ⅰ형 과민 반응은 IgE 항체와 비만세포가 중심이 되어 나타나는 반응으로 비만세포로부터 히스타민(histamine) 등 화학적 매개물질들의 분비를 유발하여 일어난다. 증상은 아나필락틱 쇼크(anaphylactic shock), 알레르기성 비염, 알레르기성 결막염, 알레르기성 천식, 피부 알레르기, 음식 알레르기 등 다양하다. Ⅱ형 과민 반응은 IgG 항체가 중요한 역할을 하며 용혈성 빈혈과 같은 항체매개 적혈구 파괴나 혈소판 파괴를 일으키는 항생제나 항고혈압제 등 약제의 섭취로 일어난다.

3) 면역력 증진 바이오마커 및 효능 평가

면역력 증진 관련 바이오마커 및 효능평가는 T 세포, B 세포 증식능 및 면역세포 수, 대식세포의 탐식능, 산화질소 생성능, NK 세포의 종양세포 사멸 능력, 사이토카인 생성량, 항체 생성량 측정 등이다.

(1) 면역력 증진 관련 주요 효능 평가

1 대식세포 활성도 측정

대식세포 활성도 측정은 탐식능(phagocytic activity) 측정과 산화질소 생성능 측정이 대표적이다. 탐식능은 생쥐 복강의 대식 세포를 이용하여 방사성 크롬(^{51}Cr)을 표지로 활용한 방사선 측정을 통해 측정한다. 산화질소(NO)는 산화질소 합성효소[NOS: NO synthase; O_2 + L-arginine(guanidino nitrogen)→NO]에 의해 생성되거나 대식세포, 혈관내피세포, 간세포, 심근세포 등에서 LPS, IL-1, TNF-α 등에 의해 활성화되어 생성된다. 생쥐 복강의 대식세포에 그리스(Griess) 시약을 이용하여 흡광도 측정으로 NO의 생성 정도를 평가한다.

2 히스타민 정량

히스타민은 혈장, 활성화된 비만세포에서 유출되는 양으로 측정한다. 기능성 식품 소재에 의한 히스타민 분비 억제 여부를 평가할 수 있다.

3 T 세포 증식 억제

T 세포의 증식 억제에 의해 면역조절 효능을 평가하는 방법으로 T 세포의 증식 억제 여부를 통해 항알레르기 효능을 판정한다. T 세포 증식능은 MTT 방법으로 측정하며, 파이토헤마글루틴(PHA: phytohemaglutin), 콘카나발린 A(ConA: concanavaline A) 등을 혼합 배양하여 T 림프구 증식능력을 평가한다.

4 라이폭시지네이스(lipoxygenase) 정량

라이폭시지네이스는 아라키돈산(arachidonic acid) 대사과정에 참여하는 효소로 생체 내 염증 반응이나 알레르기 반응에 관여하는 화학적 매개체를 생성한다. 라이폭시지네이스는 과산화물 생성 정도를 측정하며 라이폭시지네이스 저해물질은 화학적 매개체 생성을 억제하여 알레르기 상태 개선에 유효한 효과를 나타낸다.

5 헥소사미니데이스(hexosaminidase) 정량

헥소사미니데이스는 과립에 저장되어 있다. 알레르기 발현에서 탈과립되어 비만세포로부터 히스타민과 함께 유리 생성된다. 헥소사미니데이스 활성의 감소 및 억제기능 측정을 통해 알레르기 상태 개선의 유효 효과를 판정할 수 있다.

6 세포활성물질 정량

T 세포나 비만세포에서 분비되는 염증성 세포활성물질인 IL-4, IL-6, IL-8, TNF-α 등의 양을 주로 ELISA 방법을 이용하여 측정한다.

7 혼합림프구 증식능 측정

비장이나 말초혈관 림프구를 서로 혼합 배양하면 혼합림프구 반응(MLR: mixed lymphocyte reaction)이 일어나, T 세포가 상대방을 인식하여 급격히 세포분열을 일으키는 반응으로 세포성 면역능 측정에 이용한다.

4) 면역 기능 개선 건강기능식품

면역 기능 개선 건강기능식품은 면역력 증진이나 과민면역 반응 개선에 도움을 줄 수 있는 것이다. 면역 기능에 도움을 주는 건강기능식품의 고시형 원료는 인삼, 홍삼, 알콕시글리세롤 함유 상어간유, 알로에겔 등이 있다(표 7-5). 개별인정형 건강기능식품은 게르마늄효모, 금사상황버섯, 당귀 혼합추출물, L-글루타민, 표고버섯균사체, 스피루리나, 클로렐라, *Enterococcus faecalis* 가열처리 건조분말, 구아바잎 추출물 등 복합물, 다래 추출물, 소엽 추출물, 피카오프레토 분말 등 복합물 등이 있다(표 7-5).

표 7-5 면역 기능 개선 기능성 원료

(1) 면역력 증진

원료명	기능(지표)성분	일일 섭취량	인정등급 (생리활성기능)
게르마늄효모	게르마늄	게르마늄효모 1.2g	3
금사상황버섯	β-글루칸	금사상황버섯 3.3g	2

원료명	기능(지표)성분	일일 섭취량	인정등급 (생리활성기능)
당귀 혼합추출물	① nodakenin ② paeoniflorin ③ chlorogenic acid	당귀 혼합추출물 20~40g	2
L-글루타민 (L-glutamine)	L-glutamine	L-glutamine 3~5g	2
표고버섯균사체	α-글루칸	표고버섯균사체 1.8~3.6g	2
스피루리나	총 엽록소	스피루리나 67~72mg	3
클로렐라	총 엽록소	총 엽록소 125mg	2
청국장균 배양정제물	폴리감마글루탐산 칼륨	폴리감마글루탐산 칼륨 1,000mg	2

(2) 과민면역 반응 개선

원료명	기능(지표)성분	일일 섭취량	인정등급 (생리활성기능)
Enterococcus faecalis 가열처리 건조 분말	박센산(vaccenic acid)	*Enterococcus faecalis* 가열처리 건조분말 1g	2
구아바잎 추출물 등 복합물	① ellagic acid ② EGCG ③ gallic acid	구아바잎 추출물 등 복합물 800mg	2
다래 추출물	① quinic acid ② citric acid	다래 추출물 1.4~2.0g	2
소엽 추출물	로즈마린산(rosmarinic acid)	-	3
피카오프레토 분말 등 복합물	① 총 폴리페놀 ② 비타민 C ③ 클로르젠산 ④ 계피산	피카오프레토 분말 등 복합물 1,350mg	2

출처: 식품의약품안전처.

8 CHAPTER

기타 건강기능식품

1 관절 및 뼈 건강

1) 관절 건강

(1) 관절염의 증상과 원인

퇴행성 관절염은 대표적인 노인성 질환으로 연령이 증가할수록 발병률이 높다. 관절염의 가장 흔한 증상은 관절이 뻣뻣해지는 것과 통증이다. 관절염은 전신의 어느 부위나 생길 수 있으며, 특히 손가락 마디, 무릎, 고관절, 척추 등에서 자주 나타나는 퇴행성 관절염은 자가면역질환인 류머티즘성 관절염과는 구별된다.

퇴행성 관절염의 대표적인 위험 요인은 다음과 같다.

- 비만: 과체중은 움직일 때마다 무릎이나 발목 등에 체중과 중력에 의해 받는 부하가 정상체중보다 크므로 인대가 손상되고 뼈를 둘러싼 연골이 압박을 받아 염증을 일으키기 쉽다.
- 작업: 꿇어앉는 자세 등 관절에 무리한 부하가 걸리는 운동이나 작업을 오래 수행할 때 연골이 닳으면서 뼈의 말단이 들어나 다음 뼈와 마찰하여 발생한다.
- 사고: 축구나 레슬링과 같이 격렬한 운동이나 사고로 연골이 파열되면서 생기는 관절 부상이 많다.
- 관절 기형 등

류머티즘성 관절염은 연령과 상관없이 발병하며 체내의 면역세포가 자신의 세포를 공격함으로 인해 발생하는 자가면역질환이다. 시간이 지남에 따라 류머티즘성 관절염은 관절 부위가 붓고 통증이 심해지며 관절 작동의 범위가 제한되게 된다.

(2) 연골의 구조와 작용

연골은 질기지만 고무 같은 탄성을 가진 얇은 조직으로 뼈의 말단을 감싸고 있다. 연골은 두께에 비해 강인한 강도를 가져 관절에 가해지는 압박과 전단력을 분산시켜 관절을 보호하고 뼈가 서로 부드럽게 움직이게 도와준다. 연골은 평균 수명이 긴 편이며, 수명 동안에는 혈액이나 림프관의 영양 공급이 없어도 유지되고, 신경의 지배를 받지 않고 내구성을 유지한다. 그러나 재생력이 좋지 않아 한 번 연골이 닳거나 파열되면 그 기능을 회복하기가 어렵다. 연골이 퇴화하면 관절 부위의 뼈 말단에서 뼈와 뼈가 직접 마찰하여 극심한 고통을 수반한다. 연골이 소실되면, 관절의 모양을 변형시키고 부드럽게 동작하는 것을 막는다.

연골 내 연골세포들은 세포 외 기질을 합성하여 주변으로 분비하는 동시에 세포 외 기질을 다시 분해하여 에너지원으로 사용한다. 세포 외 기질은 연골세포 내에서 생성된 콜라겐과 당단백질의 구조적인 고분자 그물망으로 이루어져 있다. 그물망의 주요 구성 성분인 당단백질은 콘드로이틴(chondroitin)의 중합물질이다. 이 구조적인 고분자의 그물망은 연골의 탄성과 강도, 윤활 작용을 담당하는 힘이 된다.

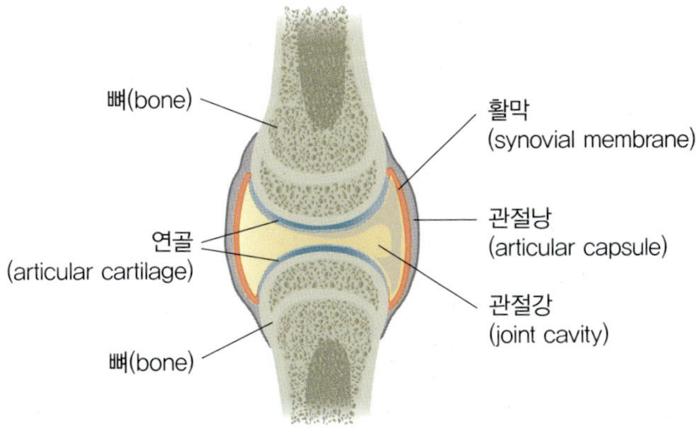

그림 8-1 관절과 연골의 구조

출처: Connexions Web site(2013. 6. 19.). http://cnx.org/content/col11496/1.6.

(3) 관절에 좋은 식품의 성분

성장이 완료된 후에는 연골세포는 더 이상 분열하지 않고 단지 지속적으로 기질을 합성/분해하면서 기능을 유지하는데 연령에 따라 연골세포의 대사능력과 기질 합성능력은 서서히 감소한다. 적절한 운동과 영양 공급은 연골세포의 대사능력을 유지시키나, 과도한 운동 또는 관절이 운동부하를 전혀 받지 못하는 상황에서는 연골세포의 활성도가 감소하며 세포 외 기질의 분해가 합성을 능가하여 점차 연골의 탄성과 강도가 감소된다. 성장기라도 관절이 한 번 손상되면 재생이 쉽지 않고 재발할 확률이 높다. 관절 부위에 생기는 염증은 체내에서 독성을 띠는 활성산소를 생성하고, 연골세포와 조직을 무차별 공격하여 파괴하여 신체의 자연스러운 생리활성을 저해한다. 염증이 진행되면 CRP(C-reactive protein: C-반응단백)라는 염증표지자의 양이 증가하므로 뼈와 관절염에 좋은 식품은 CRP를 줄이는 데 효과를 보이는 것이 대부분이다. 염증의 진전을 없애는 식품성분이나 발생한 활성산소를 제거하는 항산화제는 연골을 보호하고 관절염의 진행을 지연시키며 통증을 덜어 주는 효과가 있다.

1 비타민 C

비타민 C는 항산화 효소로 연골의 성장과정에 필요한 필수영양소이다. 성장기에 비타민 C가 결핍된 식사를 한 어린이는 연골이 약해지며 퇴행성 관절염 증상이 증가하게 된다. 비타민 C가 많은 배춧과 채소(콜리플라워, 브로콜리, 케일, 파프리카 등)와 딸기, 라즈베리 등 딸기류, 키위나 토마토 등의 과채류는 연골을 강화하는 역할을 한다.

2 비타민 D

비타민 D는 관절염과 류머티즘에서 연골의 파열을 억제하고 관절 사이가 좁아지는 위험을 줄여 준다. 비타민 D는 일광을 받을 때 피부에서 만들어지므로 햇볕을 충분히 받는 것이 비타민 D의 가장 큰 급원이다. 연어, 대구, 꽁치나 새우와 같은 해산물에 많이 들어 있다. 난황과 요구르트 등도 비타민 D가 많은 식품이다. 쉽게 섭취하기 위해 비타민 D를 강화한 우유나 오렌지 주스, 시리얼 등이 시중에 판매되기도 한다.

3 β-카로틴

β-카로틴은 비타민 C와 더불어 강력한 항산화제 역할을 한다. β-카로틴은 당근, 살구, 수박, 고구마, 토마토와 같이 붉은색과 주황색을 띤 과일과 채소에 많다. 그 외에도 근대, 겨자잎, 로메인상추 등 다양한 배춧과 식물과 시금치, 파슬리, 아스파라거스 등의 푸른 잎채소에 많다.

그림 8-2 비타민 C와 β-카로틴이 많이 든 식품

4 오메가-3 지방산

오메가-3 지방산은 염증 반응 시 연골을 손상시키는 사이토카인과 염증효소를 줄여 주는 건강한 지방으로 알려져 있다. 오메가-3 지방산은 청어, 안초비, 고등어와 같은 등푸른생선과 연어, 숭어, 홍합, 굴 등의 해산물에 많다. 아마씨, 호두 등 식물성 지방산이 든 종자류에도 많고, 따로 오메가-3 지방산을 강화시킨 달걀이나 오렌지 주스 등도 염증을 줄이는 효과가 있다. 특히, 생선은 오메가-3 지방산뿐 아니라 항원성이 낮은 양질의 단백질과 EPA, DHA와 같은 지방산이 많다. EPA와 DHA는 체내에서 레졸빈(resolvin)과 프로텍틴(protectin)이라는 대사산물로 전환되는데 이들이 당뇨, 신장질환, 대사증후군의 진행을 막는 효과가 있다. 또한, 올리브유에 든 올레칸톨(oleocanthol)은 오메가-3 지방산의 효과를 증진시켜 주는 항산화 효과가 있다.

그림 8-3 EPA와 DPA 등 오메가-3 지방산이 많은 초록홍합

5 바이오플라보노이드

바이오플라보노이드(bioflavonoid)는 퀘르세틴, 안토시아니딘(anthocyanidin) 같은 항산화제를 통칭하는 말이다. 이들은 아스피린(aspirin)이나 이부프로펜(ibuprofen)과 같은 비스테로이드성 소염진통제(nonsteroidal anti-inflammatory medications, NSAIDs)의 약용성분과 유사한 항염 효과를 가진다. 퀘르세틴의 좋은 급원은 붉은 양파와 케일,

파, 브로콜리와 같은 배춧과 식품과 블루베리, 레드커런트, 링곤베리 등 딸기류, 녹차, 코코아 등에 많이 들어 있다. 블루베리를 꾸준히 오랜 기간 섭취하면 일차적인 면역 반응을 담당하는 NK 세포의 활성이 증진된다는 연구결과도 있다.

6 각종 향신료

고대로부터 사용된 향신료 중에는 소염에 효과적인 것이 많다. 특히, 생강과 강황(터메릭: turmeric)은 방부와 소염에 탁월한 효과가 있어 민간요법에서 많이 활용되었다. 담황색 강황은 커리(curry)의 주요 성분으로 아시아 음식에 자주 사용된다. 강황의 주성분 중 하나인 커큐민(curcumin)은 체내 염증 반응을 차단하여 퇴행성 관절염뿐 아니라 당뇨와 심장혈관질환, 치매 예방에 효과가 있다는 연구결과가 보고되고 있다. 커큐민은 소화관 내 흡수 효율이 높지 않아 효과를 볼 만큼 충분한 양의 커큐민을 섭취하는 것은 어렵다. 그러나 강황과 함께 후추를 먹으면 커큐민의 흡수 효율이 증가된다. 후추의 피페린(poperome) 성분이 커큐민의 흡수를 2,000%나 증가시킨다는 보고가 있다.

그림 8-4 강황

그림 8-5 커리의 재료로 쓰이는 강황 가루

7 녹차

녹차의 다양한 생리활성물질과 항산화 성분은 심장병과 알츠하이머병, 암, 비만 등에 효과가 있다고 알려져 있다. 특히, 녹차 속의 EGCG(epigallocatechin-3-gallate: 에피갈로카테킨 갈레이트) 성분은 염증을 진행시키는 사이토카인의 생성을 억제하고 지방산을 분해시키는 효과가 있어 관절염 질환에도 효과를 나타낸다.

8 버섯류

버섯은 저칼로리 식품으로 비타민 B군과 셀레늄, 구리 등 미량의 원소를 포함한다. 렉틴(lectins)과 페놀류를 포함하는 버섯은 항비만 및 항염증 효과가 있다. 그러나 버섯이 열에 조리되면 항염증성을 주는 화학물이 파괴되어 그 기능이 사라진다는 일부 연구 보고가 있으므로 버섯류는 생식을 하거나 가볍게 조리하여 먹는 것이 좋다.

9 저칼로리 식사

무릎의 관절염을 예방하는 가장 중요한 치료법 중 하나는 건강 체중을 유지하는 식이요법이다. 과체중은 관절에 부담을 주며, 지방세포는 염증 반응을 촉진하는 여러 호르몬과 생리활성물질을 생성한다. 따라서 관절염에는 다른 무엇보다 칼로리를 제한하여 적정 체중을 유지하는 것이 중요하다.

(4) 관절 질환에 좋지 않은 식품의 성분

1 AGE가 많이 든 식품

AGE(advanced glycation end product: 최종 당화산물)는 가열하거나 튀기거나 굽는 등 고열의 조리과정을 거칠 때 생성되는 중합체이다. 식이로 들어온 AGE를 제거하기 위하여 신체는 과도한 면역기전을 유도하여 사이토카인을 생성하게 된다. 이 사이토카인은 무차별로 신체 조직을 파괴하는 염증 반응을 수행하기 때문에 AGE가 많이 든 식품을 지속하여 섭취하면 자가면역질환을 유도하게 된다. 실제 고열로 튀기거나 가공한 식품은 염증 반응을 높이며 면역성을 떨어트린다.

2 설탕과 정제탄수화물

설탕과 밀가루, 백미와 같이 정제된 탄수화물은 염증을 일으키는 AGE를 늘린다.

3 탄산

탄산이 든 음료는 통증을 증가시킨다.

4 유단백

사람에 따라서 우유 속의 단백질에 항체를 만드는 사람이 있다. 일부 사람에게는 우유단백질 항체가 과민한 면역 반응을 유발하여 관절염을 악화시킨다.

5 알코올과 담배

알코올과 담배는 류머티즘성 관절염을 유도하는 경우가 많다.

6 소금과 방부제

염분의 함유량이 높은 음식과 방부제가 든 가공식품들은 생체의 일차적인 면역방어막을 형성하는 NK 세포의 활성을 저해하여 면역성을 떨어트림으로써 관절염을 악화시킨다.

7 옥수수유

단일불포화지방산이 많은 올리브유보다 식물성 지방이라도 오메가-6 지방산의 함유가 많은 옥수수유는 건강성이 떨어진다는 보고가 있다.

(5) 관절 건강에 도움을 주는 기능성 식품 원료

글루코사민(glucosamine), 콘드로이틴(chondroitin), 오메가-3 지방산 등은 식품의약품안전처으로부터 관절과 뼈의 건강을 돕는 것으로 개별인정을 받았다. 그러나 일부 기능성 식품은 다른 기존 질환을 가진 환자나 임산부에게 상충 작용을 일으킬 가능성이 있으므로 복용자의 주의가 필요하다. 이 외에도 초록입홍합 추출오일 복합물, 로즈힙 분말, 차조기 등 복합추출물, MSM(메틸설포닐메탄, 식이유황), 콩의 이소플라본 등이 있다. 홍합에 함유된 오메가-지방이 체내 염증 유발물질인 '류코트리엔(leukotriene)'의 생성을 억제하는 것으로 알려져 있다.

표 8-1 관절 건강에 도움

원료명	기능성분	부작용
초록입홍합 추출 오일	EPA, DHA, DPA, α-linolenic acid	• 혈전용해제를 복용하는 사람은 의사와 상담
황금 추출물 등 복합물	① baicalin ② catechin	• 본 원료를 주성분으로 제조한 제품은 관절 관련 질환의 치료 목적으로 사용될 수 없음
Dimethylsulfone (MSM)	엠에스엠(MSM) dimethylsulfone	• 본 제품은 관절 건강에 도움을 줄 수 있으나 치료의 목적으로 사용될 수 없음
N-아세틸 글루코사민	N-acetyl glucosamin	• 관절 건강에 도움을 줄 수 있으나 치료 목적으로 사용될 수 없음
로즈힙 분말	galacto lipid	• 과잉 섭취 시 설사를 유발할 수 있음 • 알레르기 반응을 보이는 사람은 섭취성분 확인 • 임산부, 수유뷰, 어린이는 전문의와 상담 후 섭취를 권장함
글루코사민	글루코사민 염산염	–
차조기 등	① puerarin ② scopoletin ③ apigenin	–
지방산 복합물	myristoleic acid	• 임산부, 수유기 여성은 섭취에 주의
호프 추출물	alpha acids, iso-alpha acids의 합	• 어린이, 임산부, 수유 여성 섭취 주의 • 호프 추출물에 알레르기 반응을 보이는 사람은 섭취 주의 • 항우울제, 호르몬제 복용하는 사람은 섭취 주의
비즈왁스 알코올	① 1-tetracosanol(C24) ② 1-hexacosanol(C26) ③ 1-octacosanol(C28) ④ 1-triacotanol(C30) ⑤ 1-dotriacotanol(C32) ⑥ 1-tetratriacotanol(C34)	• 어린이, 임산부, 수유부는 섭취 주의
전칠삼 추출물 등 복합물	① ginsenoside Rb1 ② stachyose ③ eleutheroside E	–
가시오갈피 등 복합추출물	① 가시오갈피: eleutheroside E ② 중국당귀: ligustilide ③ 황금: baicalin	• 임산부 및 수유부 여성은 섭취에 주의 • 알레르기 및 특이체질, 질병 치료 중인 사람은 조심

원료명	기능성분	부작용
강황 추출물	파라쿠마르산	• 영·유아, 임산부, 수유부 섭취에 주의 • 강황 알레르기 체질이거나 특정질환(담낭질환 등)이 있는 사람 섭취 주의 • 제안된 섭취량 이상 섭취 시 소화불량, 위장장애, 메스꺼움, 위산 역류 등이 있을 수 있음
보스웰리아 추출물	3-acetyl-11-keto-β-boswellic acid (AKBBA)와 11-keto-β-boswellic acid (KBA)의 합	• 임산부, 수유부 섭취 주의
CMO 함유 FAC (fatty acid complex)	CMO(cetyl myristoleate)	• 임산부, 수유부 섭취 주의
닭가슴연골분말	콘드로이틴 황산(chondroitin sulfate)	• 임산부, 수유부는 섭취 시 의사와 상담 • 복용 중인 의약품이 있는 사람은 섭취 시 의사와 상담
참당귀 추출분말	데커신(decursin)	• 소화불량, 속쓰림 등이 나타날 수 있음 • 혈액응고방지제 또는 혈당강하제를 복용하는 사람은 의사와 상담하에 사용
까마귀쪽나무열매 주정추출물	hamabiwalactone B	–

출처: 식품의약품안전처.

2) 뼈 건강

(1) 뼈의 구성과 구조

뼈는 뼈대 근육의 부착면이 되며 관절을 이용하여 동작을 행하게 하고, 몸을 지지하며 내장기관을 보호한다. 뼈 안의 골수에는 조혈세포가 있어 백혈구와 적혈구를 생성한다. 골기질의 양은 뼈의 강도와 강직성을 결정하는 중요한 요소이다. 골기질은 조골세포를 둘러싸고 있으며, 콜라겐 섬유와 같은 유기질 성분이 약 35%, 칼슘과 인 등의 무기질 성분이 65% 정도로 이루어져 있다. 또한, 체내 칼슘의 99%, 인의 90%, 체내 탄산염(carbonate)의 80%, 마그네슘의 60%, 나트륨의 35%가 저장되어 있어 혈액 내 무기질의 농도를 일정하게 유지해 주는 저장고 역할을 한다. 칼슘과 인은 주로 콜라겐 섬유 사이에 침착하여 단단한 물성을 유지하게 한다.

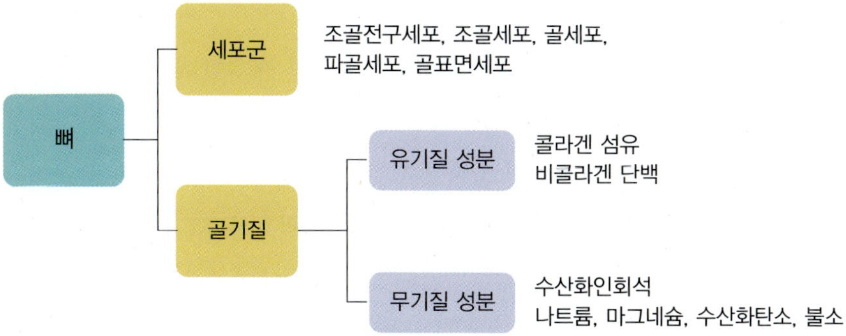

그림 8-6 뼈의 구성

(2) 골다공증

뼈를 이루고 있는 골기질의 밀도가 줄어들면서 다공성 구멍이 생기고 강도가 약해져 쉽게 부러지게 되는 것이 골다공증이다. 초기의 골다공증은 특별한 외부 증상이 없어 골절이 있기까지 모르고 지나가기 쉽다. 골다공증은 어느 연령이나 생길 수 있지만, 폐경기가 지난 여성의 경우 나이에 따라 급격하게 진행된다.

골다공증은 골무기질밀도(BMD: bone mineral density)를 측정하여 검사한다. 여성은 폐경 이후 골무기질밀도가 급격하게 낮아지는데, 이는 여성호르몬의 감소로 인해 뼈 안으로 유입되는 칼슘의 양이 줄어들기 때문이다. 골다공증의 위험 요인은 여성, 연령, 저체중, 뼈가 가는 체형, 칼슘과 비타민 D, 단백질의 섭취 부족, 운동 부족, 가족력 등이 있다.

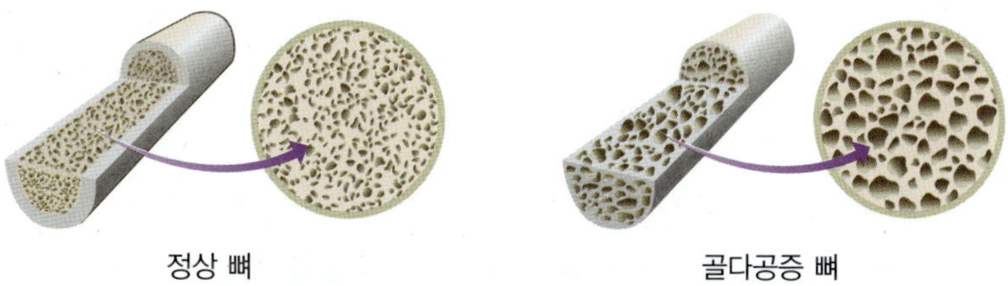

그림 8-7 정상 뼈와 골다공증 뼈의 골기질

(3) 뼈 건강에 영향을 미치는 인자

1 적정한 단백질 급원의 식사

건강한 뼈의 형태와 밀도를 유지하기 위해서는 매일 적정한 단백질과 칼로리로 영양이 부족하지 않게 유지하는 것이 필수적이다. 뼈는 무기질뿐 아니라 무기질을 잡아 두는 다량의 유기단백질로 구성되어 있다. 따라서 골절상을 입은 후 회복 중이거나 골다공증을 예방하기 위해서는 적절한 단백질의 섭취가 필요하다.

2 칼슘

전문가들은 적어도 1일 1g의 칼슘을 식품과 음료에서 섭취하도록 권장한다. 특히, 폐경기 여성은 1.2g의 칼슘이 필요하다. 칼슘의 주급원은 우유와 치즈, 요구르트 등 유제품이며, 케일과 브로콜리와 같은 녹색 채소에도 칼슘이 많다.

3 비타민 D

뼈의 소실을 예방하고 골절상을 방지하기 위해서 비타민 D가 필요하다. 햇볕을 충분히 쬐면 피부에서 비타민 D는 생합성될 수 있으나, 도시 환경에서는 필요한 만큼의 양을 충분히 합성하기 어려우므로 음식을 통해 보충해 주는 것이 좋다. 우유는 칼슘뿐만 아니라 비타민 D의 좋은 급원이다. 또한, 버섯에는 에르고스테롤(ergosterol)이 있어 비타민 D로 전환이 된다.

4 알코올, 카페인, 소금의 섭취

알코올과 카페인, 과도한 소금을 섭취할 경우 뼈에서 칼슘이 배출되어 골다공증을 촉진한다.

5 적정한 운동

적정한 운동 자극은 뼈의 밀도를 증가시키고 뼈를 잡아 주는 인대근육의 힘을 증강시켜 골절을 예방한다. 근육운동을 하는 노인들은 낙상의 가능성도 낮으며 낙상 시에도 골절상의 확률이 줄어드는 것으로 보고된다.

6 금연

흡연은 뼈 건강을 심각하게 저해한다. 흡연하는 여성은 폐경 후 골밀도 손실이 더 심하며 낙상에 의한 골절이 더 자주 일어나는 것으로 보고된다.

표 8-2 뼈 건강에 도움되는 건강기능식품

원료명	기능(지표)성분	일일 섭취량	인정등급 (생리활성기능)	섭취 시 주의사항
대두 이소플라본 (고시된 원료로 전환)	Daidzin, Genistin, Glycitin의 합	이소플라본 비배당체 24~25.5mg	2	• 섭취 대상: 폐경기 여성 • 임산부, 수유 여성, 영유아, 어린이, 대두이소플라본에 민감한 사람, 갑상선, 유방암, 자궁내막암, 방광암 환자 등은 섭취 삼갈 것
흑효모 배양액 분말	β-글루칸	흑효모배양액 분말 150mg	3	
가시오갈피 숙지황 복합추출물	① 가시오갈피: eleutheroside E ② 숙지황: tachyose	가시오갈피 숙지황 복합추출물 800mg	2	• 영유아, 임산부, 수유부 섭취 주의 • 알레르기 체질이거나 특정질환자는 섭취 주의
유단백 추출물	락토페린(Lactoferrin)	유단백 추출물 40mg	2	• 우유에 알레르기를 나타내는 사람은 섭취 시 주의

출처: 식품의약품안전처.

2 눈 건강

현대사회로 오면서 컴퓨터나 스마트폰 등의 장시간 사용과 렌즈 착용 증가 등으로 인해 눈 건강을 위협하는 위험 요인이 증가하여 노년층뿐만 아니라 젊은 층에서도 눈 건강은 점점 더 중요해지고 있다. 인구의 고령화와 당뇨병과 같은 만성 질환의 발병률이 계속 높아지는 추세로 인해 실명 및 시력 저하 인구의 수도 급격히 증가하고 있다. 시각은 삶의 질에 지대한 영향을 미치지만, 질환이 진전되어 손상된 다음에야 인지하는 경우가 많다. 시력은 한 번 손상되면 되돌리기 쉽지 않으며 현대의학으로도 한계가 있다. 따라서 정기적인 눈 검진을 통해 시각을 위협하는 질환과 위험요소를 미리 인지하고, 적절한 치료가 필요하다면 빨리 치료를 시작해야 한다. 또한, 평소에 시각 기능에 관여하는 적정한 영양소를 넉넉하게 공급함으로써 안구 질환의 예방과 시력 보호를 생활화하는 것이 필요하다.

1) 눈의 구조와 질환

눈을 위협하는 질환에는 소아 약시나 사시 등 시각 기능 질환과 각막염, 녹내장, 백내장, 노인성 황반증상, 비문증, 당뇨망막증 같이 시력에 심각한 손상을 주는 질환으로 종류가 다양하다. 빛이 수정체를 통하여 안구로 들어오면 망막에 영상이 맺히게 된다. 망막은 시각정보를 전기신호로 바꾸어 대뇌로 전달하는데, 특히 망막의 한가운데 위치한 황반에서 전기신호들이 종합된다. 눈의 노화는 수정체를 움직이는 근육이 약해지며 발생하는 노안이 대표적이지만 수정체가 혼탁해지면서 생기는 비문증, 백내장과 같이 경미하나 수술이 필요한 질환도 있다. 망막과 황반이 노화되면서 변성이 생길 때 나타나는 녹내장과 노인성 황반변성(AMD)은 시각 건강에 지대한 영향을 미친다. 특히, 고혈당에 의해 망막이 변성되는 당뇨병성 망막병증은 심하면 실명까지 초래한다.

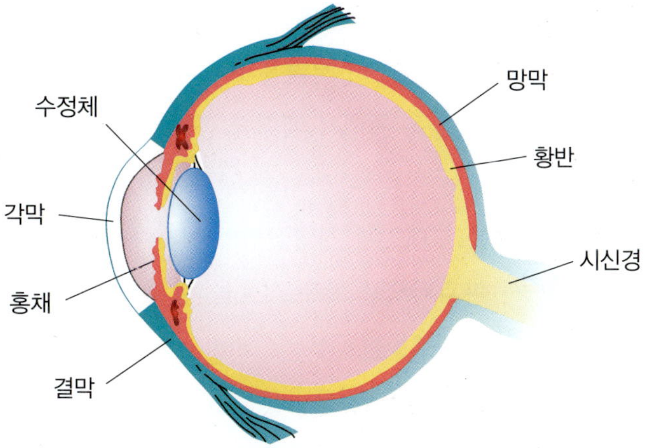

그림 8-8 눈의 구조

2) 눈 건강에 영향을 미치는 요인

(1) 영양

눈에 영양을 공급하는 혈관들은 굵기가 가늘기 때문에 적정량의 영양소 공급은 눈의 건강에 매우 중요하다. 예를 들어, 성장기에 비타민 A가 부족하면 야맹증이 나타나기도 하며, 야맹증이 심해지면 안구연화증이 나타나 망막의 기능을 손상시킨다.

1 카로티노이드

카로티노이드는 비타민 A 전구 물질로 수정체와 망막 기능에 중요한 기능을 한다. 다양한 종류가 있는데, 대표적인 것이 루테인, 지아잔틴, 아스타잔틴이다.

루테인(lutein)은 자연계에서 고에너지 파장의 빛을 과도하게 쬘 때 식물의 조직을 보호하는 역할을 한다. 루테인은 안구 내 황반에서 고농도로 발견되었는데, 고에너지광인 청색광을 흡수하여 그 아래 조직이 광산화하는 것을 방지하고 중심시력을 보호하기 때문에 '황반색소'라고도 한다. 루테인은 녹황색 잎채소에서 많이 발견되며, 근대와 브로콜리, 양배추, 케일, 시금치 등에도 풍부하다.

지아잔틴(zeaxanthin)은 망막에서 발견된다. 백내장과 진행성 황반변성의 발생률을 낮춰 주고 잠재적으로 망막의 노화로부터 시력을 보호한다고 추정된다. 지아잔틴은 체내에서 생합성되지 않으므로 식품을 통해서 체내에 공급할 수 있으며, 주황색 피망 등 주로 주황색 채소에 많다.

특히, 난황은 흡수성이 좋은 루테인과 지아잔틴이 모두 많이 든 좋은 급원이다. 루테인과 지아잔틴은 가열 시 파괴되므로 함유 식품을 생식하거나 살짝만 익혀서 먹는 방식을 택해야 한다.

아스타잔틴(astaxanthin)은 미세조류인 헤마토코커스 플루비알리스(haematococcus pluvialis)에 의해 생산되는 강력한 항산화 물질로, 자외선 복사로부터 망막을 보호한다고 알려져 있다. 조류와 연어, 크릴새우 등은 아스타잔틴의 좋은 급원이다.

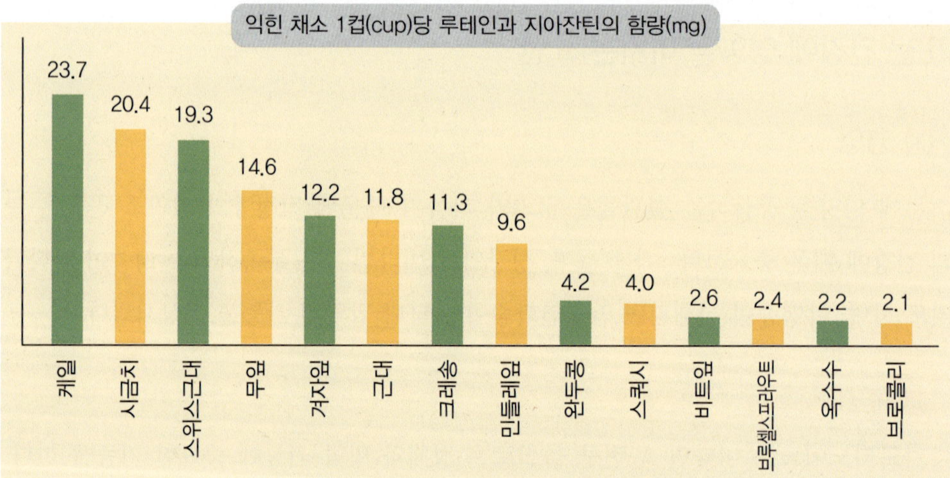

그림 8-9 식품 속 루테인과 지아잔틴의 함량

출처: USDA(2009).

2 필수 오메가-3 지방산

필수 오메가-3 지방산은 눈의 망막에 고농도로 집중되어 있는데 망막세포의 세포막을 구조적으로 안정화시키는 역할을 한다. 중심시력을 담당하는 황반을 보호하는 데 중요한 DHA는 항산화, 항염증성 효과가 있으며 정어리, 연어, 멸치 등의 등푸른생선에 많이 들어 있다. 동물성 오메가-3 지방의 섭취량이 많은 사람은 섭취량이 적은 사람보다 황반변성이 진행될 위험이 60% 정도 낮다는 연구가 있다.

3 바이오플라보노이드

블루베리, 커런트, 빌베리 등 비타민 C와 안토시아닌 등의 항산화제가 많이 든 딸기류는 눈의 건강을 보호하는 데 효과가 있다. 항산화제는 산화에 의한 망막세포의 파괴를 막고 건강한 활성을 유지해 주어 노안에도 도움이 된다.

(2) 자외선으로부터 보호

자외선(UV)은 피부뿐 아니라 눈의 노화도 촉진한다. 야외 활동 시 선글라스나 챙이 있는 모자를 착용하는 습관을 통해 자외선으로부터 눈을 보호한다. 특히, 선글라스 없이 햇볕이 강한 정오에 야외 활동을 하거나 자외선의 반사가 강한 눈밭 등에서 장시간 머무는 것은 피한다.

(3) 금연과 운동

담배연기의 산화물은 전신 조직에 강한 산화 스트레스를 주는데, 안구도 그 영향을 벗어날 수 없다. 흡연은 노화 관련 황반변성의 위험성을 높인다고 보고되었다. 반면, 운동은 눈의 산소 함유량을 개선하고 혈류 순환을 증진하여 영양분의 전달을 용이하게 하고 유해독소를 빨리 제거할 수 있게 한다.

(4) 눈을 피곤하게 하는 작업

어두운 곳에서 정밀한 작업을 오래 지속하거나 컴퓨터 화면을 오래 보면 눈의 피로도가 급격히 높아진다. 노트북이나 스마트폰 등의 화면에서 발산되는 청색광선(블루레이)은 고에너지광으로 시각을 손상시킨다는 보고가 많다. 그러므로 장시간 사용을 피하고 적절한 간격으로 눈을 쉬게 하며 먼 거리의 사물을 보려는 노력이 필요하다.

(5) 눈 건강에 해로운 식이습관

1 탄수화물

과다한 탄수화물 섭취로 인한 과체중, 인슐린 수치가 높아지는 당뇨병, 혈압이 높아지는 상황의 예방은 시각 건강에 매우 중요하다. 인슐린은 지속적인 안구의 성장과 수정체 성장에 악영향을 미친다. 특히, 고혈압은 망막의 미세한 혈관을 손상시켜 자유로운 혈류를 방해하므로 눈 건강을 해치게 된다.

2 지방

포화지방이 많은 식단은 혈류의 흐름을 나쁘게 만들고 혈관을 막아 망막과 황반의 변성을 악화시키는 요인이다. 트랜스지방 함량이 높은 음식물은 몸의 오메가-3 지방의 섭취를 방해하여 황반변성을 유발하며, 알코올 및 포화지방은 망막에 해로운 활성산소를 만들어 낸다. 트랜스지방은 고온에 가열한 지방에서 많이 생기므로 가공식품의 섭취를 줄이려는 노력이 필요하다.

표 8-3 눈의 피로도 개선에 도움

원료명	기능(지표)성분	일일 섭취량	인정등급 (생리활성기능)	섭취 시 주의사항
헤마토코쿠스 추출물 (고시된 원료로 전환)	아스타잔틴(astaxanthin)	아스타잔틴 4~12mg	2	• 과다 섭취 시 일시적으로 피부가 황색으로 변할 수 있음 • β-카로틴의 흡수를 저해할 수 있음
빌베리 추출물 (고시된 원료로 전환: 빌베리 추출물)	총 안토시아노사이드 (total anthocyanoside)	빌베리 주정추출물 240mg (anthocyanosides 72~108mg)	2	

출처: 식품의약품안전처.

표 8-4 눈 건강에 도움

원료명	기능(지표)성분	일일 섭취량	인정등급 (생리활성기능)	섭취 시 주의사항
루테인 복합물 (고시된 원료로 전환: 루테인)	루테인	루테인 10~20mg	1	• 임산부는 섭취 전 의사와 상담 • 과다 섭취 시 일시적으로 피부가 황색으로 변할 수 있음
지아잔틴 추출물	지아잔틴	지아잔틴 10~20mg	1	
루테인/지아잔틴 복합추출물 20%	① 루테인 ② 지아잔틴	루테인, 지아잔틴 합 10~20mg	1	
마리골드 추출물 (루테인 에스테르)	루테인 에스테르	루테인 에스테르 18.5~20mg (루테인 10~10.8mg)	2	• 과다 섭취 시 일시적으로 피부가 황색으로 변할 수 있음
들쭉열매 추출물	총 폴리페놀	들쭉열매 추출물 1g	3	• 임산부, 수유부 섭취 주의
EPA 및 DHA 함유 유지	EPA와 DHA의 합	EPA와 DHA의 합 0.6~1g	2	–

출처: 식품의약품안전처.

3 치아와 잇몸 건강

1) 치아의 구조와 구강위생

치아와 잇몸 건강은 노년기 삶의 질에 있어 매우 중요하다. 치아는 신체에서 가장 단단한 기관으로 쉽게 음식을 갈거나 부술 수 있다. 치아를 이용한 저작활동으로 음식물 속의 영양분이 위와 소장을 통해 쉽게 유리되어 흡수되므로, 노년기 치아의 부실로 인한 저작 불능은 영양 부족으로 이어진다.

치아는 외부로 드러난 치관과 그보다 2배 긴 치근으로 구성되어 있다. 치관은 흰색의 단단한 법랑질로 둘러싸여 있는데 가장 바깥 부분을 덮고 있는 법랑질은 수정만큼 강도가 단단하지만 산에 의해 쉽게 녹는다.

구강 안에는 수많은 다양한 세균이 균총을 이루어 서식한다. 세균은 부모로부터 물려받은 유전적인 균총과 후천적으로 음식을 섭취하면서 선택된 균총으로 이루어져 있다. 대개는 질환을 유발하지 않는 비병원성 균총이지만, 단 음식을 자주 먹게 되면 질환을 유발하는 포도상구균과 유산균의 변종균이 증식하게 된다.

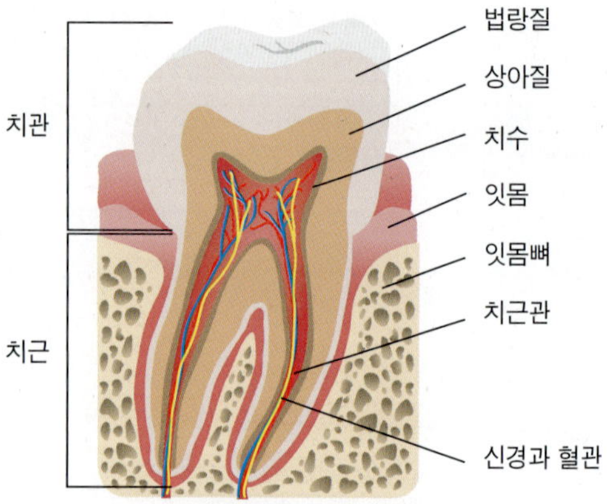

그림 8-10 치아의 구조

세균이 분비하는 산에 의해 법랑질이 녹고 상아질까지 세균이 칩입하면 치주와 혈관이 노출되어 온도에 예민해지고 음식을 씹을 때 통증을 느끼게 되는 충치가 된다.

치근은 잇몸뼈 안에 파묻혀 잇몸에 의해 흔들리지 않게 단단히 고정되어 있다. 치주염 등으로 잇몸이 내려앉으면 치아를 고정하는 힘이 약해지면서 치아가 흔들리며 빠지게 된다.

2) 충치와 관계된 식품 또는 식습관

충치는 세계에서 가장 흔한 질환으로 현대로 올수록, 선진사회일수록 유병률이 높다. 세계보건기구의 통계에 따르면 세계 인구의 1/3(약 2.3조 명)이 충치를 보유하고 있으며, 성인 대부분이 한때 충치를 앓은 경험이 있다고 한다. 충치의 발생이 과거보다 급격히 증가한 데에는 서양식 식습관의 영향으로 식이 내 단순당의 함량과 직접적인 비례 관계에 있다.

구강 내 세균은 식후 3분이면 입안에 남은 당분을 분해하여 에너지를 얻어 증식하기 시작하고 대사산물로 젖산을 생성한다. 구강위생을 위해서는 무엇보다도 식사 후 바로 이를 닦는 것이 중요하다.

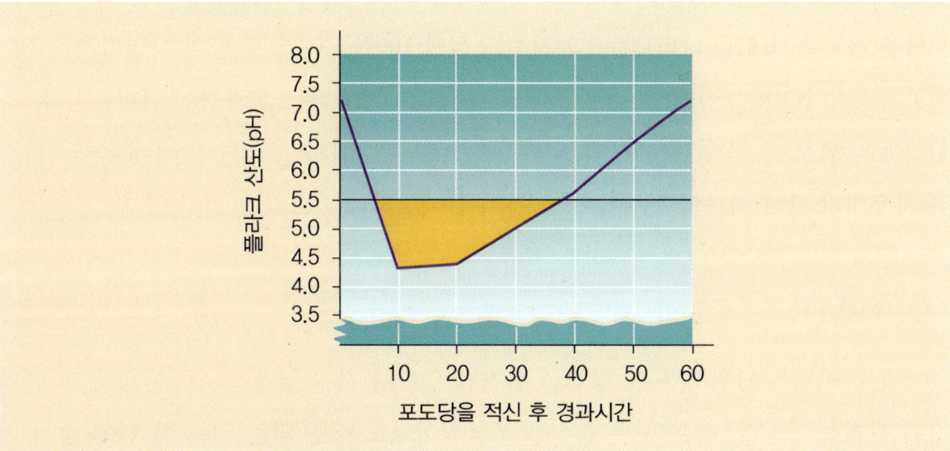

그림 8-11 포도당을 적신 후 구강 내 산도

출처: CC BY-SA 3.0. https://commons.wikimedia.org/w/index.php?curid=31848724에서 인출.

(1) 당분의 종류

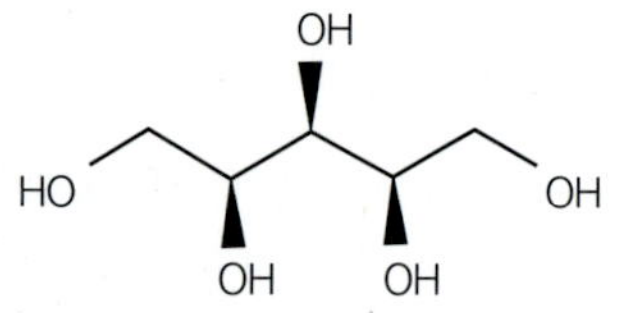

그림 8-12 자일리톨의 구조

음식물의 당분과 이를 분해할 수 있는 구강세균총이 치아 표면에서 만나게 되면 충치가 시작된다. 설탕이나 포도당, 과당 등 단순당은 탄수화물에 비해 세균의 좋은 먹이이므로 단순당이 많은 사탕이나 과자, 주스 등의 음식은 치아에 매우 유해하다.

당알코올의 일종인 자일리톨(xylitol)은 감미료로 쓰일 때 충치를 예방한다고 알려져 있어 설탕 대신 사용되기도 한다. 1970년대 핀란드에서 자일리톨이 든 껌을 씹은 사람의 충치 발생률이 유의적으로 낮다고 보고된 이후 FDA에서는 자일리톨이 설탕이나 다른 단당류보다 충치 유발성이 낮다고 표시할 수 있도록 허가하였다. 자일리톨의 열량은 2.43kcal/g으로 설탕의 약 63%의 열량만을 발생하면서 비슷한 단맛을 낸다. 또한, 혈당을 올리는 속도를 나타내는 GI 지수도 설탕 100을 기준으로 하여 자일리톨은 7로, 비만치료식이나 당뇨인의 식이에 설탕을 대신하여 사용되는 효과적인 감미료이다. 자일리톨은 섭취 시 구강 내 세균의 세포막 안으로 흡수되지만, 세균의 에너지 대사과정에 사용되지 않아 세균의 증식을 막고 충치를 예방하는 것으로 알려져 있다.

(2) 식습관

세균의 번식은 당의 농도에 영향을 받지만 얼마나 자주 당에 노출되는가에 더 유의적인 관계를 가진다. 당분이 든 음식을 조금씩이라도 자주 먹는 것은 한 번에 많이 먹는 것보다 충치를 유발할 가능성이 더욱 높다. 엿이나 잼과 같이 끈적하고 질긴 음식은 치아에 잘 부착되기 때문에 세균의 성장을 급격히 촉진하는 반면, 같은 양의 당분이 들어 있어도 섬유질이 많이 든 과일이나 채소와 함께 섭취하면 입안에서 쉽게 청소되어 충치 위험 정도가 낮아진다.

(3) 우유와 칼슘

우유를 많이 마시거나 음식을 먹은 후 치즈를 먹는 식습관이 있는 지역에서 충치 발생률이 낮다는 것이 자주 보고되고 있다. 우유나 치즈 속에 든 칼슘이 충치를 예방하는 효과가 있는 것으로 학자들은 해석한다.

(4) 불소

치약에 들어 있는 불소는 법랑질을 이루는 하이드로아파타이트(hydroxyapatite) 결정에 부착되어 구강세균이 자라지 못하게 막는 역할을 한다. 또한, 저농도의 불소이온도 포도상구균의 성장을 막고 사멸하므로 이를 제대로 닦을 수 없는 유아와 어린이의 충치 예방을 위해 불소막을 치아에 도포하기도 한다. 일부 국가에서는 일정량의 불소를 물이나 소금에 넣어 보충제로 사용한다.

(5) 침의 분비

침은 치아를 녹이는 당과 산을 희석해 주고 치아나 잇몸에 세균이 접착하지 못하게 세척해 주는 작용이 있기 때문에 충치 예방에 중요하다. 당뇨병이나 구강건조증과 같이 침이 부족해지는 질환의 경우 충치가 발생할 가능성이 높다. 침의 분비를 원활하게 도와주는 약물이나 식품은 충치를 예방하는 데 효과가 있다.

표 8-5 치아 건강에 도움

원료명	기능(지표) 성분	일일 섭취량	인정등급 (생리활성기능)	섭취 시 주의사항
자일리톨	자일리톨	자일리톨 10~25g	질병 발생위험 감소 기능	• 당류와 전분류의 함량이 높은 간식을 자주 섭취하면 충치 발생위험이 있으므로 주의 • 일시에 40g 이상의 자일리톨을 섭취할 경우에는 복부팽만감 등의 불쾌감을 느낄 수 있으므로 주의

출처: 식품의약품안전처.

4 피부 건강과 피부상태 개선

1) 피부의 기능

피부는 체중의 12~15%를 차지하고 있고 생체의 기능을 유지하고 평형을 이루는 데 중요한 역할을 행하고 있다. 피부는 신체의 가장 바깥면에 존재하며 내부기관과 외부환경을 분리하는 차단벽과 같다. 외부의 각종 유해물질로부터 내부기관을 보호하고 세균, 바이러스로부터 감염을 막는 일차적인 방어 역할과 체온을 조절하는 기능 등을 한다.

표 8-6 피부의 기능

피부의 기능	구성요소
물리적 충격에서 신체 보호	모발, 털, 손톱, 피하지방층, 탄력섬유
화학적 자극에서 신체 보호	각질층, 피지선과 지질
자외선으로부터 보호	멜라닌세포
체온 조절(발한 증가 및 억제)	한선, 혈관, 자율신경
감각 기능의 소재	냉각, 온각, 촉각, 통각과 압각세포 및 및 자극 속도 탐지
땀 분비와 대사노폐물의 배설	한선
탈수로부터 보호	각질층이 수분 증발을 억제함
미생물 증식 억제	각질층과 표피지방, 면역성 물질들로 미생물 투과 방지
면역 반응 조절	사이토카인 분비와 염증 반응 담당(림프구, 랑겔한스세포)
영양소 대사	피하지방에서 비타민 D 합성과 영양소 저장
흡수	약제나 화장품의 흡수
재생	상처를 메우는 새로운 세포와 세포간질의 합성
호흡작용	폐호흡의 1% 차지

2) 피부의 구조

인체의 피부는 표피(epidermis)와 진피(dermis), 피하지방(subcutaneous fat)으로 이루어져 있다.

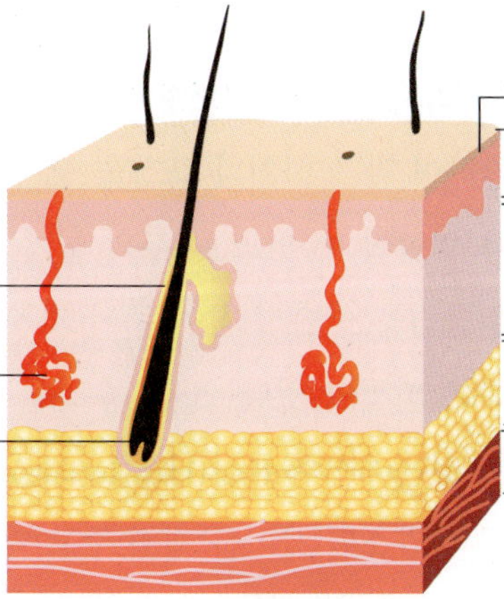

그림 8-13 피부의 구조

출처: 대한의학회.

(1) 표피

표피는 크게 죽은 세포층인 각질층과 핵이 있는 기저층으로 나누어진다.

기저층에서는 케라틴(keratin)을 생성하는 세포(keratinocyte)와 멜라민(melamin)색소를 생성하는 세포(melanocyte)가 있어 림프관을 통해 영양소를 공급받아 지속적으로 세포분열을 일으켜 새로운 상피세포를 만들어 낸다. 기저층에서 생성된 세포들은 시간이 지남에 따라 죽어서 표피의 최외각으로 밀려 올라와 각질층을 이루게 된다. 각질층의 세포들은 약 28일 주기로 떨어져 나가는 각화현상을 보이고 새로운 각질세포로 충전이 된다. 각질층은 케라틴 합성세포에서 만들어진 케라틴과 피지샘에서 만들어진 세라마이드로 보호된다. 케라틴은 방수성질이 있는 섬유상 단백질로 전신을 덮어서 체내 수분이 증발되는 것을 막고 하부 진피를 보호하는 역할을 하지만 케라틴이 과도하게 쌓이면 감염이나 질환을 유발할 수도 있다. 세라마이드(ceramide)는 지방성분으로 피부의 수분손실을 막는 보호막 역할과 염증을 조절하고 외부 미생물들이 파고들지 못하게 방어하는 역할을 한다.

(2) 진피

표피층 아래의 진피층은 섬유아세포(fibroblast)에서 분비된 콜라겐과 엘라스틴 단백질로 90% 채워져 있다. 콜라겐 다발의 격자를 스프링 모양의 엘라스틴이 단단히 잡아줌으로써 피부가 자유롭게 수축·이완하여 말을 하거나 표정을 짓는 등 폭넓은 움직임을 연출할 수 있고, 피부의 늘어짐이나 접힘(주름), 뒤틀림을 단단히 잡아 주어 피부에 탄력성을 부여하는 기능이 있다. 또한, 수분을 잘 흡착하는 성질이 있는 히알루론산(HA: hyaluronic acid)이 콜라겐과 엘라스틴 사이를 채워 주고 있다.

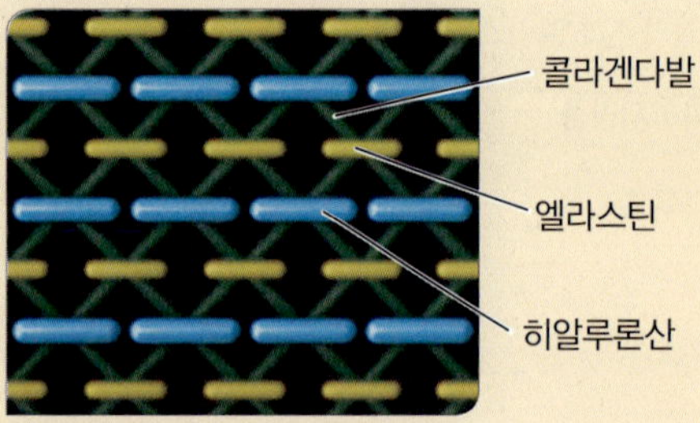

콜라겐다발의 격자 구조를 스프링 모양인 엘라스틴이 묶어 주어 구조에 탄력을 주며, 히알루론산이 내부를 채워 피부 내 수분을 비축하는 역할을 한다.

그림 8-14 진피층 내부구조

진피층에는 땀샘이 있어서 땀과 노폐물의 분비 조절을 담당하고 피지선에서는 윤기와 보호작용을 하는 지방질을 만들어 피부표면을 덮고 있다. 혈관과 신경감각 말단도 진피층에 존재하여 피부 감각 수용이 이루어진다.

(3) 피하지방층

진피층 아래에는 피하지방층이 있어 피부에 에너지원을 제공한다. 피하지방층은 외부로부터 충격을 완화하며 보온의 기능을 한다. 또한, 피하지방에서 만들어진 지방성분은 땀샘과 모공, 피지선에서 만들어지는 세라마이드의 원료로 사용되기도 한다. 진피층의 콜라겐다발이 피하지방층과 근육층까지 연결되어 있으므로 탄력성을 주고 근육 동작 시에 피부가 자유자재로 움직일 수 있게 만든다.

3) 건강한 피부와 노화

건강한 피부는 외부 미생물을 방어하는 힘과 신체 내부의 평형을 유지하는 힘이 있다. 나이가 어릴수록 피부가 건강한 데는 충분한 영양 공급, 얇은 각질층, 케라틴과 세라마이드의 충분한 방어력, 진피층에 콜라겐과 엘라스틴, 히아루론산의 비율이 높은 것 등의 요인이 있다. 그러나 나이를 먹으면 자연적인 노화과정에 섬유아세포의 수와 활성이 줄어들면서 진피층이 얇아지고, 외부 환경의 지속적인 유해자극은 피부 건강에 나쁜 영향을 누적해 자연적인 노화과정을 더 빨리 재촉하는 결과를 가져오게 된다.

(1) 피부노화의 원인 및 증상

1 생체 리듬에 의한 피부 성분의 변화

피부노화의 일반적인 증상으로 먼저, 표피의 기저층에서 새로운 케라틴 합성세포의 수와 활성이 줄어드는 것이 관찰된다. 케라틴 합성세포의 신진대사 속도가 줄어들면서 죽은 케라틴 합성세포가 쌓인 각질층이 두꺼워지고 윤기와 보습 능력이 줄어든다. 또한, 진피층에서는 콜라겐과 엘라스틴 다발이 줄어들고 히알루론산의 밀도가 낮아진다. 30대가 되면 콜라겐은 절반, 히알루론산은 1/20으로 줄어든다는 보고가 있다. 특히, 폐경 후 여성의 경우 콜라겐과 엘라스틴단백질이 급속도로 줄어들면서 피부는 탄성을 잃고 쳐지거나 주름이 생기게 된다. 히알루론산의 소실로 인해 단백질 사이를 채워 주는 수분의 양이 줄어들어 피부가 건조해지면서 늘어지게 된다.

나이가 들면서 늘어나는 AGE(당화색소)도 피부노화의 요인이다. 당화색소는 체내의 포도당이 단백질에 달라붙어 만들어지는 일종의 노화형 변형단백질로 나이가 들수록 농도가 높아진다. AGE가 진피층의 콜라겐이나 엘라스틴 사이에 끼어들게 되면 진피층은 고유한 탄성을 유지하지 못하고 늘어지게 된다. 당화색소는 생체 면역기제를 자극하여 각종 외부 자극에 대한 과도한 알레르기 반응이 생기거나 염증성 질환을 유도하기도 한다.

2 자외선

자외선은 피부노화를 빠르게 진행시키는 대표적인 환경 요인이다. 강한 에너지 파장인 자외선은 한편으로는 피부에서 비타민 D를 생합성하는 기능을 한다. 그러나 피부 표면의 지방을 산화해 활성산소를 만들어 세포 내 단백질이나 유전자의 변형을 유도하여 비정상적인 대사생성물을 만드는 부작용도 있다. 활성산소는 건강한 피부에 필수적인 엘라스틴과 히알루론산을 분해하는 효소의 생성을 비정상적으로 자극하여 진피층이 얇아지면서 탄력을 잃고 피부가 얇아지게 한다. 자외선으로부터 피부를 보호하기 위해서는 가능한 한 햇빛에 피부가 노출되는 것을 줄인다. 일광이 강한 시간에 외출할 때는 모자, 선글라스, 긴 옷으로 피부를 가리고, 자외선 차단제를 사용한다.

3 부적절한 수분과 영양 공급

피부 탄성을 주는 구조물인 케라틴과 콜라겐 및 엘라스틴, 히알루론산은 기저막의 세포에서 왕성하게 생합성된다. 또한, 피부에 윤기를 주는 세라마이드지방질도 피지샘에서 합성된다. 피부를 채우는 구조물을 만들기 위해서는 구조물 재료와 에너지가 필요한데, 다이어트 등으로 영양 부족이 오래 지속되면 탄성 구조물과 지방이 제대로 생합성되지 못하여 거칠고 얇아진다. 특히, 피부를 구성하는 콜라겐단백질은 비타민 C와 같이 합성에 필수적인 영양분이 부족할 때 잘 만들어지지 못하고 부족하게 된다.

수분의 섭취가 부족하거나 습도가 낮은 환경에서 오래 머물게 되면 피부를 통해 증발하는 수분의 양이 증가하면서 피부세포가 보습성을 잃고 건조해진다. 히알루론산은 단백질 사이를 채우는 보습인자로, 생합성되지만 건강기능식으로 복용하는 것도 피부에 도움이 된다.

4 만성 염증 인자

피부가 지속적으로 내·외의 자극을 받을 때 만들어지는 만성 염증 인자는 신체 내에서 과도한 면역 반응을 유도하여 피부 건강을 해친다. 만성 염증 인자는 과민성 알레르기나 가려움, 홍반, 붓고 뻣뻣해지는 증상 등을 유도하고, 혈관을 통한 영양 공급이 원활히 이루어지는 것을 막아 세포 재생과 활성에 악영향을 미친다. 흡연이나 음주,

방사선 조사, 식품첨가물 등 특정 화학물질에 노출되거나 극도의 스트레스를 받을 때 만성 염증 인자가 증가하는 것으로 알려져 있다. 또한, 피부 표면에 세라마이드가 부족할 때 만성 염증 인자의 양이 늘어난다는 보고가 있어 알레르기에 민감한 피부에 세라마이드가 든 제품을 사용하기도 한다.

(2) 건강한 피부를 유지하는 식이보충제

피부노화와 과민한 피부 증상을 개선하기 위한 식이보충제는 다음과 같다. 세라마이드의 원료가 되는 γ-리놀렌산과 글루코실 세라마이드류는 과민한 피부를 진정시켜 주는 효과가 있다. 일상생활에서 활성산소가 생기는 것은 피할 수는 없으나, 생기는 순간마다 제거하는 천연 항산화 물질이 충분히 존재하면 건강한 피부를 유지할 수 있기에 상피세포의 건강을 담당해 주는 비타민 A, C, E는 식이보충으로 피부 건강을 유지한다. 항산화 효과를 가진 과일과 채소, 차 추출물과 보습성분인 히알루론산, 수분을 공급하는 섬유질을 가진 해조류도 피부 건강에 유용하다고 한다. 저분자콜라겐은 소화과정을 거치면서 콜라겐 재료를 공급해 주는 기능이 있다고 보고되고 있다.

표 8-7 자외선에 의한 피부손상으로부터 피부 건강을 유지하는 데 도움되는 건강기능식품

원료명	기능(지표)성분	일일 섭취량	인정등급(생리활성기능)
소나무껍질 추출물 등 복합물	① 프로시아니딘 ② 비타민 C ③ 비타민 E ④ γ-리놀렌산	소나무껍질 추출물 등 복합물 1,130mg	2
멜론 추출물	SOD	SOD 활성으로 500~1,000IU	2
홍삼, 사상자, 산수유 복합 추출물	① Rb1 ② Rg3 ③ torilin ④ loganin	홍삼, 사상자, 산수유 복합추출물 3g	2
핑거루트추출 분말	panduratin A	핑거루트추출 분말 600mg	2
포스파티딜세린(고시된 원료로 전환)	포스파티딜세린	포스파티딜세린 300mg	2
프로바이오틱스 HY7714	프로바이오틱스 수	프로바이오틱스HY7714 1x1010CFU	2

표 8-8 피부 보습에 도움되는 건강기능식품

원료명	기능(지표)성분	일일 섭취량	인정등급(생리활성기능)
N-아세틸글루코사민(고시된 원료로 전환)	N-아세틸글루코사민	N-아세틸글루코사민 1,000mg	2
히알루론산(나트륨)(고시된 원료로 전환)	sodium hyaluronate	히알루론산나트륨 120mg	2
곤약감자 추출물 곤약감자 추출분말	글루코실세라마이드(glucosylceramide)	글루코실세라마이드 1.2~1.8mg	2
쌀겨 추출물	글루코실세라마이드	쌀겨 추출물 10~34mg	2
AP 콜라겐효소분해펩타이드	Gly-Pro-Hyp	AP 콜라겐효소분해펩타이드 1,000~1,500mg	2
지초 추출분말	lithospermic acid	지초 추출물 2.23g	2
민들레 등 복합추출물	luteolin, catechin, physcion	민들레 등 추출복합물 750mg	2
Collactive 콜라겐 펩타이드	Gly-Pro-Hyp	Collactive 콜라겐펩타이드 2g	2
핑거루트 추출분말	panduratin A	핑거루트 추출분말 600mg	2
포스파티딜세린(고시된 원료로 전환)	포스파티딜세린	포스파티딜세린 300mg	2
옥수수배아 추출물	글루코실세라마이드	옥수수배아 추출물 40~60mg	2
프로바이오틱스 HY7714	프로바이오틱스 수	프로바이오틱스HY7714 1x1010 CFU	2
밀배유 추출물	글루코실세라마이드	밀배유 추출물 30mg	2
콩보리발효 복합물	총 이소플라본(daidzein 및 genistein의 합), β-글루칸	콩보리발효 복합물 3g	2

출처: 식품의약품안전처.

5 요로 건강/배뇨 기능 개선/전립선 건강

1) 배뇨 기능에 영향을 주는 요소

비뇨기계는 대사노폐물을 농축하여 요로 만들어 내보내는 일련의 과정을 수행하는 기관이다. 신동맥의 동맥혈은 신장에 들어와 사구체를 지나가면서 노폐물을 걸러내고 신정맥을 타고 다시 전신순환에 들어간다. 걸러진 노폐물은 신우에서 수분과 함께 요관으로 이동하고 방광에서 모아져 요도를 통해 배설하게 된다.

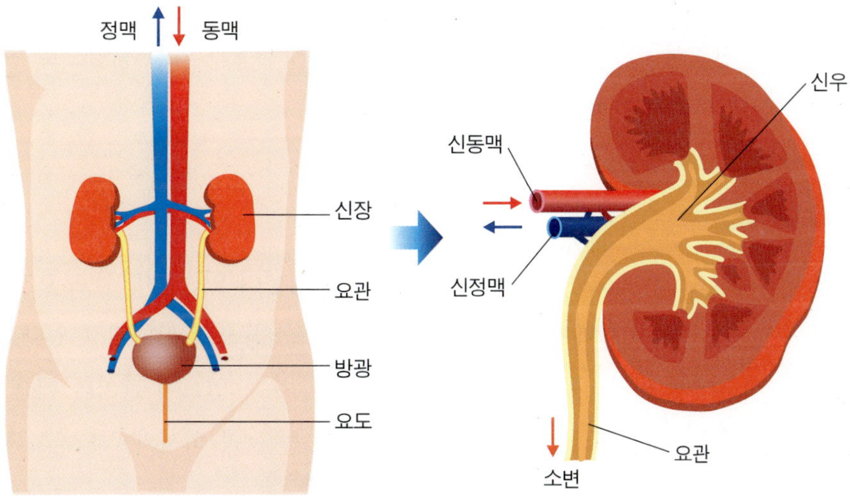

그림 8-15 비뇨기의 구조

출처: 대한의학회.

배뇨장애는 방광의 수축과 이완 탄성이 소실되거나 요의를 참지 못하는 증상, 잔뇨감을 계속 느끼는 증상으로, 비뇨기 주변 복부 근육이 약화되어 나타나는 노화 증상이다.

여성의 경우 요도가 질과 가깝고 짧아 기능적인 이상 없이도 자주 요도를 통해 방광, 신장까지 하부로부터 상부로 올라가는 미생물 감염이 나타난다. 대개 대장균에 의한 감염으로 약 3일의 잠복기를 걸쳐 배뇨통, 빈뇨, 잔뇨감, 자주 요의를 느끼는 증상이 나타나며 신장까지 염증이 진전되면 통증, 혈뇨, 발열증상이 나타나기도 한다. 미생물 감염 외에도 요를 농축하는 과정 중에 만들어진 칼슘결석은 염증을 유발하여 극심한 통증과 발한, 오심, 구토 등 전신 감염 증상으로 나타난다.

전립선은 남성에게만 있는 기관으로 요도 옆에 있다. 전립선이 비대해지면 요도를 눌러 자주 요의을 느끼거나 배뇨 후에도 잔뇨감이 드는 등 배뇨 기능에 장애가 온다.

2) 배뇨장애나 요도, 전립선 건강에 영향을 미치는 기능성 원료

(1) 아연

아연 결핍은 전립선 비대증의 원인 중 하나이다. 정상세포가 악성 종양으로 변하는 과정에도 아연의 부족이 관련이 있다는 보고가 많다.

(2) 쏘팔메토

엉겅퀴과 식물인 쏘팔메토는 민간요법에서 사용한 경험이 있는 전립선 보호제이다. 열매에서 추출·정제된 쏘팔메토 성분은 현재 건강보조식품으로 판매되고 있다. 쏘팔메토는 일부 사람에게 어지러움, 메스꺼움 등을 유발할 수도 있으며 간이나 췌장 질환이 있는 사람에게 독성이 있다는 보고도 있어 임산부 등은 꼭 의사와 상담 후 복용하는 것이 좋다.

(3) 항산화제와 비타민 B군 보조제

항산화 기능을 가진 과일과 채소의 폴리페놀과 항산화 비타민, 엽산 등은 전립선을 보호하는 기능을 한다고 알려져 있다.

표 8-9 요로 건강에 도움되는 건강기능식품

원료명	기능(지표)성분	일일 섭취량	인정등급 (생리활성기능)	섭취 시 주의사항
크랜베리 추출물	총 안토시아노사이드	크랜베리 추출물(cran-max) 500mg	2	• 와파린, 쿠마딘 등 항응고제, 오메프라졸 등의 위산 분비 억제제와 함께 섭취 불가 • 섭취량 이상 과잉 복용할 경우 설사가 있을 수 있으므로 정해진 섭취량 준수

출처: 식품의약품안전처.

표 8-10 배뇨 기능 개선에 도움되는 건강기능식품

원료명	기능(지표)성분	일일 섭취량	인정등급 (생리활성기능)	섭취 시 주의사항
호박씨 추출물 등 복합물	① polyphenol derivatives ② 대두이소플라본 배당체의 합	호박씨 추출물 등 복합물 600~1,000mg	2	• 영유아, 어린이, 임산부, 수유부 섭취 주의 • 호박씨, 대두에 알레르기를 나타내는 사람은 섭취 주의 • 에스트로겐 호르몬에 민감한 사람 섭취 주의

출처: 식품의약품안전처.

표 8-11 전립선 건강에 도움되는 건강기능식품

원료명	기능(지표)성분	일일 섭취량	인정등급 (생리활성기능)	섭취 시 주의사항
쏘팔메토 열매 추출물 (고시된 원료로 전환)	lauric acid	쏘팔메토열매 추출물 320mg	2	• 임산부, 수유부 섭취 주의 • 메스꺼움이나 설사 등 소화계통의 불편함을 유발할 수 있음

출처: 식품의약품안전처.

부록

건강기능식품에 관한 법률

건강기능식품에 관한 법률(약칭: 건강기능식품법)

[시행 2017. 3. 28.] [법률 제14476호, 2016. 12. 27., 타법 개정]

제1장 총칙

제1조(목적) 이 법은 건강기능식품의 안전성 확보 및 품질 향상과 건전한 유통·판매를 도모함으로써 국민의 건강 증진과 소비자 보호에 이바지함을 목적으로 한다.

[전문 개정 2014.5.21.]

제2조(책무) ① 국가와 지방자치단체는 모든 국민이 질 좋은 건강기능식품과 이에 관한 올바른 정보를 제공받을 수 있도록 합리적인 정책을 마련하고, 건강기능식품을 제조·가공·수입·판매하는 자(이하 "영업자"라 한다)를 지도·관리하여야 한다.

② 영업자는 관계 법령에서 정하는 바에 따라 질 좋은 건강기능식품을 안전하고 건전하게 공급하여야 한다.

[전문 개정 2014. 5. 21.]

제3조(정의) 이 법에서 사용하는 용어의 뜻은 다음과 같다. 〈개정 2015. 2. 3.〉

1. "건강기능식품"이란 인체에 유용한 기능성을 가진 원료나 성분을 사용하여 제조(가공을 포함한다. 이하 같다)한 식품을 말한다.
2. "기능성"이란 인체의 구조 및 기능에 대하여 영양소를 조절하거나 생리학적 작용 등과 같은 보건 용도에 유용한 효과를 얻는 것을 말한다.
3. 삭제 〈2018. 3. 13.
4. 삭제 〈2018. 3. 13.〉
5. "영업"이란 건강기능식품을 판매의 목적으로 제조 또는 수입하거나 판매(불특정 다수에게 무상으로 제공하는 것을 포함한다. 이하 같다)하는 업(業)을 말한다.

6. “건강기능식품이력추적관리”란 건강기능식품을 제조하는 단계부터 판매하는 단계까지 각 단계별로 정보를 기록·관리하여 해당 건강기능식품의 안전성 등에 문제가 발생할 경우 해당 건강기능식품을 추적하여 원인을 규명하고 필요한 조치를 할 수 있도록 관리하는 것을 말한다.

[전문 개정 2014. 5. 21.]

[시행일: 2019. 3. 14.] 제3조

제2장 영업

제4조(영업의 종류 및 시설기준) ① 다음 각 호의 어느 하나에 해당하는 영업을 하려는 자는 총리령으로 정하는 기준에 맞는 시설을 갖추어야 한다.

1. 건강기능식품제조업
2. 삭제 〈2015. 2. 3.〉
3. 건강기능식품판매업

② 제1항에 따른 영업의 세부 종류와 그 범위는 대통령령으로 정한다.

[전문 개정 2014. 5. 21.]

제5조(영업의 허가 등) ① 제4조 제1항 제1호에 따른 건강기능식품제조업을 하려는 자는 총리령으로 정하는 바에 따라 영업소별로 식품의약품안전처장의 허가를 받아야 한다. 대통령령으로 정하는 사항을 변경하려는 경우에도 또한 같다. 〈개정 2015. 5. 18.〉

② 제1항에 따라 허가를 받은 자가 그 영업을 폐업하거나 허가받은 사항 중 총리령으로 정하는 사항을 변경하려는 경우에는 식품의약품안전처장에게 신고하여야 한다.

③ 식품의약품안전처장은 다음 각 호의 어느 하나에 해당하는 경우를 제외하고는 제1항에 따른 허가를 하여야 한다. 〈신설 2015. 5. 18., 2016. 2. 3.〉

1. 제4조에 따른 시설기준을 갖추지 못한 경우

2. 제9조 제1항 각 호의 어느 하나에 해당하는 경우
3. 제12조 제1항에 따른 품질관리인을 선임하지 아니한 경우(제12조 제1항 단서에 해당하는 경우는 제외한다)
4. 제13조 제2항에 따른 건강기능식품의 안전성 확보 및 품질관리에 관한 교육을 받지 아니한 경우(제13조 제2항 단서에 해당하는 경우는 제외한다)

4의2. 제22조에 따른 우수건강기능식품제조기준에 맞지 아니하는 경우

5. 그 밖에 이 법 또는 다른 법령에 따른 제한에 위반되는 경우

④ 제1항과 제2항에 따른 영업의 허가, 변경허가 및 변경신고의 절차 등에 관하여 필요한 사항은 총리령으로 정한다. 〈개정 2015. 5. 18.〉

[전문 개정 2014. 5. 21.]

제6조(영업의 신고 등) ① 삭제 〈2015. 2. 3.〉

② 제4조 제1항 제3호에 따른 건강기능식품판매업을 하려는 자는 총리령으로 정하는 바에 따라 영업소별로 제4조에 따른 시설을 갖추고 영업소의 소재지를 관할하는 특별자치시장·특별자치도지사·시장·군수·구청장에게 신고하여야 한다. 다만, 「약사법」 제20조에 따라 개설등록한 약국에서 건강기능식품을 판매하는 경우에는 그러하지 아니하다.

③ 제2항에 따라 신고를 한 자가 그 영업을 폐업하거나 총리령으로 정하는 사항을 변경하려는 경우에는 특별자치시장·특별자치도지사·시장·군수·구청장에게 신고하여야 한다. 〈개정 2015. 2. 3.〉

④ 특별자치시장·특별자치도지사·시장·군수·구청장은 제2항에 따라 신고를 한 영업자가 「부가가치세법」 제8조에 따라 관할 세무서장에게 폐업신고를 하거나 관할 세무서장이 사업자등록을 말소한 경우에는 신고사항을 직권으로 말소할 수 있다. 〈개정 2015. 5. 18.〉

⑤ 제2항 및 제3항의 규정에 따른 영업의 신고 및 변경신고의 절차 등에 관하여 필요한 사항은 총리령으로 정한다. 〈개정 2015. 5. 18.〉

[전문 개정 2014. 5. 21.]

제7조(품목제조신고 등) ① 제5조 제1항에 따라 건강기능식품제조업의 허가를 받은 자가 건강기능식품을 제조하려는 경우에는 그 품목의 제조방법 설명서 등 총리령으로 정하는 사항을 식품의약품안전처장에게 신고하여야 한다. 신고한 사항 중 총리령으로 정하는 사항을 변경하려는 경우에도 또한 같다.

② 제1항에 따른 품목제조신고 및 변경신고의 절차 등에 관하여 필요한 사항은 총리령으로 정한다.

[전문 개정 2014. 5. 21.]

제8조 삭제 〈2015. 2. 3.〉

제9조(영업허가 등의 제한) ① 다음 각 호의 어느 하나에 해당하는 경우에는 제5조 제1항에 따른 영업허가를 할 수 없다. 〈개정 2016. 2. 3., 2018. 3. 13.〉

1. 제32조 제1항 각 호(제9호의2, 제10호 및 제11호는 제외한다. 이하 이 조에서 같다) 또는 「식품 등의 표시 · 광고에 관한 법률」 제16조 제1항 · 제2항에 따라 영업허가가 취소된 후 6개월이 지나기 전에 그 영업소에서 같은 종류의 영업을 하려는 경우. 다만, 영업시설의 전부를 철거하여 영업허가가 취소된 경우에는 그러하지 아니하다.
2. 제32조 제1항 각 호 또는 「식품 등의 표시 · 광고에 관한 법률」 제16조 제1항 · 제2항에 따라 영업허가가 취소된 후 1년이 지나지 아니한 자(법인의 경우에는 그 대표자를 포함한다)가 취소된 영업과 같은 종류의 영업을 하려는 경우
3. 영업허가를 받으려는 자(법인의 경우에는 그 대표자를 포함한다)가 피성년후견인이거나 파산선고를 받고 복권되지 아니한 자인 경우
4. 제32조 제1항 각 호 또는 「식품 등의 표시 · 광고에 관한 법률」 제16조 제1항에 따라 영업정지 처분을 받은 후 제5조 제2항에 따른 폐업신고를 하고 그 영업정지 기간이 지나기 전에 그 영업소에서 같은 종류의 영업을 하려는 경우
5. 제32조 제1항 각 호 또는 「식품 등의 표시 · 광고에 관한 법률」 제16조 제1항에 따라 영업정지 처분을 받은 후 제5조 제2항에 따른 폐업신고를 하고 그 영업정지 기간이 지나지 아니한 자(법인인 경우에는 그 대표자를 포함한다)가 같은 종류의

영업을 하려는 경우

② 다음 각 호의 어느 하나에 해당하는 경우에는 제6조 제2항에 따른 영업신고를 할 수 없다. 〈개정 2015. 2. 3., 2016. 2. 3., 2018. 3. 13.〉

1. 제32조 제1항 각 호 또는 「식품 등의 표시 · 광고에 관한 법률」 제16조 제3항 · 제4항에 따른 영업소 폐쇄명령을 받은 후 6개월이 지나기 전에 그 영업소에서 같은 종류의 영업을 하려는 경우. 다만, 영업시설의 전부를 철거하여 영업소 폐쇄명령을 받은 경우에는 그러하지 아니하다.
2. 제32조 제1항 각 호 또는 「식품 등의 표시 · 광고에 관한 법률」 제16조 제3항 · 제4항에 따른 영업소 폐쇄명령을 받은 후 1년이 지나지 아니한 자(법인의 경우에는 그 대표자를 포함한다)가 폐쇄명령을 받은 영업과 같은 종류의 영업을 하려는 경우
3. 영업신고를 하려는 자(법인의 경우에는 그 대표자를 포함한다)가 피성년후견인이거나 파산선고를 받고 복권되지 아니한 자인 경우
4. 제32조 제1항 각 호 또는 「식품 등의 표시 · 광고에 관한 법률」 제16조 제3항에 따라 영업정지 처분을 받은 후 제6조 제3항에 따른 폐업신고를 하고 그 영업정지 기간이 지나기 전에 그 영업소에서 같은 종류의 영업을 하려는 경우
5. 제32조 제1항 각 호 또는 「식품 등의 표시 · 광고에 관한 법률」 제16조 제3항에 따라 영업정지 처분을 받은 후 제6조 제3항에 따른 폐업신고를 하고 그 영업정지 기간이 지나지 아니한 자(법인인 경우에는 그 대표자를 포함한다)가 같은 종류의 영업을 하려는 경우

[전문 개정 2014. 5. 21.]

[시행일: 2019. 3. 14.] 제9조

제10조(영업자의 준수사항) ① 영업자는 건강기능식품의 안전성 확보 및 품질관리와 유통질서 유지 및 국민 보건의 증진을 위하여 다음 각 호의 사항을 준수하여야 한다.

1. 제조시설과 제품(원재료를 포함한다)을 보건위생상 위해(危害)가 없고 안전성이 확보되도록 관리할 것
2. 유통기한이 지난 제품을 판매하거나 판매할 목적으로 진열 · 보관하거나 건강기능식품 제조에 사용하지 말 것

3. 부패·변질되거나 폐기된 제품 또는 유통기한이 지난 제품을 정당한 사유가 없으면 교환하여 줄 것
4. 판매 사례품이나 경품을 제공하는 등 사행심을 조장하여 제품을 판매하는 행위를 하지 말 것
5. 그 밖에 제1호부터 제4호까지에 준하는 사항으로서 건강기능식품의 안전성 확보 및 품질관리와 국민 보건위생의 증진을 위하여 필요하다고 인정하여 총리령으로 정하는 사항

② 건강기능식품 제조업자는 총리령으로 정하는 바에 따라 식품의약품안전처장에게 생산 실적 등을 보고하여야 한다.

[전문 개정 2014. 5. 21.]

제11조(영업의 승계) ① 다음 각 호의 어느 하나에 해당하는 자는 종전 영업자의 지위를 승계한다.

1 영업자가 영업을 양도한 경우 그 양수인
2 영업자가 사망한 경우 그 상속인
3 법인인 영업자가 다른 법인과 합병한 경우 합병 후 존속하는 법인이나 합병으로 설립되는 법인

② 다음 각 호의 어느 하나에 해당하는 절차에 따라 영업 시설·설비의 전부를 인수한 자는 이 법에 따른 종전 영업자의 지위를 승계한다. 〈개정 2016. 12. 27.〉

1. 「민사집행법」에 따른 경매
2. 「채무자 회생 및 파산에 관한 법률」에 따른 양도
3. 「국세징수법」, 「관세법」 또는 「지방세징수법」에 따른 압류재산의 매각
4. 그 밖에 제1호부터 제3호까지의 규정 중 어느 하나에 준하는 절차

③ 제1항이나 제2항에 따라 종전 영업자의 지위를 승계한 자는 1개월 이내에 총리령으로 정하는 바에 따라 식품의약품안전처장 또는 특별자치시장·특별자치도지사·시장·군수·구청장에게 신고하여야 한다.

④ 제1항 및 제2항에 따른 영업자의 지위승계에 관하여는 제9조 제1항 및 제2항을 준용한다. 다만, 상속인이 제9조 제1항 제3호 또는 같은 조 제2항 제3호에 해당하는

경우에는 상속을 받은 날부터 3개월 동안은 그러하지 아니하다.

[전문 개정 2014. 5. 21.]

제12조(품질관리인) ① 제5조 제1항에 따라 건강기능식품제조업의 허가를 받아 영업을 하려는 자는 총리령으로 정하는 바에 따라 품질관리인(이하 "품질관리인"이라 한다)을 두어야 한다. 다만, 영업자가 품질관리인의 자격을 갖추고 품질관리 업무에 종사하고 있는 경우에는 그러하지 아니하다.

② 품질관리인은 건강기능식품의 제조에 종사하는 사람이 이 법 또는 이 법에 따른 명령이나 처분을 위반하지 아니하도록 지도하여야 하며, 다음 각 호의 직무를 수행하여야 한다. 〈개정 2016. 2. 3.〉

1. 건강기능식품의 안전성 확보
2. 제21조에 따른 자가품질검사 등을 통한 제품 및 원료에 대한 품질관리
3. 제조시설 및 제품에 대한 위생관리
4. 건강기능식품의 안전성 확보 및 품질·위생 관리 등과 관련이 있는 종업원에 대한 지도·감독 및 교육·훈련

③ 건강기능식품제조업을 하는 자는 품질관리인의 업무를 방해하여서는 아니 되며, 그로부터 업무 수행에 필요한 요청을 받았을 때에는 정당한 사유가 없으면 요청에 따라야 한다. 〈개정 2016. 2. 3.〉

④ 건강기능식품제조업을 하는 자는 품질관리인을 선임하거나 해임할 때에는 총리령으로 정하는 바에 따라 식품의약품안전처장에게 신고하여야 한다.

⑤ 품질관리인은 제2항에 따른 직무 수행내역 등을 총리령으로 정하는 바에 따라 기록·보관하여야 한다. 〈신설 2016. 2. 3.〉

⑥ 품질관리인의 자격기준 및 준수사항 등에 관하여 필요한 사항은 대통령령으로 정한다. 〈개정 2016. 2. 3.〉

[전문 개정 2014. 5. 21.]

제12조의2(품질관리인의 변경명령) 식품의약품안전처장은 품질관리인이 제12조 제2항에 따른 직무를 현저히 게을리한 경우 해당 건강기능식품제조업자에게 그 품질관리

인을 변경하도록 명할 수 있다. 다만, 영업자가 품질관리인의 자격을 갖추고 품질관리 업무에 종사하고 있는 경우에는 다른 품질관리인을 두도록 명하여야 한다.

[본조신설 2016. 2. 3.]

제13조(교육) ① 식품의약품안전처장은 국민건강상 위해를 방지하기 위하여 필요하다고 인정하는 경우에는 영업자와 그 종업원에게 건강기능식품의 안전성 확보 및 품질관리와 「식품 등의 표시·광고에 관한 법률」에 따른 건강기능식품의 표시·광고 등에 관한 교육(이하 "안전위생교육"이라 한다)을 받을 것을 명할 수 있다. 다만, 제4조 제1항 제3호에 따른 건강기능식품판매업의 영업자는 영업소별로 안전위생교육을 매년 받아야 한다. 〈개정 2016. 2. 3., 2018. 3. 13.〉

② 제4조에 따른 영업을 하려는 자는 미리 안전위생교육을 받아야 한다. 다만, 총리령으로 정하는 사유로 미리 교육을 받을 수 없는 경우에는 영업을 시작한 후 식품의약품안전처장이 정하는 바에 따라 교육을 받을 수 있다. 〈개정 2016. 2. 3.〉

③ 제12조에 따라 품질관리인으로 선임된 사람은 건강기능식품의 안전위생교육을 정기적으로 받아야 한다. 〈개정 2016. 2. 3.〉

④ 제1항과 제2항에 따라 안전위생교육을 받아야 하는 영업자 중 다음 각 호의 어느 하나에 해당하는 경우에는 그 종업원 중에서 안전위생에 관한 책임자를 지정하여 영업자 대신 교육을 받게 할 수 있다. 〈개정 2016. 2. 3.〉

1. 영업자가 영업에 직접 종사하지 아니한 경우
2. 2곳 이상의 장소에서 같은 영업자가 영업을 하려는 경우
3. 총리령으로 정하는 사유로 교육을 받을 수 없는 경우

⑤ 식품의약품안전처장은 안전위생교육을 총리령으로 정하는 교육전문기관이나 제28조에 따라 설립된 단체에 위탁할 수 있다. 〈신설 2016. 2. 3.〉

⑥ 제1항부터 제3항까지의 규정에 따른 안전위생교육의 내용, 실시시기, 교육비의 징수 등에 필요한 사항은 총리령으로 정한다. 〈개정 2016. 2. 3.〉

[전문 개정 2014. 5. 21.]

[시행일: 2019. 3. 14.] 제13조

제3장 기준 및 규격과 표시 · 광고 등

제14조(기준 및 규격) ① 식품의약품안전처장은 판매를 목적으로 하는 건강기능식품의 제조 · 사용 및 보존 등에 관한 기준과 규격을 정하여 고시한다.

② 식품의약품안전처장은 제1항에 따라 기준과 규격이 고시되지 아니한 건강기능식품의 기준과 규격에 대해서는 제5조 제1항에 따른 영업자, 「수입식품안전관리 특별법」 제15조 제1항에 따라 등록한 수입식품 등 수입 · 판매업자 또는 총리령으로 정하는 자로부터 다음 각 호의 자료를 제출받아 검토한 후 건강기능식품의 기준과 규격으로 인정할 수 있다. 이 경우 필요하면 제2호의 시험 · 검사기관에 검사를 의뢰하여 실시할 수 있다. 〈개정 2015. 2. 3., 2015. 5. 18.〉

1. 해당 건강기능식품의 기준 · 규격, 안전성 및 기능성 등에 관한 자료
2. 「식품 · 의약품분야 시험 · 검사 등에 관한 법률」 제6조 제3항 제1호에 따른 식품전문 시험 · 검사기관 또는 같은 법 제8조에 따른 국외시험 · 검사기관에서 검사를 받은 시험성적서 또는 검사성적서

③ 식품의약품안전처장은 제5조 제1항에 따른 영업자, 「수입식품안전관리 특별법」 제15조 제1항에 따라 등록한 수입식품 등 수입 · 판매업자 또는 총리령으로 정하는 자가 제2항에 따른 기준 및 규격의 인정을 거짓이나 그 밖의 부정한 방법으로 받은 경우 이를 취소하여야 한다. 〈신설 2015. 5. 18.〉

④ 수출을 목적으로 하는 건강기능식품의 기준 및 규격은 제1항과 제2항에도 불구하고 수입자가 요구하는 기준 및 규격을 따를 수 있다. 〈개정 2015. 5. 18.〉

⑤ 제2항에 따른 인정 기준 · 방법 및 절차 등에 관하여 필요한 사항은 식품의약품안전처장이 정한다. 〈개정 2015. 5. 18.〉

[전문 개정 2014. 5. 21.]

제15조(원료 등의 인정) ① 식품의약품안전처장은 판매를 목적으로 하는 건강기능식품의 원료 또는 성분을 정하여 고시한다.

② 식품의약품안전처장은 제1항에 따라 고시되지 아니한 건강기능식품의 원료 또는 성분에 대해서는 제5조 제1항에 따른 영업자, 「수입식품안전관리 특별법」 제15조

제1항에 따라 등록한 수입식품 등 수입·판매업자 또는 총리령으로 정하는 자로부터 그 원료 또는 성분의 안전성 및 기능성 등에 관한 자료를 제출받아 검토한 후 건강기능식품에 사용할 수 있는 원료 또는 성분으로 인정할 수 있다. 다만, 질병의 치료·예방 효과 또는 그 밖에 총리령으로 정하는 기능이 있는 원료 또는 성분은 인정하여서는 아니 된다. 〈개정 2015. 2. 3., 2015. 5. 18.〉

③ 식품의약품안전처장은 제5조 제1항에 따른 영업자, 「수입식품안전관리 특별법」 제15조 제1항에 따라 등록한 수입식품 등 수입·판매업자 또는 총리령으로 정하는 자가 제2항에 따른 원료 또는 성분의 인정을 거짓이나 그 밖의 부정한 방법으로 받은 경우 이를 취소하여야 한다. 〈신설 2015. 5. 18.〉

④ 제2항에 따른 인정 기준·방법 및 절차 등에 관하여 필요한 사항은 식품의약품안전처장이 정한다. 〈개정 2015. 5. 18.〉

[전문 개정 2014. 5. 21.]

제15조의2(재평가) ① 식품의약품안전처장은 제14조 제1항 및 제2항 또는 제15조 제1항 및 제2항에 따라 고시하거나 인정한 사항을 다시 검토하여 재평가할 수 있고, 그 결과에 따라 고시하거나 인정한 사항을 변경 또는 취소할 수 있다.

② 제1항에 따른 재평가의 기준·방법 및 절차 등에 필요한 사항은 총리령으로 정한다.

[본조신설 2015. 5. 18.]

제16조 삭제 〈2018. 3. 13.〉[시행일: 2019. 3. 14.] 제16조

제16조의2 삭제 〈2018. 3. 13.〉[시행일: 2019. 3. 14.] 제16조의2

제17조 삭제 〈2018. 3. 13.〉[시행일: 2019. 3. 14.] 제17조

제17조의2(유전자변형건강기능식품의 표시 등) ① 다음 각 호의 어느 하나에 해당하는 생명공학기술을 활용하여 재배·육성된 농산물·축산물·수산물 등을 원재료로 하여 제조·가공한 건강기능식품(이하 "유전자변형건강기능식품"이라 한다)은 유전자변형건강기능식품임을 표시하여야 한다. 다만, 제조·가공 후에 유전자변형 디엔에이(DNA, Deoxyribonucleic acid) 또는 유전자변형단백질이 남아 있는 유전자변형건강기능식품에 한정한다.

1. 인위적으로 유전자를 재조합하거나 유전자를 구성하는 핵산을 세포 또는 세포 내 소기관으로 직접 주입하는 기술
2. 분류학에 따른 과(科)의 범위를 넘는 세포융합기술

② 제1항에 따라 표시하여야 하는 유전자변형건강기능식품은 표시가 없으면 판매하거나 판매할 목적으로 수입 · 진열 · 운반하거나 영업에 사용하여서는 아니 된다.

③ 제1항에 따른 표시의무자, 표시대상 및 표시방법 등에 필요한 사항은 식품의약품안전처장이 정한다.

[본조신설 2016. 2. 3.]

제18조 삭제 〈2018. 3. 13.〉[시행일: 2019. 3. 14.] 제18조

제19조(건강기능식품의 공전) 식품의약품안전처장은 제14조에 따라 정하여진 건강기능식품의 기준 · 규격과 제15조에 따라 정하여진 원료 · 성분과 제17조의2에 따라 정하여진 표시기준을 수록한 건강기능식품의 공전(公典)을 작성 · 보급하여야 한다. 〈개정 2016. 2. 3., 2018. 3. 13.〉

[전문 개정 2014. 5. 21.]

[시행일: 2019. 3. 14.] 제19조

제4장 검사 등

제20조(출입 · 검사 · 수거 등) ① 식품의약품안전처장(대통령령으로 정하는 그 소속 기관의 장을 포함한다) 또는 특별자치시장 · 특별자치도지사 · 시장 · 군수 · 구청장은 위생관리와 영업질서 유지를 위하여 필요하다고 인정할 때에는 영업자 또는 그 밖의 관계인에 대하여 필요한 보고를 하게 하거나 관계 공무원으로 하여금 영업장소 · 사무소 · 창고 · 제조소 · 저장소 · 판매소 또는 그 밖에 이와 유사한 장소에 출입하여 다음 각 호의 조치를 하게 할 수 있다.

1. 판매를 목적으로 하거나 영업에 사용하는 원재료 · 제품 · 용기 · 포장 또는 제조 · 영업시설 등에 대한 검사

2. 제1호에 따른 검사에 필요한 최소량의 원재료 · 제품 · 용기 · 포장 등의 무상 수거
3. 영업에 관계되는 장부 또는 서류의 열람

② 제1항에 따라 출입 · 검사 · 수거 또는 열람을 하려는 관계 공무원은 그 권한을 나타내는 증표를 지니고 이를 관계인에게 보여 주어야 한다.

[전문 개정 2014. 5. 21.]

제20조의2(소비자 등의 위생검사 등 요청) ① 식품의약품안전처장(대통령령으로 정하는 그 소속 기관의 장을 포함한다. 이하 이 조에서 같다), 특별자치시장 · 특별자치도지사 · 시장 · 군수 · 구청장은 대통령령으로 정하는 일정 수 이상의 소비자, 「소비자기본법」 제29조에 따라 등록한 소비자단체 또는 「식품 · 의약품분야 시험 · 검사 등에 관한 법률」 제6조에 따른 시험 · 검사기관 중 총리령으로 정하는 시험 · 검사기관(이하 이 조에서 "소비자 등"이라 한다)이 건강기능식품 또는 영업시설 등에 대하여 제20조에 따른 출입 · 검사 · 수거 등(이하 이 조에서 "위생검사 등"이라 한다)을 요청하는 경우에는 이에 따라야 한다. 다만, 다음 각 호의 어느 하나에 해당하는 경우에는 그러하지 아니하다.

1. 같은 소비자 등이 특정 영업자의 영업을 방해할 목적으로 같은 내용의 위생검사 등을 반복적으로 요청하는 경우
2. 식품의약품안전처장, 특별자치시장 · 특별자치도지사 · 시장 · 군수 · 구청장이 기술 또는 시설, 재원(財源) 등의 사유로 위생검사 등을 할 수 없다고 인정하는 경우

② 식품의약품안전처장, 특별자치시장 · 특별자치도지사 · 시장 · 군수 · 구청장은 제1항에 따라 위생검사 등의 요청에 따르는 경우 14일 이내에 위생검사 등을 하고 그 결과를 대통령령으로 정하는 바에 따라 위생검사 등의 요청을 한 소비자 등에 알리고 인터넷 홈페이지에 게시하여야 한다.

③ 위생검사 등의 요청 요건 및 절차, 그 밖에 필요한 사항은 대통령령으로 정한다.

[본조신설 2016. 2. 3.]

제21조(자가품질검사 의무) ① 제5조 제1항에 따라 건강기능식품제조업의 허가를 받은 자는 총리령으로 정하는 바에 따라 그가 제조하는 건강기능식품이 제14조에 따른

기준 및 규격에 맞는지를 검사하고 그 기록을 보존하여야 한다.

② 식품의약품안전처장은 제1항에 따라 검사를 하여야 하는 자가 직접 검사를 하는 것이 적합하지 아니할 때에는 「식품 · 의약품분야 시험 · 검사 등에 관한 법률」 제6조 제3항 제2호에 따른 자가품질위탁 시험 · 검사기관에 위탁하여 검사하게 할 수 있다. 〈개정 2016. 2. 3.〉

③ 제1항에 따라 검사를 직접 행하는 영업자는 제1항에 따른 검사 결과 해당 건강기능식품이 제23조 또는 제24조 제1항에 위반되어 국민건강에 위해가 발생하거나 발생할 우려가 있는 경우에는 지체 없이 식품의약품안전처장에게 보고하여야 한다. 〈신설 2016. 2. 3.〉

④ 제1항 및 제2항에 따른 검사항목 및 검사절차 등에 관하여 필요한 사항은 총리령으로 정한다. 〈개정 2016. 2. 3.〉

[전문 개정 2014. 5. 21.]

제21조의2(원재료의 검사 확인 의무 등) ① 제5조 제1항에 따라 건강기능식품제조업의 허가를 받은 자는 제15조 제1항에 따라 고시되었거나 같은 조 제2항에 따라 인정받은 원료 또는 성분에 사용되는 원재료 중 다음 각 호의 어느 하나에 해당하는 원재료를 검사하여 확인하고 그 기록을 보존하여야 한다.

1. 육안(肉眼)으로 다른 원재료와 구별하기가 곤란하여 식품의약품안전처장이 고시하는 원재료
2. 그 밖에 건강기능식품의 안전을 위하여 식품의약품안전처장이 필요하다고 인정하는 원재료

② 제1항에 따른 검사의 대상 · 절차 및 방법, 그 밖에 필요한 사항은 총리령으로 정한다.

[본조신설 2016. 2. 3.]

제21조의3(검사명령 등) ① 식품의약품안전처장은 다음 각 호의 어느 하나에 해당하는 건강기능식품을 제조하는 영업자에 대하여 「식품 · 의약품분야 시험 · 검사 등에 관한 법률」 제6조 제3항 제1호에 따른 식품전문 시험 · 검사기관에서 검사를 받을 것을 명

(이하 “검사명령”이라 한다)할 수 있다. 다만, 검사로써 위해성분을 확인할 수 없다고 식품의약품안전처장이 인정하는 경우에는 관련 자료 등으로 검사를 갈음할 수 있다.

1. 국내외에서 유해물질이 검출된 건강기능식품
2. 그 밖에 국내외에서 위해발생의 우려가 제기된 건강기능식품

② 검사명령을 받은 영업자는 총리령으로 정하는 검사 기한 내에 검사를 받거나 관련 자료 등을 제출하여야 한다.

③ 제1항 및 제2항에 따른 검사명령 대상 건강기능식품의 범위, 제출 자료 등 세부사항은 식품의약품안전처장이 정하여 고시한다.

[본조신설 2016. 2. 3.]

제5장 우수건강기능식품제조기준 등

제22조(우수건강기능식품제조기준 등) ① 건강기능식품을 제조하는 영업자는 우수한 건강기능식품의 제조 및 품질관리를 위하여 식품의약품안전처장이 고시하는 우수건강기능식품 제조 및 품질관리 기준(이하 “우수건강기능식품제조기준”이라 한다)을 준수하여야 한다. 〈개정 2016. 2. 3.〉

② 식품의약품안전처장은 우수건강기능식품제조기준의 준수여부 등을 1년마다 조사·평가하여야 한다. 〈개정 2016. 2. 3.〉

③ 우수건강기능식품제조기준의 조사·평가 방법 및 절차 등에 관하여 필요한 사항은 총리령으로 정한다. 〈개정 2016. 2. 3.〉

④ 삭제 〈2016. 2. 3.〉

⑤ 삭제 〈2016. 2. 3.〉

⑥ 삭제 〈2016. 2. 3.〉

⑦ 삭제 〈2016. 2. 3.〉

[전문 개정 2014. 5. 21.]

[시행일] 제22조 개정규정은 다음 각 호의 구분에 따른 날부터 시행

1. 2017년 매출액이 20억 이상인 제조업자: 2018년 12월 1일
2. 2017년 매출액이 10억 이상 20억 미만인 제조업자: 2019년 12월 1일
3. 2017년 매출액이 10억 미만인 제조업자: 2020년 12월 1일

제22조의2(건강기능식품이력추적관리 등록기준 등) ① 건강기능식품을 제조 또는 판매하는 자 중 건강기능식품이력추적관리를 하려는 자는 총리령으로 정하는 등록기준을 갖추어 해당 건강기능식품을 식품의약품안전처장에게 등록할 수 있다. 다만, 그 매출액 등이 총리령으로 정하는 매출액 또는 매장면적에 해당하는 자는 식품의약품안전처장에게 등록하여야 한다. 〈개정 2015. 2. 3.〉

② 제1항에 따라 등록한 건강기능식품을 제조 또는 판매하는 자는 건강기능식품이력추적관리에 필요한 기록의 작성·보관 및 관리 등에 관하여 식품의약품안전처장이 정하여 고시하는 기준(이하 "건강기능식품이력추적관리기준"이라 한다)을 준수하여야 한다. 〈개정 2015. 2. 3.〉

③ 제1항에 따라 등록을 한 자는 등록사항이 변경된 경우 변경 사유가 발생한 날부터 1개월 이내에 식품의약품안전처장에게 신고하여야 한다.

④ 제1항에 따라 등록한 건강기능식품에는 식품의약품안전처장이 정하여 고시하는 바에 따라 건강기능식품이력추적관리의 표시를 할 수 있다.

⑤ 식품의약품안전처장은 제1항에 따라 등록한 건강기능식품을 제조 또는 판매하는 자에 대하여 건강기능식품이력추적관리기준의 준수 여부 등을 3년마다 조사·평가하여야 한다. 다만, 제1항 단서에 따라 등록한 건강기능식품을 제조 또는 판매하는 자에 대해서는 2년마다 조사·평가하여야 한다. 〈개정 2015. 2. 3.〉

⑥ 식품의약품안전처장은 제1항에 따라 등록을 한 자에게 예산의 범위에서 건강기능식품이력추적관리에 필요한 자금을 지원할 수 있다.

⑦ 식품의약품안전처장은 제1항에 따라 등록을 한 자가 건강기능식품이력추적관리기준을 준수하지 아니하면 그 등록을 취소하거나 시정을 명할 수 있다.

⑧ 건강기능식품이력추적관리의 등록 절차, 등록 사항, 등록취소 등의 기준 및 조사·평가, 그 밖에 등록에 필요한 사항은 총리령으로 정한다.

[전문 개정 2014. 5. 21.]

제6장 판매 등의 금지

제23조(위해 건강기능식품 등의 판매 등의 금지) 누구든지 다음 각 호의 어느 하나에 해당하는 건강기능식품을 판매하거나 판매할 목적으로 제조·수입·사용·저장 또는 운반하거나 진열하여서는 아니 된다. 〈개정 2015. 2. 3.〉

1. 썩었거나 상한 것으로서 인체의 건강을 해칠 우려가 있는 것
2. 유독·유해물질이 들어 있거나 묻어 있는 것 또는 그럴 가능성이 있는 것. 다만, 인체의 건강을 해칠 우려가 없다고 식품의약품안전처장이 인정하는 것은 예외로 한다.
3. 병(病)을 일으키는 미생물에 오염되었거나 그럴 가능성이 있어 인체의 건강을 해칠 우려가 있는 것
4. 불결하거나 다른 물질이 섞이거나 첨가된 것 또는 그 밖의 사유로 인체의 건강을 해칠 우려가 있는 것
5. 제5조 제1항에 따른 영업허가를 받지 아니한 자가 제조한 것
6. 수입이 금지된 것 또는 「수입식품안전관리 특별법」 제20조 제1항에 따른 수입신고를 하지 아니하고 수입한 것

[전문 개정 2014. 5. 21.]

제24조(기준·규격 위반 건강기능식품의 판매 등의 금지) ① 영업자(「수입식품안전관리 특별법」 제15조에 따라 등록한 수입식품 등 수입·판매업자를 포함한다. 이하 이 조에서 같다)는 제14조 제1항 및 제2항에 따라 기준과 규격이 정하여진 건강기능식품을 그 기준에 따라 제조·사용·보존하여야 하며, 그 기준과 규격에 맞지 아니하는 건강기능식품을 판매하거나 판매할 목적으로 제조·수입·사용·저장·운반·보존 또는 진열하여서는 아니 된다. 〈개정 2015. 2. 3.〉

② 영업자는 다음 각 호의 어느 하나에 해당하는 행위를 하여서는 아니 된다. 〈개정 2016. 2. 3.〉

1. 의약품의 용도로만 사용되는 원료를 사용하여 건강기능식품을 제조하는 행위
2. 배합·혼합비율·함량이 의약품과 같거나 유사한 건강기능식품을 제조하는 행위

2의2. 독성이 있거나 인체에 부작용을 일으키는 원료를 사용하여 건강기능식품을 제조하는 행위

3. 제1호, 제2호 또는 제2호의2에 따라 제조된 건강기능식품을 수입·판매 또는 진열하는 행위

③ 제2항에 따른 의약품의 용도로만 사용되는 원료, 배합·혼합비율·함량이 의약품과 같거나 유사한 건강기능식품 및 독성이 있거나 인체에 부작용을 일으키는 원료 등에 관한 구체적인 기준과 범위는 식품의약품안전처장이 정한다. 〈개정 2016. 2. 3.〉

[전문 개정 2014. 5. 21.]

제25조 삭제 〈2018. 3. 13.〉[시행일: 2019. 3. 14.] 제25조

제26조 삭제 〈2018. 3. 13.〉[시행일: 2019. 3. 14.] 제26조

제7장 건강기능식품심의위원회 및 단체 설립 〈개정 2014. 5. 21.〉

제27조(건강기능식품심의위원회) ① 식품의약품안전처장의 자문에 응하여 다음 사항을 조사·심의하기 위하여 식품의약품안전처에 건강기능식품심의위원회를 둔다.

1. 건강기능식품의 정책에 관한 사항
2. 건강기능식품의 기준·규격에 관한 사항
3. 건강기능식품의 표시·광고에 관한 사항
4. 그 밖에 건강기능식품에 관한 중요 사항

② 건강기능식품의 기준·규격 및 표시·광고 등에 관한 조사·연구를 하기 위하여 건강기능식품심의위원회에 연구위원을 둘 수 있다.

③ 제1항 및 제2항에 따른 건강기능식품심의위원회의 구성 및 운영 등에 필요한 사항은 대통령령으로 정한다.

[전문 개정 2014. 5. 21.]

제28조(단체 설립) ① 영업자는 영업의 건전한 발전을 도모함으로써 건강기능식품의 안전성 확보 및 품질 향상과 국민 보건 증진에 이바지하기 위하여 대통령령으로 정

하는 영업의 종류별로 단체를 설립할 수 있다.

② 단체는 법인으로 한다.

③ 단체를 설립하려는 경우에는 대통령령으로 정하는 바에 따라 회원 자격이 있는 자의 10분의 1(20인을 초과하는 경우에는 20인으로 한다) 이상의 발기인이 정관을 작성하여 식품의약품안전처장의 설립인가를 받아야 한다.

[전문 개정 2014. 5. 21.]

제8장 시정명령 · 허가취소 등 행정제재

제29조(시정명령) 식품의약품안전처장 또는 특별자치시장 · 특별자치도지사 · 시장 · 군수 · 구청장은 이 법을 지키지 아니하는 자에 대하여 필요하다고 인정할 때에는 시정을 명할 수 있다.

[전문 개정 2014. 5. 21.]

제30조(폐기처분 등) ① 식품의약품안전처장 또는 특별자치시장 · 특별자치도지사 · 시장 · 군수 · 구청장은 영업자(「수입식품안전관리 특별법」 제15조에 따라 등록한 수입식품 등 수입 · 판매업자를 포함한다. 이하 이 조에서 같다)가 제17조의2제2항, 제23조 또는 제24조 중 어느 하나를 위반하였을 때에는 관계 공무원으로 하여금 그 건강기능식품을 압류 또는 폐기하게 하거나, 영업자에게 식품위생상의 위해를 제거하기 위한 조치를 할 것을 명할 수 있다. 〈개정 2015. 2. 3., 2016. 2. 3., 2018. 3. 13.〉

② 식품의약품안전처장 또는 특별자치시장 · 특별자치도지사 · 시장 · 군수 · 구청장은 제5조 제1항에 따른 영업허가를 받지 아니하고 제조한 건강기능식품이나 이에 사용한 기구 또는 용기 · 포장 등을 관계 공무원으로 하여금 압류하거나 폐기하게 할 수 있다.

③ 식품의약품안전처장 또는 특별자치시장 · 특별자치도지사 · 시장 · 군수 · 구청장은 위생상의 위해가 발생하였거나 발생할 우려가 있다고 인정될 때에는 영업자에게 유통 중인 해당 건강기능식품을 회수 · 폐기하게 하거나 그 건강기능식품의 원료, 제조 방법, 성분 또는 그 배합비율을 변경할 것을 명할 수 있다.

④ 제1항 및 제2항에 따른 압류 또는 폐기를 하는 관계 공무원은 그 권한을 표시하는 증표를 지니고 이를 관계인에게 보여 주어야 한다.

⑤ 제1항 및 제2항에 따른 압류 또는 폐기에 필요한 사항과 제3항에 따른 회수 대상 건강기능식품의 기준 등에 관하여 필요한 사항은 총리령으로 정한다.

[전문 개정 2014. 5. 21.]

[시행일: 2019. 3. 14.] 제30조

제31조(시설의 개수명령 등) ① 식품의약품안전처장 또는 특별자치시장·특별자치도지사·시장·군수·구청장은 영업시설이 제4조 제1항에 따른 시설기준에 맞지 아니할 때에는 기간을 정하여 그 영업자에게 시설의 개수(改修)를 명할 수 있다.

② 건축물의 소유자와 영업자 등이 다른 경우 건축물의 소유자는 제1항의 명령에 따른 시설의 개수에 최대한 협조하여야 한다.

[전문 개정 2014. 5. 21.]

제32조(영업허가취소 등) ① 식품의약품안전처장 또는 특별자치시장·특별자치도지사·시장·군수·구청장은 영업자가 다음 각 호의 어느 하나에 해당하는 경우에는 대통령령으로 정하는 바에 따라 영업허가를 취소하거나, 6개월 이내의 기간을 정하여 그 영업의 전부 또는 일부의 정지를 명하거나, 영업소의 폐쇄(제6조에 따라 신고한 영업만 해당한다. 이하 이 조에서 같다)를 명할 수 있다. 다만, 제9호의2의 경우에는 그 영업허가를 취소하여야 한다. 〈개정 2015. 2. 3., 2016. 2. 3., 2018. 3. 13.〉

1. 제4조 제1항, 제5조 제1항 후단, 같은 조 제2항, 제6조 제3항, 제7조 제1항 전단, 제10조 제1항 각 호(제1호와 제5호는 제외한다), 제11조 제3항 또는 제17조의2제2항을 위반한 경우
2. 제12조 제1항을 위반한 경우
3. 삭제 〈2018. 3. 13.〉
4. 제21조 제1항 및 제3항을 위반한 경우

4의2. 제21조의2제1항을 위반한 경우

5. 제22조를 위반한 경우

6. 제22조의2제1항 단서를 위반한 경우
7. 제23조 또는 제24조 제1항 · 제2항에 따른 판매 등의 금지를 위반한 경우
8. 제29조, 제30조 제1항 · 제3항, 제31조 제1항 또는 제33조 제1항에 따른 명령을 위반한 경우
9. 영업정지 명령을 위반하여 계속 영업을 하는 경우

9의2. 피성년후견인이 되거나 파산선고를 받은 경우

10. 영업자가 정당한 사유 없이 계속하여 6개월 이상 휴업하는 경우
11. 제5조 제1항에 따라 허가를 받은 자가 「부가가치세법」 제8조에 따라 관할 세무서장에게 폐업신고를 하거나 관할 세무서장이 사업자등록을 말소한 경우

② 제1항에 따른 행정처분의 세부적인 기준은 위반행위의 종류와 위반 정도 등을 고려하여 총리령으로 정한다.

[전문 개정 2014. 5. 21.]

[시행일] 제32조 제1항 제5호 개정규정은 다음 각 호의 구분에 따른 날부터 시행

1. 2017년 매출액이 20억 이상인 제조업자: 2018년 12월 1일
2. 2017년 매출액이 10억 이상 20억 미만인 제조업자: 2019년 12월 1일
3. 2017년 매출액이 10억 미만인 제조업자: 2020년 12월 1일

[시행일: 2019. 3. 14.] 제32조

제33조(품목의 제조정지 등) ① 식품의약품안전처장은 영업자가 제17조의2 제2항, 제21조 제1항, 제21조의2제1항, 제22조, 제23조 또는 제24조 제1항 · 제2항을 위반하였을 때에는 대통령령으로 정하는 바에 따라 6개월 이내의 기간을 정하여 해당 품목 또는 품목류(제14조에 따라 정하여진 건강기능식품의 기준 및 규격 중 동일한 기준 및 규격을 적용받아 제조되는 모든 품목을 말한다. 이하 같다)의 제조정지를 명할 수 있다. 〈개정 2016. 2. 3., 2018. 3. 13.〉

② 제1항에 따른 행정처분의 세부적인 기준은 위반행위의 종류와 위반 정도 등을 고려하여 총리령으로 정한다.

[전문 개정 2014. 5. 21.]

[시행일] 제33조 제1항 중 제22조 위반 관련 부분은 다음 각 호의 구분에 따른 날부터 시행

1. 2017년 매출액이 20억 이상인 제조업자: 2018년 12월 1일
2. 2017년 매출액이 10억 이상 20억 미만인 제조업자: 2019년 12월 1일
3. 2017년 매출액이 10억 미만인 제조업자: 2020년 12월 1일

[시행일: 2019. 3. 14.] 제33조

제34조(행정제재처분 효과의 승계) 영업자가 그 영업을 양도하거나 법인이 합병하는 경우에는 제32조 제1항 각 호(제10호는 제외한다) 또는 제33조 제1항을 위반한 사유로 종전의 영업자에게 한 행정제재처분의 효과는 그 처분기간이 끝난 날부터 1년간 양수인이나 합병 후 존속하는 법인에 승계되며, 행정제재처분의 절차가 진행 중일 때에는 양수인이나 합병 후 존속하는 법인에 대하여 행정제재처분의 절차를 계속 진행할 수 있다.

[전문 개정 2014. 5. 21.]

제35조(폐쇄조치 등) ① 식품의약품안전처장 또는 특별자치시장·특별자치도지사·시장·군수·구청장은 제5조 제1항 전단 또는 제6조 제2항을 위반하여 허가를 받지 아니하거나 신고를 하지 아니하고 영업을 하는 자 또는 제32조 제1항 각 호(제10호는 제외한다)에 따라 허가가 취소되거나 영업소의 폐쇄명령을 받은 후에 계속하여 영업을 하는 자가 있으면 해당 영업소를 폐쇄하기 위하여 관계 공무원으로 하여금 다음 각 호의 조치를 하게 할 수 있다. 〈개정 2015. 2. 3.〉

1. 해당 영업소의 간판이나 그 밖의 영업표지의 제거·삭제
2. 해당 영업소가 적법한 영업소가 아니라는 것을 알리는 게시문 등의 부착
3. 해당 영업소의 시설물이나 그 밖에 영업에 사용하는 기구 등을 사용할 수 없게 하는 봉인(封印)

② 식품의약품안전처장 또는 특별자치시장·특별자치도지사·시장·군수·구청장은 제1항 제2호 및 제3호에 따른 조치를 한 후에 다음 각 호의 어느 하나에 해당하는 경우에는 부착한 게시문 등을 제거하거나 봉인을 해제할 수 있다.

1. 게시문 등의 부착이나 봉인을 계속할 필요가 없다고 인정되는 경우
2. 해당 영업자 또는 그 대리인이 그 영업소를 폐쇄할 것을 약속하거나 그 밖의 정

당한 사유를 들어 게시문 등의 제거나 봉인의 해제를 요청하는 경우

③ 식품의약품안전처장 또는 특별자치시장 · 특별자치도지사 · 시장 · 군수 · 구청장은 제1항에 따른 조치를 하려면 미리 그 사실을 해당 영업자 또는 그 대리인에게 서면으로 알려 주어야 한다. 다만, 총리령으로 정하는 사유가 있는 경우에는 그러하지 아니하다.

④ 제1항에 따른 조치는 그 영업을 할 수 없게 하기 위하여 필요한 최소한의 범위에 그쳐야 한다.

⑤ 제1항의 경우에 관계 공무원은 그 권한을 표시하는 증표를 지니고 이를 관계인에게 보여 주어야 한다.

[전문 개정 2014. 5. 21.]

제36조(청문) 식품의약품안전처장 또는 특별자치시장 · 특별자치도지사 · 시장 · 군수 · 구청장은 제32조 제1항에 따른 영업허가의 취소나 영업소의 폐쇄에 해당하는 처분을 하려면 청문을 하여야 한다.

[전문 개정 2014. 5. 21.]

제37조(영업정지 등의 처분을 갈음하여 부과하는 과징금 처분) ① 식품의약품안전처장 또는 특별자치시장 · 특별자치도지사 · 시장 · 군수 · 구청장은 영업자가 제32조 제1항 각 호(제9호, 제9호의2, 제10호 및 제11호는 제외한다) 또는 제33조 제1항에 해당하면 대통령령으로 정하는 바에 따라 영업정지, 품목 제조정지 또는 품목류 제조정지 처분을 갈음하여 2억원 이하의 과징금을 부과할 수 있다. 다만, 제5조 제1항 후단, 제10조 제1항, 제23조 또는 제24조 제1항 · 제2항을 위반하여 제32조 제1항 또는 제33조 제1항에 해당하는 경우 중 총리령으로 정하는 경우는 제외한다. 〈개정 2016. 2. 3., 2018. 3. 13.〉

② 제1항에 따른 과징금을 부과하는 위반행위의 종류와 위반 정도 등에 따른 과징금의 금액 등에 관하여 필요한 사항은 대통령령으로 정한다.

③ 식품의약품안전처장 또는 특별자치시장 · 특별자치도지사 · 시장 · 군수 · 구청장은 제1항에 따른 과징금을 부과하기 위하여 필요한 경우에는 다음 각 호의 사항을 적은

문서로 관할 세무관서의 장에게 과세 정보 제공을 요청할 수 있다. 〈신설 2016. 2. 3.〉

1. 납세자의 인적 사항
2. 과세 정보의 사용 목적
3. 과징금 부과기준이 되는 매출금액

④ 식품의약품안전처장 또는 특별자치시장 · 특별자치도지사 · 시장 · 군수 · 구청장은 제1항에 따른 과징금을 내야 할 자가 납부기한까지 내지 아니하면 대통령령으로 정하는 바에 따라 제1항에 따른 과징금처분을 취소하고 제32조 또는 제33조에 따른 영업정지 등의 행정처분을 하거나 국세 체납처분의 예 또는 「지방세 외 수입금의 징수 등에 관한 법률」에 따라 징수한다. 다만, 제5조 제2항 또는 제6조 제3항에 따른 폐업 등으로 제32조 또는 제33조에 따른 영업정지 등의 행정처분을 할 수 없는 경우에는 국세 체납처분의 예 또는 「지방세 외 수입금의 징수 등에 관한 법률」에 따라 징수한다. 〈개정 2016. 2. 3.〉

⑤ 식품의약품안전처장 또는 특별자치시장 · 특별자치도지사 · 시장 · 군수 · 구청장은 제4항에 따라 체납된 과징금의 징수를 위하여 필요한 경우에는 다음 각 호의 어느 하나에 해당하는 자료 또는 정보의 제공을 해당 각 호의 자에게 각각 요청할 수 있다. 이 경우 요청을 받은 자는 정당한 사유가 없으면 요청에 따라야 한다. 〈신설 2016. 2. 3.〉

1. 「건축법」 제38조에 따른 건축물대장 등본: 국토교통부장관
2. 「공간정보의 구축 및 관리 등에 관한 법률」 제71조에 따른 토지대장 등본: 국토교통부장관
3. 「자동차관리법」 제7조에 따른 자동차등록원부 등본: 특별시장 · 광역시장 · 특별자치시장 · 도지사 또는 특별자치도지사

⑥ 제1항 및 제4항에 따라 징수한 과징금 중 식품의약품안전처장이 부과 · 징수한 과징금은 국가에 귀속되고, 특별자치시장 · 특별자치도지사 · 시장 · 군수 · 구청장이 부과 · 징수한 과징금은 특별시 · 광역시 · 특별자치시 · 도 · 특별자치도 및 시 · 군 · 구(자치구를 말한다)의 식품진흥기금(「식품위생법」 제89조에 따른 식품진흥기금을 말한다)에 귀속된다. 〈개정 2016. 2. 3.〉

[전문 개정 2014. 5. 21.]

[시행일: 2019. 3. 14.] 제37조

제37조의2(위해 건강기능식품 등의 판매 등에 따른 과징금 부과 등) ① 식품의약품안전처장 또는 특별자치시장·특별자치도지사·시장·군수·구청장은 다음 각 호의 어느 하나에 해당하는 자에 대하여 그가 판매한 해당 건강기능식품 등의 소매가격에 상당하는 금액을 과징금으로 부과한다.

1. 삭제 〈2018. 3. 13.〉
2. 제23조 제2호·제3호·제5호·제6호를 위반하여 제32조에 따라 영업정지 2개월 이상의 처분, 영업허가의 취소 또는 영업소의 폐쇄명령을 받은 자
3. 제24조 제2항을 위반하여 제32조에 따라 영업정지 2개월 이상의 처분, 영업허가의 취소 또는 영업소의 폐쇄명령을 받은 자

② 제1항에 따른 과징금의 산출금액은 대통령령으로 정하는 바에 따라 결정하여 부과한다.

③ 제2항에 따라 부과된 과징금을 기한 내에 납부하지 아니하는 경우 또는 제5조 제2항, 제6조 제3항에 따라 폐업한 경우에는 국세 체납처분의 예 또는 「지방세외수입금의 징수 등에 관한 법률」에 따라 징수한다.

④ 제1항에 따른 과징금의 부과·징수를 위한 정보·자료의 제공 요청, 부과·징수한 과징금의 귀속 및 귀속 비율 등에 관하여는 제37조 제3항, 제5항 및 제6항을 준용한다. 〈개정 2016. 2. 3.〉

[본조신설 2014. 5. 21.]

[시행일: 2019. 3. 14.] 제37조의2

제37조의3(위반사실 공표) 식품의약품안전처장, 특별자치시장·특별자치도지사·시장·군수·구청장은 제30조, 제32조, 제33조, 제35조, 제37조 또는 제37조의2에 따라 행정처분이 확정된 영업자에 대한 처분 내용, 해당 영업소와 건강기능식품의 명칭 등 처분과 관련한 영업 정보를 대통령령으로 정하는 바에 따라 공표하여야 한다.

[본조신설 2015. 5. 18.]

제9장 보칙

제38조(다른 법률과의 관계) ① 이 법에 규정되지 아니한 사항에 대해서는 다음 각 호의 구분에 따른 규정을 준용한다. 〈개정 2015. 2. 3., 2016. 2. 3.〉

1. 건강기능식품에 사용하는 식품첨가물: 「식품위생법」 제7조에 따른 식품첨가물의 기준 및 규격 규정
2. 건강기능식품의 재검사에 관한 사항: 「식품위생법」 제23조에 따른 식품 등의 재검사 규정
3. 건강기능식품검사기관의 지정에 관한 사항: 「식품 · 의약품분야 시험 · 검사 등에 관한 법률」 제6조에 따른 식품 등 시험 · 검사기관 지정 규정

3의2. 긴급대응에 관한 사항: 「식품위생법」 제17조에 따른 긴급대응 규정

4. 건강기능식품위생감시원에 관한 사항: 「식품위생법」 제32조에 따른 식품위생감시원의 규정
5. 소비자건강기능식품위생감시원에 관한 사항: 「식품위생법」 제33조에 따른 소비자식품위생감시원의 규정
6. 건강진단에 관한 사항: 「식품위생법」 제40조에 따른 건강진단의 규정
7. 건강기능식품의 자진 회수에 관한 사항: 「식품위생법」 제45조에 따른 위해식품 등의 회수 규정(이 경우 영업자에는 「수입식품안전관리 특별법」 제15조에 따라 등록한 수입식품 등 수입 · 판매업자를 포함하고, 건강기능식품에는 같은 법에 따라 수입한 건강기능식품을 포함한다)
8. 위해요소중점관리기준에 관한 사항: 「식품위생법」 제48조에 따른 위해요소중점관리기준의 규정
9. 공표에 관한 사항: 「식품위생법」 제73조에 따른 공표의 규정
10. 식중독에 관한 조사 보고에 관한 사항: 「식품위생법」 제86조에 따른 식중독에 관한 조사 보고의 규정

② 제1항에 따라 준용되는 「식품위생법」의 규정을 위반한 경우에는 같은 법 제71조에 따른 시정명령, 같은 법 제72조에 따른 폐기처분 등, 같은 법 제75조에 따른 허가

의 취소 등 및 같은 법 제76조에 따른 품목의 제조정지 등의 처분을 할 수 있으며, 같은 법 제95조, 제97조, 제98조, 제100조부터 제102조까지의 규정에 따라 처벌할 수 있다. 〈개정 2016. 2. 3.〉

[전문 개정 2014. 5. 21.]

제39조(국고 보조) 식품의약품안전처장은 예산의 범위에서 다음 경비의 전부 또는 일부를 보조할 수 있다. 〈개정 2018. 3. 13.〉

1. 제20조 제1항 제2호에 따른 건강기능식품 등의 수거에 드는 비용
2. 삭제 〈2016. 2. 3.〉
3. 건강기능식품의 품질 향상, 연구·개발의 진흥 등에 드는 경비
4. 건강기능식품의 안전성을 높이기 위한 민간단체의 활동에 드는 경비의 지원

[전문 개정 2014. 5. 21.]

[시행일] 제39조 제2호 개정규정은 다음 각 호의 구분에 따른 날부터 시행

1. 2017년 매출액이 20억 이상인 제조업자: 2018년 12월 1일
2. 2017년 매출액이 10억 이상 20억 미만인 제조업자: 2019년 12월 1일
3. 2017년 매출액이 10억 미만인 제조업자: 2020년 12월 1일

[시행일: 2019. 3. 14.] 제39조

제40조(포상금 지급) ① 식품의약품안전처장 또는 특별자치시장·특별자치도지사·시장·군수·구청장은 제5조 제1항, 제6조 제2항, 제23조 또는 제24조 등 중 어느 하나를 위반한 자를 관계 행정관청이나 수사기관에 신고하거나 고발한 자에게 1천만원의 범위에서 포상금을 지급할 수 있다. 〈개정 2015. 2. 3., 2018. 3. 13.〉

② 제1항에 따른 포상금 지급의 기준·방법 및 절차 등에 관하여 필요한 사항은 대통령령으로 정한다.

[전문 개정 2014. 5. 21.]

[시행일: 2019. 3. 14.] 제40조

제41조(권한의 위임·위탁) ① 식품의약품안전처장은 이 법에 따른 권한의 일부를 대통령령으로 정하는 바에 따라 지방식품의약품안전청장, 특별시장·광역시장·특별자

치시장 · 도지사 · 특별자치도지사 또는 시장 · 군수 · 구청장에게 위임할 수 있다. 〈개정 2014. 5. 21.〉

② 삭제 〈2008. 3. 21.〉

③ 식품의약품안전처장은 이 법에 따른 권한의 일부를 대통령령으로 정하는 바에 따라 제28조에 따른 단체에 위탁할 수 있다. 〈개정 2014. 5. 21.〉

제42조(수수료 등) 다음 각 호의 어느 하나에 해당하는 허가나 등록 등의 신청, 신고 등을 하거나 검사 등을 받으려는 자는 총리령으로 정하는 바에 따라 수수료를 내야 한다. 〈개정 2015. 2. 3., 2016. 2. 3.〉

1. 제5조 제1항에 따른 영업허가 · 변경허가 또는 같은 조 제2항에 따른 변경신고
2. 제6조 제2항 및 제3항의 규정에 따른 영업신고 또는 변경신고
3. 제7조에 따른 품목제조신고 또는 변경신고
4. 삭제 〈2015. 2. 3.〉

4의2. 제11조 제3항에 따른 영업자의 지위승계신고

5. 제14조 제2항 또는 제15조 제2항에 따른 기준 · 규격 및 원료 등의 인정을 위한 검사
6. 삭제 〈2018. 3. 13.〉
7. 제21조 제2항에 따른 자가품질검사의 위탁 검사
8. 삭제 〈2016. 2. 3.〉
9. 제22조의2 제1항에 따른 건강기능식품이력추적관리를 위한 등록

[전문 개정 2014. 5. 21.]

[시행일] 제42조 제8호 개정규정은 다음 각 호의 구분에 따른 날부터 시행

1. 2017년 매출액이 20억 이상인 제조업자: 2018년 12월 1일
2. 2017년 매출액이 10억 이상 20억 미만인 제조업자: 2019년 12월 1일
3. 2017년 매출액이 10억 미만인 제조업자: 2020년 12월 1일

[시행일: 2019. 3. 14.] 제42조

제42조의2 삭제 〈2018. 3. 13.〉[시행일: 2019. 3. 14.] 제42조의2

제10장 벌칙

제43조(벌칙) ① 다음 각 호의 어느 하나에 해당하는 자는 10년 이하의 징역 또는 1억원 이하의 벌금에 처한다. 이 경우 징역과 벌금을 병과(倂科)할 수 있다. 〈개정 2016. 2. 3.〉

1. 제5조 제1항을 위반한 자
2. 삭제 〈2018. 3. 13.〉
3. 제23조를 위반한 자
4. 제24조 제2항을 위반한 자

② 제1항의 죄로 금고 이상의 형을 선고받고 그 형이 확정된 후 5년 이내에 다시 제1항의 죄를 범한 자는 1년 이상 10년 이하의 징역에 처한다.

③ 제2항의 경우 그 해당 건강기능식품을 판매한 때에는 그 소매가격의 4배 이상 10배 이하에 해당하는 벌금을 병과한다.

[전문 개정 2014. 5. 21.]

[시행일: 2019. 3. 14.] 제43조

제44조(벌칙) 다음 각 호의 어느 하나에 해당하는 자는 5년 이하의 징역 또는 5천만원 이하의 벌금에 처한다. 이 경우 징역과 벌금을 병과할 수 있다. 〈개정 2015. 2. 3., 2015. 5. 18., 2016. 2. 3., 2018. 3. 13.〉

1. 제6조 제2항에 따른 영업신고를 하지 아니하고 영업을 한 자
2. 제7조 제1항 전단에 따른 품목제조신고를 하지 아니하고 제품을 제조·판매한 자
3. 제10조 제1항 제4호를 위반하여 판매를 한 자

3의2. 거짓이나 그 밖의 부정한 방법으로 제14조 제2항 및 제15조 제2항에 따른 인정을 받은 자

4. 삭제 〈2018. 3. 13.〉
5. 제21조 제1항에 따른 자가품질검사를 하지 아니한 자
6. 삭제 〈2016. 2. 3.〉
7. 제24조 제1항을 위반하여 판매 등을 한 자
8. 제29조 또는 제30조 제1항 및 제3항에 따른 명령을 이행하지 아니한 자

9. 제32조 제1항에 따른 영업정지 명령을 위반한 자

[전문 개정 2014. 5. 21.]

[시행일] 제44조 제6호 개정규정은 다음 각 호의 구분에 따른 날부터 시행

1. 2017년 매출액이 20억 이상인 제조업자: 2018년 12월 1일
2. 2017년 매출액이 10억 이상 20억 미만인 제조업자: 2019년 12월 1일
3. 2017년 매출액이 10억 미만인 제조업자: 2020년 12월 1일

[시행일: 2019. 3. 14.] 제44조

제45조(벌칙) 다음 각 호의 어느 하나에 해당하는 자는 3년 이하의 징역 또는 3천만원 이하의 벌금에 처한다. 〈개정 2016. 2. 3.〉

1. 제4조에 따른 시설기준을 위반한 영업자
2. 제10조 제1항 제2호 및 제3호에 따른 영업자가 지켜야 할 사항을 지키지 아니한 자
3. 제11조 제3항에 따른 영업승계의 신고를 하지 아니한 자
4. 제12조 제1항에 따른 품질관리인을 고용하지 아니한 자

4의2. 제17조의2제2항을 위반하여 판매 등을 한 자

5. 제20조 제1항에 따른 출입 · 검사 · 수거를 거부 · 방해 · 기피한 자

5의2. 제21조 제1항 및 제3항을 위반한 자

5의3. 제22조 제1항을 위반하여 우수건강기능식품제조기준을 준수하지 아니한 자

6. 제22조의2제1항 단서에 따른 건강기능식품이력추적관리 등록을 하지 아니한 자
7. 제30조 제2항에 따른 압류 · 폐기를 거부 · 방해 · 기피한 자
8. 제33조 제1항에 따른 품목 제조정지 등의 명령을 위반한 자
9. 제35조에 따라 관계 공무원이 부착한 봉인 · 게시문 등을 함부로 제거하거나 손상한 자

[전문 개정 2014. 5. 21.]

[시행일] 제45조 제5호의3 개정규정은 다음 각 호의 구분에 따른 날부터 시행

1. 2017년 매출액이 20억 이상인 제조업자: 2018년 12월 1일
2. 2017년 매출액이 10억 이상 20억 미만인 제조업자: 2019년 12월 1일
3. 2017년 매출액이 10억 미만인 제조업자: 2020년 12월 1일

제46조(양벌규정) 법인의 대표자나 법인 또는 개인의 대리인, 사용인, 그 밖의 종업원이 그 법인 또는 개인의 업무에 관하여 제43조부터 제45조까지의 어느 하나에 해당하는 위반행위를 하면 그 행위자를 벌하는 외에 그 법인 또는 개인에게도 해당 조문의 벌금형을 과(科)한다. 다만, 법인 또는 개인이 그 위반행위를 방지하기 위하여 해당 업무에 관하여 상당한 주의와 감독을 게을리하지 아니한 경우에는 그러하지 아니하다.
[전문 개정 2010. 3. 17.]

제47조(과태료) ① 다음 각 호의 어느 하나에 해당하는 자에게는 300만원 이하의 과태료를 부과한다. 〈개정 2016. 2. 3.〉
1. 제5조 제2항에 따른 허가사항 변경신고를 하지 아니한 자
2. 제6조 제3항에 따른 신고사항 변경신고를 하지 아니한 자
3. 제7조 제1항 후단에 따른 품목제조신고사항 변경신고를 하지 아니한 자
4. 제10조 제1항 제1호 및 제5호에 따른 영업자가 지켜야 할 사항을 지키지 아니한 자 또는 같은 조 제2항을 위반한 자
5. 제12조 제3항을 위반하여 품질관리인의 업무를 방해하거나 같은 조 제4항에 따른 품질관리인 선임 · 해임 신고를 하지 아니한 자
5의2. 제12조 제5항을 위반하여 직무 수행내역 등을 기록 · 보관하지 아니하거나 거짓으로 기록 · 보관한 자
6. 제13조 제1항부터 제3항까지의 규정에 따른 교육을 받지 아니한 자
7. 제21조 제1항에 따른 자가품질검사를 하고 그 기록을 보존하지 아니하거나 거짓으로 기록한 자
8. 제22조의2제3항을 위반하여 1개월 이내에 신고하지 아니한 자
9. 제31조 제1항에 따른 시설의 개수명령을 이행하지 아니한 자

② 제1항에 따른 과태료는 대통령령으로 정하는 바에 따라 식품의약품안전처장 또는 특별자치시장 · 특별자치도지사 · 시장 · 군수 · 구청장이 부과 · 징수한다.
[전문 개정 2014. 5. 21.]

제48조(과태료에 관한 규정 적용의 특례) 제47조의 과태료에 관한 규정을 적용할 때 제37조에 따라 과징금을 부과한 행위에 대해서는 과태료를 부과할 수 없다.

[전문 개정 2014. 5. 21.]

부칙 〈제14476호, 2016. 12. 27.〉 (지방세징수법)

제1조(시행일) 이 법은 공포 후 3개월이 경과한 날부터 시행한다. 〈단서 생략〉

제2조 및 제3조 생략

제4조(다른 법률의 개정) ① 생략

② 건강기능식품에 관한 법률 일부를 다음과 같이 개정한다.

제11조 제2항 제3호 중 「지방세기본법」을 「지방세징수법」으로 한다.

③부터 〈65〉까지 생략

제5조 생략

참고 문헌

강병종·이영석(2009). 2차원 영상을 이용한 근전도신호의 피로도 해석에 관한 연구. 한국산학기술학회 추계 학술발표논문집.

권혁빈·이은주·이준호·정종우·강해묵(2014). 스마트 생명과학. 서울: (주)라이프사이언스.

김미경·권오란·김지연·전향숙·김우선·김주희·정세원·백주은·곽진숙(2016). 새로 쓰는 건강기능식품 길라잡이. 경기: 교문사.

김미리·김정희·김미라·강명화·이명숙·송효남·박은주·이정민(2015). 건강에 도움이 되는 기능성 식품학. 경기: 파워북.

김옥진·김성연·유강열·이영은·채수완·최준호·홍승헌·홍선화(2014). 건강기능식품의 기능성 평가와 개별인증. 서울: 문운당.

김옥진·김성연·유강열·이영은·채수완·최준호·홍승헌·홍선화(2015). 건강기능식품의 기능성 평가와 개별인증. 서울: 문운당.

김호철(2001). 한약약리학(pp. 411-412.). 서울: 집문당.

미생물·면역분과학회(2011). 최신면역학. 서울: (주)라이프사이언스.

박동준·정승현·문일수·이원철·신길조(2007). 흰쥐 대뇌세포의 저산소증 모델에서 석창포에 의한 유전자 표현 변화의 microarray 분석. 생명과학회지, 17(2), 150-161.

백일영·장외룡·곽이섭·조수연·진화은(2010). 매실 추출물 섭취가 에너지기질 및 피로물질 변화에 미치는 영향. 생명과학회지, 20(1), 54-59.

식품의약품안전처(2014). 비임상시험관리기준(GLP).

식품의약품안전처(2016). 건강기능식품 기능성 원료 및 기준·규격 인정에 관한 규정.

식품의약품안전처(2016. 12.). 건강기능식품 기능성 원료 인정 현황.

식품의약품안전처(2017). 건강기능식품의 기준 및 규격.

식품의약품안전처(2018). 식품공전.

식품의약품안전처(2018). 식품첨가물공전.

식품의약품안전청 지침서(2008). 건강기능식품 개발자를 위한 기능성 원료 표준화 지침서.

식품의약품안전평가원(2015. 12.). 건강기능식품 기능성 평가 가이드: 간 건강에 도움을 줄 수 있음.

식품의약품안전평가원(2015. 12.). 건강기능식품 기능성 평가 가이드: 장 건강에 도움을 줄 수 있음.

식품의약품안전평가원(2016. 6.). 건강기능식품 기능성 평가 가이드: 위 건강/소화 기능 개선에 도움을 줄 수 있음.

윤선·곽호경·김유경·김혜경·박명수·염경진·오혜숙·이민준·이재환·지근억(2014). 기능성식품학. 서울: (주)라이프사이언스.

윤성진·김기형 외(2008). 홍삼 섭취가 유·무산소성 운동수행능력과 중추 및 말초피로에 미치는 영향 J. Ginseng Res., 32, 210-219.

이성준·김대옥·김영석·신한승·심순미·어종혁·유상호·윤현근·이주훈·이홍진·임현정·하태열·허호진(2015). 생각이 필요한 식품 기능성론. 서울: 수학사.

이형주·장해동·이기원·이홍진·강남주(2011). 기능성식품학. 서울: 수학사.

정담 편집부(2013). 해부 병태생리로 이해되는 SIM 통합내과학: 6 소화기. 서울: 도서출판 정담.

정승필·이금미(2007). 만성피로증후군. Yeungnam Univ. J. of Med, 24(1), 1-10.

한국건강기능식품협회(2012). 건강기능식품공전.

한국약학대학협의회 위생약학분과회 편저(2005). 건강기능식품학. 서울: 도서출판 신일북스.

한국영양학회(연도). 음식영양소 함량 자료집.

허석현·양주홍·하혜진·강은주·장문정(2009). 건강기능식품학개론. 서울: 도서출판 효일.

허선진·이승연·이승재·최동수(2014). 건강기능식품개발. 한국학술정보.

Auld, D. S., Kornecook, T. J., Bastianetto, S., & Quirion, R. (2002). Alzheimer's disease and the basal forebrain cholinergic system: relations to beta amyloid peptides, cognition, and treatment strategies. *Prog Neurobiol*, *68*, 209-245.

Ballard, C. G., Greig N. H., & Guillozet-Bongaarts A. L. (2005). Cholinesterases: Roles in the brain during health and disease. *Curr Alzheimer Res*, *2*, 307-318.

Blois, M. S. (1958). Antioxidant determinations by the use of a stable free radical. *Nature*, *181*, 1199-1202.

Bohnen, N. I., Kaufer, D. I., Ivanco, L. S., Lopresti, B, Koeppe, R. A., Davis, J. G., Mathis, C. A., Moore, R. Y., & DeKosky, S. T. (2003). Cortical cholinergic function is more severely affected in parkinsonian dementia than in Alzheimer's disease: an in vivo positron tomographic study. *Arch Neurol*, *60*, 1745-1748.

Boivin, G. & Meunier P. J. (2003). The mineralization of bone tissue: a forgotten dimension in osteoporosis research. *Osteoporos Int*, *14*, S19-24.

Chan, E., Baumann O., Bellgrove, M. A., & Mattingley, J. B. (2012). From objects to landmarks: the function of visual location information in spatial navigation. *Front Psychol*, *3*, 304.

Chattopadhyay, S., Sahoo, D. K., Subudhi, U., & Chainy, G. B. N. (2007). Differential expression profiles of anitioxidant enzymes and gluthathione redox status in hyperthroid rats. *Comp Biochem Physiol C-Toxicol Pharmacol*, *146*, 383-391.

Collins, A. R., Dusinska, M, Gedik, C. M., & Stetina, R. (1996). Oxidative damage to DNA: do we have a reliable biomarker. *Environ Health Perspect*, *4*, 465-469.

CRC Press(2006). Animal Models of Cognitive Impairment.

Csiszar, A., Tucsek, Z., Toth, P., Sosnowska, D., Gautam, T., Koller, A., Deak, F., Sonntag, W. E., & Ungvari, Z. (2013 Oct 5) Synergistic effects of hypertension and aging on cognitive function and hippocampal expression of genes involved in beta-amloid generation and Alzheimer's disease. *Am J Physiol Heart Circ Physiol*, *305*(8), H1120-30.

Currey, J. D. (2003). Role of collagen and other organics in the mechanical properties of bone. *Osteoporos Int*, *14*, S29-36.

Ellman, G. L., Courtney, K. D., Andres, Jr. V., & Feather-Stone, R. M. (1961). A new and rapid colormetric determination of acetylcholinesterase activity. *Biochem Pharmacol*, *7*, 88-95.

Gundbert, C. M. (2003). Matrix proteins. *Osteoporos Int*, *14*, S37-42.

Jamal, M., Ameno, K., Ameno, S., Morishita, J., Wang, W., Kumihashi, M., Ikuo, U., Miki, T., & Ijiri, I. (2007). Changes in cholinergic function in the frontal cortex and hippocampus of rat exposed to ethanol and acetaldehyde. *Neurosci*, *144*, 232-237.

Käagi, D., Vignaux, F., Ledermann, B., Büurki, K., Depraetere, V., Nagata, S., Hengartner, H., & Golstein, P. (1994). Fas and perforin pathways as major mechanisms of T cell-mediated cytotoxicity. *Science*, *265*, 528-530.

Knott, L. & Bailey, A. J. (1998). Collagen cross-links in mineralizing tissues: a review of their chemistry, function and clinical relevance. *Bone*, *22*, 181-187.

Levey, A. I. (1996). Muscarinic acetylcholine receptor expression in memory circuits: Implications for treatment of Alzheimer disease. *Proc Natl Acad Sci USA*, *93*, 13541-13546.

Marcus, D. L., Thomas, C., Rodriguez, C., Simberkoff, K., Tsai, J. S., Strafaci, J. A., & Freedman, M. L. (1998). Increased peroxidation and reduced antioxidant enzyme activity in Alzheimer's disease. *Exp Neurol*, *150*, 40-44.

Marklund, S. & Marklund G. (1974). Involvement of superoxide anion radical in the oxidation of pyrogallol and a convenient assay for superoxide dismutase. *Eur J Biochem*, *47*, 469-474.

Morris, R. G. (1984). Development of a water maze procedure for studying spatial learning in the rat. *J Neurosic Meth*, *11*, 47-60.

Resende, R., Moreira, P. I., Proença, T., Deshpande, A., Busciglio, J., Pereira, C., & Oliveria C. R. (2008). Brain oxidative stress in a triple transgenic mouse model of Alzheimer disease. *Free Radic Biol Med*, *44*, 2051-2057.

Salehi, A., Delcroix, J. D., & Mobley, W. C. (2003). Traffic at the intersection of neurotrophic factor signaling and neurodegeneration. *Trends Neurosci*, *26*, 73-80.

Slinkard, K. & Singleton V. L. (1997) Total phenol analysis: automation and comparison with manual method. *Am J Enol Vitic*, *28*, 49-55.

Stephan, C. B. (2011). Gut health: a new objective in medicine? *Bischoff BMC Medicine*, *9*, 24-37

Vander, A., Sherman, J., & Luciano, D. (1998). *Human physiology*(7th ed.). The mechanisms of body function. United States of America: WCB/McGraw-Hill

Vitaglione, P., Morisco, F., Caporaso, N., & Fogliano, V. (2005). Dietary Antioxidant Compounds and Liver Health. *Critical Reviews in Food Science and Nutrition*, *44*, 7-8, 575-586. DOI: 10.1080/10408690490911701.

Vitaglione, P., Morisco, F., Caporaso, N., & Fogliano, V. (2005). Dietary Antioxidant Compounds and Liver

Health, *Critical Reviews in Food Science and Nutrition*, *44*, 7-8, 575-586

Wallin, A., Sjogren, M., Blennow, K., & Davidsson, P. (2003). Decreased cerebrospinal fluid acetylcholinesterase in patients with subcortical ischemic vascular dementia. *Dement Geriatr Cogn Disord*, *16*, 200-207.

Yamada, N., Hattori, A., Hayashi, T., Nishikawa, T., Fukuda, H., & Fujino, T. (2004). Improvement of scopolamine-induced memory impairment by Z-ajoene in the water maze in mice. *Pharmacol Biochem Behav*, *78*, 787-791.

Yu, W. (2010). 의사들이 추천하는 만성 질환 식이요법 (유진희 옮김). 도서출판 대가.

국가법령정보센터. http://www.law.go.kr에서「건강기능식품에 관한 법률」인출.

국가법령정보센터. http://www.law.go.kr에서「생명윤리 및 안전에 관한 법률」인출.

식품안전정보포털 식품안전나라. http://www.foodsafetykorea.go.kr/

식품의약품안전처 고시 제2013-217호. 건강기능식품 기능성 원료 및 기준·규격 인정에 관한 규정 전문.

식품의약품안전처. www.mfds.go.kr.

식품의약품안전처 건강기능식품정보. www.foodnara.go.kr/hfoodi.

안전성평가연구소. www.kitox.re.kr.

질병관리본부 국가건강정보포털사이트. www.health.cdc.go.kr.

질병관리본부 국가건강정보포털. http://health.cdc.go.kr/health/Main.do에서 인출.

질병관리본부 국가건강정보포털. http://health.cdc.go.kr/health/HealthInfoArea/HealthInfo/View.do?idx=1570에서 인출.

학습백과ZUM사이트. www.study.zum.com.

한국건강기능식품협회. www.khsa.or.kr.

Chemical Book. https://www.chemicalbook.com.

저자 소개

김기대 경남대학교 식품영양생명학부 교수

김현경 서원대학교 식품공학과 교수

박원종 공주대학교 식품공학과 교수

배인영 극동대학교 바이오식품공학과 교수

채희정 호서대학교 식품제약공학부 교수

최병범 신한대학교 식품영양전공 교수

최정희 백석예술대학교 외식산업학부 교수

건강기능식품

초판 1쇄 인쇄 2018년 3월 16일
초판 1쇄 발행 2018년 3월 21일

지 은 이 | 김기대 · 김현경 · 박원종 · 배인영 · 채희정 · 최병범 · 최정희
펴 낸 이 | 김기섭
편 집 인 | 김민수
펴 낸 곳 | 창지사 www.changjisa.com
08589 서울시 금천구 가산디지털 1로 83 파트너스타워 1차 9층
전화 (02)719-2211~3
팩스 (02)701-9386
등 록 | 1977년 4월 28일 · 제1-421호

ISBN 978-89-426-2375-4 (93590)

값 21,000원

「이 도서의 국립중앙도서관 출판예정도서목록(CIP)은 서지정보유통지원시스템 홈페이지(http://seoji.nl.go.kr)와 국가자료공동목록시스템(http://www.nl.go.kr/kolisnet)에서 이용하실 수 있습니다.(CIP제어번호: CIP2018008455)」